"十三五"职业教育规划教材

单片机原理与C51程序设计

主　编　陈忠平　邬书跃　尹　梅
副主编　易礼智　侯玉宝　高金定
编　写　梁　华　高见芳　陈建忠
　　　　邓　霆　刘　琼　胡彦伦
主　审　龚　亮

U0260820

中国电力出版社
CHINA ELECTRIC POWER PRESS

内 容 提 要

本书为"十三五"职业教育规划教材。

本书以80C51单片机为载体,采用教、学、做相结合的教学模式,深入浅出地讲述单片机原理、外围器件及应用技术。本书共分10章,主要内容包括单片机知识概述、80C51单片机的硬件结构与最小系统、单片机系统开发软件的使用、C51程序设计语言、80C51单片机并行I/O端口及灯光控制、单片机中断系统与按键控制、单片机定时/计数器与数码管显示控制、单片机串行通信控制、80C51单片机的串行总线扩展、80C51单片机外围器件及应用实例等。本书内容翔实,语言通俗易懂,实例实用性和针对性强。

本书可作为应用型本科、高职高专等的电子信息工程、计算机应用、通信工程、自动控制及相关专业的教材,也可作为相关技术培训及工程技术人员的参考书。

图书在版编目(CIP)数据

单片机原理与C51程序设计/陈忠平,邬书跃,尹梅主编. —北京:中国电力出版社,2019.8(2023.7重印)

"十三五"职业教育规划教材

ISBN 978-7-5198-3168-4

Ⅰ. ①单… Ⅱ. ①陈… ②邬… ③尹… Ⅲ. ①单片微型计算机–C语言–程序设计–职业教育–教材 Ⅳ. ①TP368.1②TP312.8

中国版本图书馆CIP数据核字(2019)第095243号

出版发行:中国电力出版社

地 址:北京市东城区北京站西街19号(邮政编码100005)

网 址:http://www.cepp.sgcc.com.cn

责任编辑:冯宁宁

责任校对:黄 蓓 郝军燕

装帧设计:郝晓燕 赵姗姗

责任印制:吴 迪

印 刷:中国电力出版社有限公司

版 次:2019年8月第一版

印 次:2023年7月北京第二次印刷

开 本:787毫米×1092毫米 16开本

印 张:20.25

字 数:498千字

定 价:62.00元

前 言

    单片机在我国的发展已有几十年，在电子技术日新月异的今天，各类生产活动和产品中都可以看到单片机的应用实例，如仪器仪表、机电设备、车辆船舶、通信系统、制造工业、过程控制、航空航天、军事领域和家电产品等，单片机已成为各类机电产品的核心控制部件。

    由于 Intel 8051 内核单片机获得了巨大成功，使其成为国内外公认的 8 位单片机标准体系结构，被许多厂家作为基核，推出了各种高集成兼容单片机 80C51，且在世界范围内得到了广泛的应用。80C51 单片机具有结构简单、清晰、易学，是目前单片机初学者最容易掌握的机型，因此以 80C51 内核技术为主导的单片机仍是目前我国许多高校讲授的机型。

    本书使用 C51 语言编程，以 Proteus 软件和 Keil C51 软件为教学、设计开发平台，采用教、学、做相结合的教学模式，遵循理论够用、注重应用的原则，通过循序渐进、不断拓宽思路的方法讲述 80C51 单片机应用技术所需的基础知识和基本技能。

    本书由陈忠平（湖南工程职业技术学院）、湖南信息学院邬书跃、尹梅（湖南工程职业技术学院）担任主编；湖南工程职业技术学院易礼智，湖南涉外经济学院侯玉宝、高金定担任副主编；梁华（湖南涉外经济学院）、高见芳（湖南科技职业技术学院）、陈建忠（湖南工程职业技术学院）、邓霆（湖南工程职业技术学院）、刘琼（湖南航天诚远精密机械有限公司）、胡彦伦（衡阳技师学院）参加编写。陈忠平对全书的编写思路与编写大纲进行了总体规划，指导全书的编写，并对全书进行了统稿。全书由湖南工程职业技术学院龚亮教授担任主审。

    在本书编写过程中，参考了相关领域专家、学者的著作和文献，在此向他们表示真诚的谢意。

    由于编者水平有限，书中难免存在不足，敬请广大读者给予指正。

编者

2019 年 2 月

目　　录

部分视频讲解总码

第1章 单片机知识概述

近几十年来，人类的生产和生活方式发生了巨大的变化，产生这一变化的重要原因就是微型计算机技术的飞速发展。在微型计算机中，单片机是其重要的成员，其发展也非常迅猛，它依靠一定的硬件基础，根据特定环境，完成特定的需求。因其结构比较简单、工作任务针对性较强，使得在国民经济建设中都有它的踪迹，所以学习单片机技术也是适应时代的发展、满足社会的需要。

1.1 计算机中的数与编码

数据是计算机处理的对象，在计算机内部，各种信息都必须经过数字化后才能被传送、存储和处理。

计算机中的数与编码

1.1.1 数制及数制间的转换

数制也称计数制，是用一组固定的符号和统一的规则来表示数值的方法。如在计数过程中采用进位的方法，则称为进位计数制。进位计数制有数位、基数、位权三个要素。数位，指数码在一个数中所处的位置。基数，指在某种进位计数制中，数位上所能使用的数码的个数，例如，十进制数的基数是10，二进制的基数是2。位权，指在某种进位计数制中，数位所代表的大小，对于一个 R 进制数（即基数为 R），若数位记作 j，则位权可记作 R^j。

1. 数制

人们通常采用的数制有十进制、二进制、八进制和十六进制。在单片机中使用的数制主要是二进制、十进制和十六进制，因此本课程中只讲述这3种数制表示方法的相互转换。

（1）十进制。十进制（Decimal，缩写为 D），它有两个特点：① 数值部分用 10 个不同的数字符号 0、1、2、3、4、5、6、7、8、9 来表示；② 逢十进一。

例：123.45

小数点左边第一位代表个位，3 在左边 1 位上，它代表的数值是 3×10^0，1 在小数点左面 3 位上，代表的是 1×10^2，5 在小数点右面 2 位上，代表的是 5×10^{-2}。

$$123.45 = 1 \times 10^2 + 2 \times 10^1 + 3 \times 10^0 + 4 \times 10^{-1} + 5 \times 10^{-2}$$

一般对任意一个正的十进制数 S，可表示为

$$S = K_{n-1}(10)^{n-1} + K_{n-2}(10)^{n-2} + \cdots + K_0(10)^0 + K_{-1}(10)^{-1} + K_{-2}(10)^{-2} + \cdots + K_{-m}(10)^{-m}$$

其中：k_j 是 0、1、…、9 中任意一个，由 S 决定，k_j 为权系数；m，n 为正整数；10 称为计数制的基数；$(10)^j$ 称为权值。

（2）二进制。二进制（Binary，缩写为 B），它是由 0 和 1 组成的数据。它有两个特点：① 数值部分用 2 个不同的数字符号 0、1 来表示；② 逢二进一。

二进制数化为十进制数，通过按权展开相加法。

例：$1101.11B = 1 \times 2^3 + 1 \times 2^2 + 0 \times 2^1 + 1 \times 2^0 + 1 \times 2^{-1} + 1 \times 2^{-2}$

$$= 8 + 4 + 0 + 1 + 0.5 + 0.25$$

$$= 13.75$$

任意二进制数 N 可表示为

$$N = \pm(K_{n-1} \times 2^{n-1} + K_{n-2} \times 2^{n-2} + \cdots + K_0 \times 2^0 + K_{-1} \times 2^{-1} + K_{-2} \times 2^{-2} + \cdots + K_{-m} \times 2^{-m})$$

其中：k_j 只能取 0、1；m，n 为正整数；2 是二进制的基数。

（3）十六进制。十六进制（Hexadecimal，缩写为 H），它有两个特点：① 数值部分用 16 个不同的数字符号 0、1、2、3、4、5、6、7、8、9、A、B、C、D、E、F 来表示；② 逢十六进一。这里的 A、B、C、D、E、F 分别对应十进制数字中的 10、11、12、13、14、15。

任意十六进制数 N 可表示为

$$N = \pm(K_{n-1} \times 16^{n-1} + K_{n-2} \times 16^{n-2} + \cdots + K_0 \times 16^0 + K_{-1} \times 16^{-1} + K_{-2} \times 16^{-2} + \cdots + K_{-m} \times 16^{-m})$$

其中：k_j 只能取 0、1、2、3、4、5、6、7、8、9、A、B、C、D、E、F；m，n 为正整数；16 是基数。

因 $16^1 = 2^4$，所以 1 位十六制数相当于 4 位二进制数，根据这个对应关系，二进制数转换为十六进制数的转换方法为从小数点向左或向右每 4 位分为一组，不足 4 位者以 0 补足 4 位。十六进制数转换为二进制数的转换方法为从左到右将待转换的十六制数中的每个数依次用 4 位二进制数表示。二进制与其他进制数之间的关系如表 1-1 所示。

表 1-1　　　　　　　　　　　　　二进制与其他进制数之间的关系

十进制（D）	二进制（B）	十六进制（H）	十进制（D）	二进制（B）	十六进制（H）
0	0	0	9	1001	9
1	1	1	10	1010	A
2	10	2	11	1011	B
3	11	3	12	1100	C
4	100	4	13	1101	D
5	101	5	14	1110	E
6	110	6	15	1111	F
7	111	7	16	10000	10
8	1000	8			

在阅读和书写不同数制的数时，如果不在每个数上外加一些辨认标记，就会混淆而无法分清。通常，标记方法有两种：一种是把数加上方括号，并在方括号右下角标注数制代号，如 $[101]_2$、$[906]_{16}$、$[915]_{10}$ 分别表示二进制、十六进制和十进制数；另一种是用英文字母标记，加在被标记数的后面，分别用 B、D、H 大写字母表示二进制、十进制和十六进制数，如 101B 为二进制数，8AH 表示十六进制数等。其中，十进制数中的 D 标记也可以省略。

2. 不同数制之间的转换

（1）二进制、十六进制转换为十进制。根据定义，只需将二进制数按权展开后相加即可。例如：

$$1011B = 1 \times 2^3 + 0 \times 2^2 + 1 \times 2^1 + 1 \times 2^0 = 11$$

$$4AC.25H = 4 \times 16^2 + 10 \times 16^1 + 12 \times 16^0 + 2 \times 16^{-1} + 5 \times 16^{-2} = 1196.128\ 9$$

（2）十进制转换为二、十六进制数。一个十进制数转换为二进制数时，通常采用"除 2 取余"法，即用 2 连续除十进制数，直至商为 0，倒序排列余数可得到。例如，将 53 转换成二进制数，运算过程如图 1-1 所示，最终结果为：53 = 110 101B。

图 1-1　除 2 取余法示意图

同理，将十进制转换为十六进制可以用"除 16 取余"法。或者可以先转换为二进制，然后把二进制转换为十六进制。

1.1.2　计算机中数的表示方法

计算机中的数均用二进制数表示，通常称为"机器数"，其数值为真值。真值可以分为有符号和无符号数表示，下面分别介绍其表示方法。

1. 有符号数的表示方法

数学中有符号的数的正、负分别用"+"和"-"表示。在计算机中，由于采用二进制，只有"0"和"1"两种数码，所以通常将机器数的最高位作为符号位。若该位为"0"，则表示正数；若该位为"1"，则表示负数。以 8 位带符号位数为例，最高位（D7）为符号位，D0~D6 则为实际表达的数值。

计算机中有符号数的表示有 3 种：原码、反码和补码。由于在 8 位单片机中多数情况是以 8 位二进制数为单位表示数字，所以下面所举例子均为 8 位二进制数。下面用两个数值相同但符号相反的二进制数 X1、X2 举例说明。

（1）原码。正数的符号位用"0"表示，负数的符号位用"1"表示。这种表示方法称为"原码"。例如：

X1 = +1001001　　　　　[X1]原 = 01001001
X2 = -1001001　　　　　[X2]原 = 11001001

左边数称为"真值"，即为某数的实际有效值。右边为用原码表示的数。两者的最高位分别用"0""1"代替了"+""-"。

（2）反码。反码是在原码的基础上求得的。如果是正数，则其反码和原码相同；如果是负数，则其反码除符号为"1"外，其他各数位均逐位取反，即 1 转换为 0，而 0 转换为 1。例如：

X1 = +1001001　　　　　[X1]反 = 01001001
X2 = -1001001　　　　　[X2]反 = 10110110

（3）补码。补码是在反码的基础上求得的。如果是正数，则其补码和反码、原码相同；

如果是负数，则其补码为反码加 1 的值。例如：

　　X1 = + 1001001　　　　　　　　[X1]_补 = 01001001

　　X2 = − 1001001　　　　　　　　[X2]_补 = 10110111

　　虽然原码简单、直观且容易理解，但在计算机中，如果采用原码进行加、减运算，则所需要的电路将比较复杂；而如果采用补码，则可以把减法变为加法运算，从而省去了减法器，大大简化了硬件电路。

　　2. 无符号数的表示方法

　　无符号数因为不需要专门的符号位，所以 8 位二进制的 D7～D0 均为数值位，它的表示范围为 0～255。综上所述，8 位二进制数的不同表达方式之间的换算关系如表 1−2 所示。

表 1−2　　　　　　　　　　8 位二进制数的不同表达方式之间的换算关系

8 位二进制数	无符号数	原码	反码	补码
00000000	0	+0	+0	+0
00000001	1	+1	+1	+1
00000010	2	+2	+2	+2
...	...	...	...	...
01111100	124	+124	+124	+124
01111101	125	+125	+125	+125
01111110	126	+126	+126	+126
01111111	127	+127	+127	+127
10000000	128	−0	−127	−128
10000001	129	−1	−126	−127
10000010	130	−2	−125	−126
...	...	...	...	...
11111100	252	−124	−3	−4
11111101	253	−125	−2	−3
11111110	254	−126	−1	−2
11111111	255	−127	−0	−1

　　由表 1−2 可以看出，对于计算机中的同一个二进制数，当采用不同的表达方式时，它所表达的实际数值是不同的，这里特别典型的数值即 128。要想确切地知道计算机中的二进制数所对应的十进制数究竟是多少，首先要确定这个数是有符号数还是无符号数。注意：计算机中的有符号数通常是用补码表示的。

1.1.3　计算机中常用编码

　　计算机除处理数值信息外，大量处理的是字符信息。由于计算机中只能存储二进制数，这就需要对字符进行编码，建立字符数据与二进制数据之间的对应关系，以便于计算机识别、存储和处理。计算机中常用编码的有十进制代码、格雷码和 ASCII 码。

　　1. 十进制代码

　　为了用二进制代码表示十进制数的 0～9 这十个状态，二进制代码至少应当有 4 位。4 位二进制代码一共有 16 个（0000～1111），取其中哪十个以及如何与 0～9 相对应，有许多种方案。表 1−3 给出常见的几种十进制代码，它们的编码规则各不相同。

表 1-3　　　　　　　　　　　　　　　常见的几种十进制代码

编码种类 / 十进制数	8421BCD 码	余 3 码	2421 码	编码种类 / 十进制数	8421BCD 码	余 3 码	2421 码
0	0000	0011	0000	5	0101	1000	1011
1	0001	0100	0001	6	0110	1001	1100
2	0010	0101	0010	7	0111	1010	1101
3	0011	0110	0011	8	1000	1011	1110
4	0100	0111	0100	9	1001	1100	1111

（1）8421BCD 码。8421 码又称为 BCD（Binary Coded Decimal）码，是十进制代码中最常用的一种。按 4 位二进制数的自然顺序，取前十个数依次表示十进制数的 0~9，后 6 个数不允许出现，若出现则认为是非法的或错误的。

8421 码是一种有权码，每一位的权是固定不变的，它属于恒权代码。从高到低依次为 8，4，2，1，例如 8421 码的 $0111 = 0 \times 8 + 1 \times 4 + 1 \times 2 + 1 \times 1 = 7$。

8421 码的特点：① 与四位二制数的表示完全一样；② 1010~1111 为冗余码；③ 8421 码与十制的转换关系为直接转换关系。

（2）余 3 码。余 3 码是由 8421 码加 3 形成的，其编码规则与 8421 码不同。如果将两个余 3 码相加，所得的和将比十进制数和所对应的二进制数多 6。它是一种无权码，有 6 个冗余码，0 和 9、1 和 8、2 和 7、3 和 6、4 和 5 的余 3 码互为反码，这对于求取对 10 的补码是很方便的。

（3）2421 码。2421 码是按 4 位二进制数的自然顺序，取前 8 个数依次表示十进制数的 0~7，8 和 9 分别为 1110 和 1111。其余 6 个数不允许出现，若出现则认为是非法的或错误的。

2421 也属于恒权代码，从高到低依次为 2，4，2，1，例如 2421 码的 $1110 = 1 \times 2 + 1 \times 4 + 1 \times 2 + 0 \times 1 = 8$。

2. 格雷码

格雷码每一位的状态变化都按照一定的顺序循环，如表 1-4 所示。它是一种无权码，其最大优点是在于当它按照表 1-4 的编码顺序依次变化时，相邻两个代码之间只有一位发生变化。这样在代码转换的过程中就不会产生过渡"噪声"。

表 1-4　　　　　　　　　　　　格 雷 码

编码顺序	二进制代码	格雷码	编码顺序	二进制代码	格雷码
0	0000	0000	8	1000	1100
1	0001	0001	9	1001	1101
2	0010	0011	10	1010	1111
3	0011	0010	11	1011	1110
4	0100	0110	12	1100	1010
5	0101	0111	13	1101	1011
6	0110	0101	14	1110	1001
7	0111	0100	15	1111	1000

3. ASCII 码

美国信息交换标准码（American Standard Code for Information Interchange，简称 ASCII 码）是由美国国家标准化协会（ANSI）制定的一种信息代码，已经被国际标准化组织（ISO）认定为国际通用的标准代码，广泛应用于计算机和通信领域中。它是一种 7 位二进制代码，共有 128 种状态，分别代表 128 种字符。

1.2　单片机概述

单片机概述

自从 1946 年美国宾夕法尼亚大学研制了世界上第一台数字电子计算机 ENIAC（Electronic Numerical Integrator And Computer）以来，计算机的发展经历了四个时代。在短短的几十年中，已发展成大规模/超大规模集成电路的计算机，运算速度每秒钟可达上万亿次以上。近年来，计算机朝着智能化、网络化、微型化的方向不断发展。

微型化的发展也就是微型计算机的发展。在微型计算机中，单片微型计算机（简称单片机）是其重要的成员。单片机的发展也非常迅速，它依靠一定的硬件基础，根据特定环境，能完成一定的需求。因其结构比较简单、工作任务针对性较强，使得在国民经济各个领域中都有它的踪迹。

由于单片机的结构与指令功能都是按照工业控制要求设计的，因此称为单片微控制器（Single Chip Microcontroller）。目前国外大多数厂商、学者普遍将其称为微处理器 Micro Controller，缩写为 MCU（Micro Controller Unit）以与 MPU（Micro Processer Unit）相对应。国内习惯性将其称为单片机，但其含义为 Micro Controller，而非 Micro Computer。

1.2.1　单片机的组成及特点

1. 单片机的组成

单片机是微型机的一个主要分支，它是在一块芯片上集成了中央处理部件 CPU（Central Processing Unit）、数据存储器 RAM（Random Access Memory）、程序存储器 ROM（Read Only Memory）定时器/计数器和多种输入/输出（I/O）接口等功能部件的微型计算机，其片内各功能部件通过内部总线相互连接起来。

图 1-2 为单片机的典型组成框图，从图中可以看出，单片机的核心部件为中央处理器

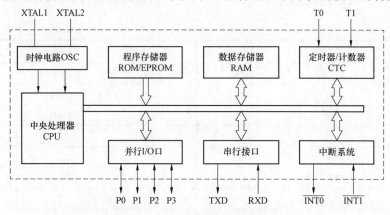

图 1-2　单片机的典型组成框图

CPU，它是单片机的大脑，由它统一指挥和协调各部分的工作。时钟电路 OSC 用于给单片机提供工作时所需的时钟信号。程序存储器和数据存储器分别用于存放单片机工作的用户软件和存储临时数据。中断系统用于处理系统工作时出现的突发事件。定时器/计数器用于对时间定时或对外部事件计数。内部总线把单片机的各主要部件连接为一体，其内部总线包括地址总线、数据总线和控制总线。输入/输出接口（I/O）是单片机与输入/输出设备之间的接口。

2. 单片机的特点

单片机是把微型计算机主要部件都集成在一块芯片上，所以一块单片机芯片就是一台不带外部设备的微型计算机。这种特殊的结构形式，使单片机在一些应用领域中承担了大中型计算机以及通用微型计算机无法胜任的一些工作。单片机的特点主要有以下几个方面。

（1）性价比高。高性能、低价格是单片机的显著特点之一。单片机尽可能将所需要的存储器、各种功能模块及 I/O 口集成于一块芯片内，使其成为一台简单的微型计算机。有的单片机为了提高运行速度和执行效率，采用了 RISC（Reduced Instruction Set Computer，精简指令集计算机）流水线和 DSP（Digital Signal Processing，数字信号处理技术）设计技术，使其性能明显优于同类型微处理器；有的单片机片内程序存储器可达 64KB，片内数据存储器可达 2KB，单片机的寻址已突破 64KB 的限制，八位和十六位单片机寻址可达 1MB 和 16MB。

单片机在各个领域中应用极广且量大，使得世界上各大公司在提高单片机性能的同时，进一步降低价格，性能/价格之比成为各公司竞争的主要策略。

（2）控制功能强。单片机是将许多部件都集成在一块芯片中，具有简单计算机的功能，工作任务针对性强，适用于专门的控制用途。在实时控制方面单片机指令系统中有功能极强的位操作指令；在输入/输出方面有极为灵活的多种 I/O 端口的位操作和逻辑操作，能较方便地直接操作外部输入输出设备。

（3）高集成度、高可靠性、体积小。微型计算机通常由中央处理器 CPU、存储器（RAM、ROM）以及 I/O 接口等功能部件组成，各功能部件分别集成在不同芯片上；而单片机是将 CPU、程序存储器、数据存储器、各种功能的 I/O 接口集成于一块芯片上，内部采用总线结构，布线短，数据大都在芯片内部传送，不易受外部的干扰，使得单片机内部结构简单，体积小，可靠性高。

（4）低电压、低功耗。许多单片机已 CMOS（Complementary Metal Oxide Semiconductor，互补金属氧化物半导体）化，采用 CMOS 的单片机具有功耗小的优点，能在 2.2V 的电压下运行，有的单片机还能在 1.2V 或 0.9V 下工作；功耗降至 μW 级，一粒纽扣电池就能长时间为其提供电源。

1.2.2 单片机的发展简史及发展趋势

1. 单片机的发展简史

自从 1974 年美国仙童（Fairchild）公司运用计算机技术生产了世界上第一块单片机（F8）以来，在短短的几十年中，单片机作为微型计算机中的一个重要分支，其应用面极广，发展速度也很惊人。单片机的发展主要经历了以下四个阶段。

第一阶段（1974—1976 年）单片机初级阶段：此阶段的单片机结构比较简单，控制功能比较单一。例如仙童公司的 F8 系列单片机，只包含了中央处理器 CPU、64K 位的 RAM 和两个并行口，还需外接具有 ROM、定时器/计数器、并行口的芯片。

第二阶段（1976—1978 年）低性能阶段：以 Intel 公司的 MCS-48 系列为代表，其特点是采用专门的结构设计，内部资源不够丰富。该系列的单片机片内集成了 8 位 CPU、并行 I/O

口、8 位定时/计数器、RAM、ROM 等。无串行 I/O 口，中断处理系统也比较简单，片内 RAM，ROM 容量较小，且寻址范围小于 4KB（B 为 Byte，即字节）。

MCS-48 系列单片机包括基本型 8048、8748 和 8035；高档型包括 8050、8750、8040；低档型包括 8020、8021、8022；专用型包括 UPI-8041、8741 等。

这一代的单片机产品除了 MCS-48 系列之外，还有 Motorola 公司的 6801 系列和 Zilog 公司的 Z8 系列。

第三阶段（1978—1983 年）高性能阶段：这类单片机是在低、中档单片机基础上发展起来的。以 Intel 公司的 MCS-51 系列为代表，它完善了外部总线，丰富了内部资源，并确立了单片机的控制功能。采用 16 位的外部并行地址总线，能对外部 64KB 的程序存储器和数据存储器空间进行寻址；还有 8 位数据总线及相应的控制总线，形成完整的并行三总线结构。同时还提供了多机通信功能的串行 I/O 口，具有多级中断处理，16 位的定时/计数器，片内的 RAM 和 ROM 容量增大，寻址范围可达 64KB。有的单片机片内还带有 A/D 转换接口、DMA 接口、PSW 等功能模块。

在 MCS-51 单片机指令系统中，增加了大量的功能指令。如在基本控制功能方面设置了大量的位操作指令，使它和片内的位地址空间构成了单片机所独有的布尔逻辑操作系统，增强了单片机的位操作控制功能；还有许多条件跳转、无条件跳转指令，从而增强了指令系统的控制功能。在单片机的片内设置了特殊功能寄存器 SFR（Special Function Register），为外围功能电路的集中管理提供了方便。

第四阶段（1983 年至今）8 位超高性能单片机的巩固发展及 16 位、32 位、64 位单片机的推出与发展阶段。这一代单片机全速发展其控制功能，并且许多电气商纷纷介入，使其在各个领域得到广泛应用。

在第四阶段，一方面为满足不同用户的需要，不断完善 8 位高档单片机，改善其结构；另一方面发展 16 位单片机及专用单片机。超 8 位单片机增加了 DMA（Direct Memory Access）直接数据存储存取通道、特殊串行接口等。16 位单片机的 CPU 为 16 位，片内 RAM 和 ROM 的容量进一步增大，片内 RAM 为 232B，ROM 为 8KB，片内带有高速输入/输出部件，多通道 10 位 A/D 转换器，8 级中断处理功能，实时处理能力更强，并开发了片内带 FLASH 程序存储器（Flash Memory）等功能。

2. 单片机的发展趋势

单片机发展的趋势将会朝着不断提高容量、性能、集成度、降低价格等方面发展，在内部结构上将会由 RISC 结构取代传统的 CISC（Complex Instruction Set Computing，复杂指令计算机）结构的单片机。主要体现在以下几方面：

（1）CPU 的改进。

1）采用双 CPU 结构，提高单片机的处理速度和处理能力。例如 Rockwell 公司的 R65C289 系列单片机就采用了双 CPU。

2）增加数据总线宽度，提高数据处理速度和能力。例如 NEC 公司的 μPD-7800 系列内部数据总线为 16 位。

3）采用流水线结构，指令以队列形式出现在 CPU 中，从而提高运算速度。以适用于实时数字信号处理。例如德州仪器公司 TI（Texas Instrument）的 TMS320 系列。

4）加快单片机的主频，减少执行指令时的机器周期。例如 Philips 公司的 87C5X 系列单片机主频在 33MHz，执行一条指令时的机器周期减少为 6 个。

5）增加串行总线结构，减少单片机引脚，降低成本。Philips 公司的 P87LPC76、P87LPC87 系列单片机采用 I²C（Inter‑Integrated　Circuit）两线式串行总线来代替现行的 8 位并行数据总线。

（2）指令集结构的转变。CISC 结构的单片机是传统的冯•诺依曼（Von‑Neumann）结构，这种结构又称为普林斯顿（Princeton）体系结构。其片内程序空间和数据空间合在一起，取指令和操作数都是通过同一簇总线分时进行，当高速运算时，取指令和操作数不能同时进行，否则将会造成传输通道上的瓶颈现象。所以需要寻找另一种结构。

采用 RISC 结构的单片机是新型的哈佛（Harvard）结构，采用双总线结构。它是将单片机内部的指令总线和数据总线分离，而指令总线宽于数据总线，允许同时取指令和取操作数，还允许在程序空间和数据空间之间相互传送数据。如 Microchip 公司的 PIC 系列单片机。

（3）存储器的发展。

1）存储容量扩大，有利于外围扩展电路的简化，增强电路的稳定性。新型的单片机片内 ROM 一般可达 4～8KB，甚至达 128KB，RAM 达 256B，如 P8xC591 单片机的 ROM 为 16KB，RAM 为 512B。

2）片内 EPROM（Erasable Programmable Read Only Memory，可擦写可编程只读存储器）、E²PROM（Electrically Erasable PROM，电可擦除可编程只读存储器）、Flash（闪速存储器）。片内带有 EPROM 的单片机，在将程序编程写入芯片时，需要高压写入、紫外线擦抹，这给用户带来诸多不便。而采用 E²PROM、Flash 后，不需紫外线擦除，只需重新写入。特别是在 +5V 的电压下可直接对芯片进行读写的 E²PROM、Flash，它既有静态 RAM 读/写操作简便的优点，又有掉电时数据不会丢失的优点。片内 E²PROM、Flash 的使用不仅对单片机的结构产生影响，同时简化了应用系统的结构，提高了产品的稳定性，降低产品成本。例如 Atmel 公司的 AT89 系列单片机，片内就采用了 Flash 功能。

3）程序保密化：一般写入 EPROM 中的程序很容易被复制。为了防止程序被复制或非法剽窃，维护开发者的权利，需要对写入的程序进行加密。例如 Intel 公司就采用 KEPROM（Keyed access EPROM，键控可擦除可编程只读存储器）编程写入，还有的公司对片内 EPROM 或 E²PROM 采用加锁的方式进行加密。加密后，片外无法读取其中的程序。若要去密，必须擦除片内 EPROM 或 E²PROM 中的程序，从而达到加密的目的。

（4）片内 I/O 的改进。

1）增强并行口的驱动能力，减少外围驱动电路。有的单片机可直接驱动七段显示器 LED 和 VFD 荧光显示器等，如 P89LPC9401 可直接驱动 LCD。

2）增加 I/O 口的逻辑控制功能，有的单片机位处理系统能对 I/O 口进行位寻址和位操作，加强 I/O 口线的控制能力。

3）串行接口形式的多样化，为单片机构成网络系统提供了方便条件。如 P8xC591 具有 CAN 总线接口。

（5）片内集成外围芯片。随着集成电路技术的发展，芯片的集成度不断提高，在单片机片内集成了许多外围功能器件。有的单片机内部集成了模/数（A/D, Analog to Digital）转换功能、数/模（D/A, Digital to Analog）转换功能、DMA 控制器、锁相环 PLL（Phase Locked Loop）、SPI（Serial Peripheral Interface，串行外设接口）接口等。由于集成技术的不断提高，将许多外围功能电路都集成到单片机片内，这也是单片机的发展趋势，这样使得单片机功能扩大、稳定性增强，为人们提供更优质的服务。

（6）低功耗化。生活水平的提高，人们对能源的要求越来越高，都喜欢节能型的电子产品，所以在 8 位单片机中有 1/2 的产品采用 CMOS 化，以减少单片机的功耗，节省能源。为了进一步节能，这类单片机还普遍采用了空闲与掉电两种工作方式。例如 MCS－51 系列的 80C51BH 单片机正常工作(5V,12MHz)时,工作电流为16mA,空闲方式时工作电流为3.7mA,掉电方式（2V）时工作电流仅为 50μA。

1.2.3 单片机分类及应用

1. 单片机的分类

从单片机的诞生到现在，单片机的种类繁多，产品性能各异。其分类方法可有以下几种：

（1）按单片机内部程序存储器分类：可分为片内无 ROM 型、片内带掩膜 ROM 型（QTP型）、片内 EPROM 型、片内一次可编写型（OTP 型）和片内带 Flash 型等。Flash 型是近几年发展的一种新型机种。

（2）按指令集分类：可分为 CISC（复杂指令集）结构的单片机和 RISC（精简指令集）结构的单片机两大类。

采用 CISC 结构的单片机，其指令丰富，功能较强，但取指令和取数据不能同时进行，速度受限，价格偏高。

采用 RISC 结构的单片机，取指令和取数据能够同时进行，便于采用流水线操作，且大部分指令为单指令周期，其运行速度快；同时程序存储器的空间利用率高，有利于实现超小型化。

CISC 结构的单片机有 Intel 8051/52 系列、Motorola M68HC 系列、Atmel AT89 系列、STC89系列等；RISC 结构的单片机有 Microchip PIC 系列、韩国三星 KS57C 系列 4 位单片机、中国台湾义隆 EM－78 系列、Atmel AT90 系列、Philips P89LPC90 系列等。一般在控制关系较简单的小家电中可以采用 RISC 型单片机；在控制关系复杂的场合应采用 CISC 型单片机。

（3）按构成单片机芯片的半导体工艺分类：可分为 HMOS 工艺，即高密度短沟道的 MOS（Metal Oxide Semiconductor）工艺；以及用 CHMOS（高性能 CMOS）工艺，即互补金属氧化物的 HMOS（High－Performance MOS）工艺两大类。CHMOS 是 CMOS（complementary）和 HMOS 的结合，单片机产品型号中带有 "C" 字样的多为 CHMOS，其余一般为 HMOS 型。

（4）按单片机字长分类：可分为位片机、4 位机、8 位机、16 位机、32 位机和 64 位机。目前应用最广，需求量最大的是 4 位和 8 位机。

2. 单片机的应用

单片机由于体积小、集成度高、成本低、抗干扰能力和控制能力强等优点，因而在工业控制、智能仪表、家用电器、军事装置等方面都得到了极为广泛的应用。其应用主要在以下几个方面：

（1）在智能仪器仪表中的应用：用单片机制作的仪器仪表，广泛应用于实验室、交通运输工具、计量等领域。能使仪器仪表数字化、智能化、多功能化，提高测试的自动化程度和精度，简化硬件结构，减少重量，缩小体积，便于携带和使用，同时降低成本，提高性能价格比。如数字式存储示波器、数字式 RLC 测量仪、智能转速表等。

（2）在工业控制方面的应用：在工业控制中，工作环境恶劣，各种干扰比较强，还需实时控制，这对控制设备的要求比较高。单片机由于集成度高、体积小、可靠性高、控制功能强，能对设备进行实时控制，所以被广泛应用于工业过程控制中。如电镀生产线、工业机器人、电机控制、炼钢、化工等领域。

（3）在军事装置中的应用：利用单片机的可靠性高、适用温度范围宽，能工作在各种恶劣环境等特点，将其应用在航天航空导航系统、电子干扰系统、宇宙飞船等尖端武器、导弹控制、智能武器装置、鱼雷制导控制等方面。

（4）在民用电子产品中的应用：在民用电子产品中，目前单片机广泛应用于通信与各种家用电器。如手机、数码相机、MP3 播放机、智能空调等。

1.3　常用 51 单片机简介

随着集成电路的飞速发展，单片机从问世到现在其发展迅猛，拥有繁多的系列、几十种型号。现将常用的 51 单片机简单介绍如下。

常用 51 单片机简介

1.3.1　MCS－51 系列单片机

Intel 公司自 1976 年推出 8 位 MCS－48 系列单片机之后，相继又推出了 MCS－51 系列单片机，共有几十种型号产品，表 1－5 列出了比较典型的 MCS－51 系列单片机的主要性能指标。表中带有"C"字的型号为 CHMOS 工艺的低功耗芯片，否则为 HMOS 工艺芯片。

表 1－5　　　　　　　　　　MCS－51 系列单片机主要性能指标

系列	型号	片内 ROM 形式		片内 RAM 容量	片外寻址能力		I/O 特性			中断源
		ROM	EPROM		RAM	EPROM	计数器	并行口	串行口	
51系列	8031	—	—	128B	64KB	64KB	2×16 位	4×8 位	1	5
	8051	4KB	—	128B	64KB	64KB	2×16 位	4×8 位	1	5
	8751	—	4KB	128B	64KB	64KB	2×16 位	4×8 位	1	5
	80C31	—	—	128B	64KB	64KB	2×16 位	4×8 位	1	5
	80C51	4KB	—	128B	64KB	64KB	2×16 位	4×8 位	1	5
	87C51	—	4KB	128B	64KB	64KB	2×16 位	4×8 位	1	5
52系列	8032	—	—	256B	64KB	64KB	2×16 位	4×8 位	1	6
	8052	8KB	—	256B	64KB	64KB	2×16 位	4×8 位	1	6
	8752	—	8KB	256B	64KB	64KB	2×16 位	4×8 位	1	6
	80C32	—	—	256B	64KB	64KB	2×16 位	4×8 位	1	6
	80C52	8KB	—	256B	64KB	64KB	2×16 位	4×8 位	1	6
	87C52	—	8KB	256B	64KB	64KB	2×16 位	4×8 位	1	6

MCS－51 系列单片机又分为 51 和 52 这两个子系列，并以芯片型号的最末位数字作为标志。其中 51 子系列为基本型，52 子系列为增强型。51 子系列单片机片内集成有 8 位 CPU，4KB 的 ROM（8031 片内无 ROM），128B 的 RAM，两个 16 位的定时/计数器，一个全双工的串行通信接口（UART），拥有乘除运算指令和位处理指令。52 子系列单片机有 3 种功耗控

制方式，能有效降低功耗，片内 ROM 增加到 8KB，RAM 增加到 256B，定时/计数器增加到 3 个，串行接口的通信速率快了 6 倍。

MCS-51 系列单片机片内的程序存储器有多种配置形式：没有 ROM、掩膜 ROM、EPROM 和 EEPROM。不同的配置形式分别对应不同的芯片，使用时用户可根据需求而进行选择。

当前，该系列的单片机在实际应用中使用较少，但是该系列单片机开创了 51 系列单片机的新纪元，为单片机的发展做出了不朽的贡献。Intel 公司在此基础上生产了 8031AH、8032AH、80C152JA 等。

1.3.2　80C51 系列单片机

80C51 系列单片机作为微型计算机的一个重要分支，它应用面很广，且发展迅速。根据近年来的使用情况看，8 位单片机仍然是低端应用的主要机型。目前教学的首选机型还是 8 位单片机，而 8 位单片机中最具代表性、最经典的机型，当属 80C51 系列单片机。

1. 80C51 系列单片机的发展

Intel 公司 MCS-51 系列单片机结构比较典型、总线完善、SFR 集中管理、具有丰富的位操作系统和面向控制功能的指令系统，为单片机的发展奠定了良好的基础。多年前，由于 Intel 公司彻底的技术开放，使得众多的半导体厂商参与了 MCS-51 单片机的技术开发。因 MCS-51 系列的典型芯片是 80C51（CHMOS 型的 8051）。为此，许多厂商以 80C51 为技术内核，纷纷制造了许多类型的 8 位单片机，如 Philips、Siemens（Infineon）、Dallas、ATMEL 等公司，把这些公司生产的与 80C51 兼容的单片机统称为 80C51 系列。现在常简称 MCS-51 和 80C51 系列单片机为 51 系列单片机。不同厂家在发展 80C51 系列时都保证了产品的兼容性，这主要是指令兼容、总线兼容和引脚兼容。

众多厂家的参与使得 80C51 的发展长盛不衰，从而形成了一个既具有经典性，又有旺盛生命力的单片机系列。纵观 80C51 系列单片机的发展史，可以看出它曾经历了 3 次技术飞越。

（1）从 MCS-51 到 MCU 的第一次飞越。在 Intel 公司实行技术开放后，Philips 半导体公司（现为 NXP 恩智浦）利用其在电子应用方面的优势，在 8051 基本结构的基础上，着重发展 80C51 的控制功能及外围电路的功能，突出了单片机的微控制器特性。可以说，这使得单片机的发展出现了第一次飞越。

（2）引入快擦写存储器的第二次飞越。1998 年以后，80C51 系列单片机又出现了一次新的分支，称为 89 系列单片机。这种单片机是由美国 Atmel 公司率先推出的，它最突出的优点是将快擦写存储器应用于单片机中，具有在线可编程性能。这使得系统在开发过程中修改程序十分容易，大大缩短了单片机的开发周期。另外，AT89 系列单片机的引脚与 80C51 是一样的，因此，当用 89 系列单片机取代 80C51 时，可以直接进行代换，新增加型号的功能是往下兼容的，并且有些型号可以不更换仿真机。由于 AT89 系列单片机的上述显著优点，使得它很快在单片机市场脱颖而出。随后，各厂家都陆续采用此技术，这使得单片机的发展出现了第二次飞越。

（3）向 SoC 转化的第三次飞越。美国 Silicon Labs 公司推出的 C8051F 系列单片机使得 80C51 系列单片机从 MCU（微控制器）进入 SoC（片上系统）时代。现在兴起的片上系统，从广义上讲，也可以看作是一种高级单片机。它使得以 8051 为内核的单片机技术又上了一个新的台阶，这就是 80C51 单片机发展的第三次飞越。其主要特点是在保留了 80C51 系列单片机基本功能和指令系统的基础上，以先进的技术改进了 8051 内核，使得其指令运行速度比一般的 80C51 系列单片机提高了大约 10 倍,在片上增加了模/数和数/模转换模块;I/O 接口的配置由固定方式改变为由软件设定方式;时钟系统更加完善,有多种复位方式等。

2. 89 系列单片机的特点及分类

C8051F 系列单片机虽然性价比最高,功能最全面,但由于其使用难度较大,初学者不容易入门,所以本教材还是以价格较低,较容易理解和使用,并且应用广泛的 AT89 系列单片机为例进行讲解。

AT89 系列单片机的成功促使几个著名的半导体厂家也相继推出了类似产品,如 NXP 恩智浦半导体公司的 P89 系列、STC 公司的 STC89 系列、华邦公司的 W78 系列等。后来,人们就简称这一类产品为"89 系列单片机",实际上它仍属于 80C51 系列。AT89C51(AT89S51)、P89C51、STC89C51、W78E51 都是与 MCS-51 系列的 80C51 兼容的型号。这些芯片相互之间也是兼容的,所以如果不写前缀,仅写 89C51 就可能是其中任何一个厂家的产品。

由于 Atmel 公司的 AT89C51/C52 曾经在国内市场占有较大的份额,与其配套的仿真机也很多,因此,为方便教学,本书在介绍具体单片机结构时,选用了 AT89S51 单片机(因为 AT89C51/C52 在 2003 年已停产,AT89S51/S52 是其替代产品,国内市场上常用的 STC89 系列、STC12 系列、STC15 系列单片机兼容此产品)。而作为一般共性介绍时,还是用符号 80C51 代表;请读者注意,此时它指的是 80C51 系列芯片,而不是 Intel 公司以前生产的 80C51 型号芯片。

AT89S51 单片机也采用 CHMOS 工艺,其片内含有 4KB 快闪可编程/擦除只读存储器 FPEROM(Flash Programmable and Erasable Read Only Memory),使用高密度、非易失存储技术制造,并且与 80C51 引脚和指令系统完全兼容。芯片上的 FPEROM 允许在线编程或采用通用的非易失存储器编程对程序存储器重复编程,因为 89C51 性价比远高于 87C51。

89 系列单片机主要特点如下:

1)内部含 Flash 存储器。在系统的开发过程中可以十分容易地进行程序的修改,这就大大缩短了系统的开发周期。同时,在系统工作过程中,能有效地保存一些数据信息,即使断开外界电源也不影响所保存的信息。

2)有些型号和 80C51 的引脚完全兼容。当用 89 系列单片机取代 80C51 时,可以直接进行代换。

3)采用静态时钟方式。可以节省电源,这对于降低便携式产品的功耗十分有用。

4)错误编程亦无废品产生。一般的 OTP 产品,一旦错误编程就成了废品,而 89 系列单片机内部采用 Flash 存储器,所以错误编程之后仍可以重新编程,直到正确为止,不存在废品。

5)可进行反复系统试验。用 89 系列单片机设计的系统,可以反复进行系统试验,每次试验可以编入不同的程序,这样可以保证用户的系统设计达到最优,而且随用户的需要和发展,还可以反复修改。

89 系列单片机分为标准型、低档型和高档型 3 类。标准型单片机的主要结构与性能详见第 2 章。低档 89 系列单片机是在标准型结构的基础上,适当减少某些功能部件,如减少 I/O 引脚数、Flash 存储器和 RAM 容量、可响应的中断源等,从而使体积更小,价格更低,并在某些对功能要求较低的家电领域得到广泛的应用。高档 89 系列单片机是在标准型的基础上增加了部分功能而形成的。所增加的功能部件主要有串行外围接口 SPI、看门狗定时器、A/D

功能模块等。例如 AT89S51/S52 相对于 AT89C51/C52 就增加 SPI 串行口和看门狗定时器。

本章小结

　　微型计算机是计算机中的一个主要分支，而单片机是微型计算机中的一个重要成员。单片机是在一块芯片上集成了 CPU、RAM、ROM、定时器/计数器、I/O 接口等部件。人们对单片机有着不同的称呼。伴随着半导体技术的发展，单片机经历了四个不同的发展时代，其技术进一步完善、功能进一步加强。单片机具有体积小、功耗低、性价比高、控制功能强、可靠性强等优点，自问世以来得到了非常广泛的应用。其中 MCS－51 系列单片机在我国推广应用最为广泛。单片机中常用的数制有二进制、十进制和十六进制。计算机中数的表达形式有原码、反码和补码，数的正负在最高位分别用"0"和"1"表示。通过本章的学习，要求掌握有关单片机的基本知识，以便于后续单片机学习。

习　题　1

　　1. 二进制、十进制、十六进制的基数分别是多少？

　　2. 将二进制数 10110010B 转换成相对应的十进制数是多少？转换成相对应的十六进制数又是多少？

　　3. 分别写出十进制数 36 和 － 36 的原码、反码及补码。

　　4. 什么是单片机，单片机由哪些部分组成？

　　5. 单片机经历了哪几个发展阶段？各阶段有哪些主要特征？

　　6. 单片机有哪些特点？

　　7. 单片机是如何分类的？

　　8. 单片机主要应用在哪些方面？

第 2 章　80C51 单片机的硬件结构与最小系统

在 80C51 单片机中，各类单片机是相互兼容的，只是引脚功能略有差异。89 系列单片机属于 80C51 系列单片机中的子系列。在进行原理介绍时，本章将以 89S51 单片机为例介绍单片机的结构及引脚功能。在进行原理介绍时，凡属于与 80C51 系列单片机兼容的用符号"80C51"表示，此时并不专指某种具体型号。

2.1　80C51 单片机引脚功能与内部结构

AT89S51/S52 单片机与 Intel 公司 MCS－51 系列的 80C51 型号单片机在芯片结构与功能上基本相同，外部引脚完全相同，主要不同点是 89 系列产品中程序存储器全部采用快擦写存储器，简称"闪存"。此外，Atmel 公司的 AT89S51/S52 单片机与已停产的 AT89C51/C52 单片机的主要不同点是，增加了 ISP（In System Programmer，在系统可编程）串行接口（此接口可实现串行下载功能）和看门狗定时器。

80C51 单片机引脚功能与内部结构

2.1.1　单片机的引脚及功能

AT89S51/S52 单片机采用了 PLCC（Plastic Leaded Chip Carrier，塑料引线芯片载体）、PDIP（Plastic Dual－line Package，塑料双直列直插式）、TQFP（Thin Quad Flat Package，薄塑封四角扁平封装）3 种不同的封装方式，其外形及引脚名称如图 2－1 所示。AT89S51/S52 单片机实际有效的引脚有 40 个，PLCC、TQFP 封装的 NC 表示该引脚为空脚。

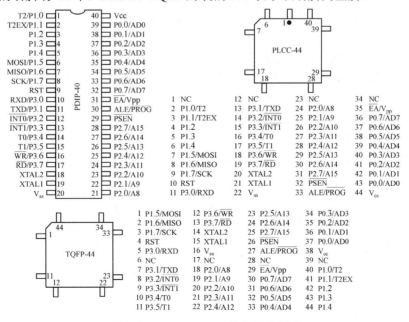

图 2－1　AT89S51/S52 单片机引脚图

为了尽可能缩小体积，减少引脚数，AT89S51/S52 单片机不少引脚还具有第二功能（也称为"复用功能"）。这 40 个引脚大致可分为电源、时钟、控制和 I/O 引脚 4 类。其逻辑图如图 2-2 所示。

1. 电源引脚 Vss 和 Vcc

（1）Vss（20 脚）：接地，以 0V 为标准。

（2）Vcc（40 脚）：接+5V 电源，提供掉电、空闲、正常工作电压。

2. 时钟引脚 XTAL1 和 XTAL2

XTAL1（19 脚）和 XTAL2（18 脚）：内部振荡电路反相放大器的输入/输出端。使用内部振荡电路时，外接石英晶体；外部振荡脉冲输入时 XTAL2 接外部时钟振荡脉冲，XTAL1 悬空不用。

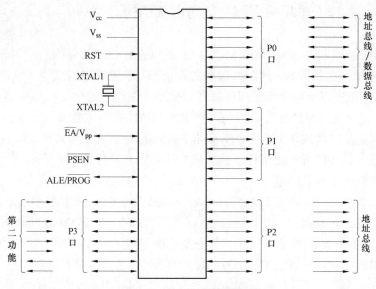

图 2-2　单片机引脚逻辑图

3. 控制引脚 ALE/$\overline{\text{PROG}}$、$\overline{\text{PSEN}}$、$\overline{\text{EA}}$ / V_{PP}、RST

（1）ALE/$\overline{\text{PROG}}$（30 脚）。地址锁存/编程脉冲输入引脚。当单片机访问外部存储器时，ALE 的输出用于锁存 16 位的低 8 位地址信号。即使不访问外部存储器，ALE 端仍以时钟频率的 1/6 周期性地输出正脉冲信号。因此，它可用作对外输出的时钟，或用于定时目的。但是访问片外数据存储器时，将跳过一个 ALE 脉冲，即丢失一个 ALE 脉冲。ALE 可以驱动（吸收或输出电流）8 个 LSTTL（Low-power Schottky TTL，低功耗肖特基 TTL，其功耗值为传统 TTL 的 1/5）负载。

（2）$\overline{\text{PSEN}}$（29 脚）。外部程序存储器读选通信号输出端。在从片外程序存储器取指令（或常数）期间，$\overline{\text{PSEN}}$ 在每个机器周期内两次有效。每当访问片外数据存储时，这两次有效的 $\overline{\text{PSEN}}$ 信号将不会出现。$\overline{\text{PSEN}}$ 同样可以驱动 8 个 LSTTL 负载。

（3）$\overline{\text{EA}}$ / V_{PP}（31 脚）。$\overline{\text{EA}}$ 为内部程序存储器和外部程序存储器选择端。当 $\overline{\text{EA}}$ 输入高电平时，单片机访问片内程序存储器。若 PC（程序计数器）值超过片内 Flash 地址范围时，将自动转向访问片外程序存储器。当 $\overline{\text{EA}}$ 为低电平时，不论片内是否有程序存储器，单片机只能访问片外程序存储器。

　　当 RST 释放后 $\overline{EA}$ 脚的值被锁存，任何时序的改变都将无效。该引脚在对 Flash 编程时接 12V 的编程电压（Vpp）。

　　（4）RST（9 脚）。单片机复位输入端。刚接上电源时，其内部各寄存器处于随机状态，当振荡器运行时，在此引脚上输入两个机器周期的高电平（由低到高跳变），将单片机复位。复位后应使此引脚电平保持在不高于 0.5V 的低电平，以保证单片机正常运行。内部有扩散电阻连接到 Vss，只需外接一个电容到 Vcc 即可实现上电复位。

　　4. 并行 I/O 引脚 P0.0～P0.7、P1.0～P1.7、P2.0～P2.7、P3.0～P3.7

　　（1）P0.0～P0.7（39～32 脚）。P0 口是一个 8 位三态双向 I/O 端口，在访问外部存储器时，它是分时作低 8 位地址线和 8 位双向数据总线用。在不访问外部存储器时，作通用 I/O 口用，用于传送 CPU 的输入/输出数据。P0 口能以吸收电流的方式驱动 8 个 LSTTL 负载，一般作为扩展时地址/数据总线使用。

　　（2）P1.0～P1.7（1～8 脚）。P1 口是一个带内部上拉电阻的 8 位准双向 I/O 端口（作为输入时，端口锁存器置1）。对 P1 口写 1 时，P1 口被内部的上拉电阻拉为高电平，这时可作为输入口。当 P1 口作为输入端口时，因为有内部上拉电阻，那些被外部信号拉低的引脚会输出一个电流。P1 口能驱动（吸收或输出电流）4 个 TTL（Transistor – Transistor Logic，晶体管—晶体管逻辑）负载，它的每一个引脚都可定义为输入或输出线，其中 P1.0、P1.1 兼有特殊的功能。

　　T2/P1.0：定时/计数器 2 的外部计数输入/时钟输出。

　　T2EX/P1.1：定时/计数器 2 重装载/捕捉/方向控制。

　　（3）P2.0～P2.7（21～28 脚）。P2 口是一个带内部上拉电阻的 8 位准双向 I/O 端口，当外部无扩展或扩展存储器容量小于 256B 时，P2 口可作一般 I/O 口使用，扩充容量在 64KB 范围时，P2 口为高 8 位地址输出端口。当作为一般 I/O 口使用时，可直接连接外部 I/O 设备，能驱动 4 个 LSTTL 负载。

　　（4）P3.0～P3.7（10～17 脚）。P3 是一个带内部上拉电阻的 8 位准双向 I/O 端口。向 P3 口写入 1 时，P3 口被内部上拉为高电平，可用作输入口。当作为输入时，被外部拉低的 P3 口会因为内部上拉而输出电流。第一功能作为通用 I/O 口，第二功能作控制口，见表 2–1。P3 能驱动 4 个 LSTTL 负载。

　　P0～P3 各有各的用途，在扩展外部存储器系统中，P0 口专用于分时传送低 8 位地址信号和 8 位数据信号，P2 口专用于传送高 8 位地址信号，P3 口根据需要常用于第二复用功能，真正可提供用户使用的 I/O 口是 P1 口和一部分未用作第二复用功能的 P3 口端线。

表 2–1　　　　　　　　　　　P3 口引脚的第二功能

端口线	引脚	第二复用功能	功能描述
P3.0	10	RXD	串行口输入
P3.1	11	TXD	串行口输出
P3.2	12	$\overline{INT0}$	外部中断 0 输入
P3.3	13	$\overline{INT1}$	外部中断 1 输入
P3.4	14	T0	定时器 0 的外部输入
P3.5	15	T1	定时器 1 的外部输入
P3.6	16	$\overline{WR}$	片外数据存储器写信号
P3.7	17	$\overline{RD}$	片外数据存储器读信号

2.1.2　80C51 的内部结构

AT89S51/S52 属于标准型单片机，其功能组成如图 2-3 所示。从图中可以看出，其内部由中央处理器 CPU、存储器、定时器/计数器、并行 I/O 端口、串行口、中断系统等部分组成，它们是通过片内总线连接起来的。该图中 P0~P3 为 4 个可编程并行 I/O 端口、TXD、RXD 为串行口的输入/输出端。

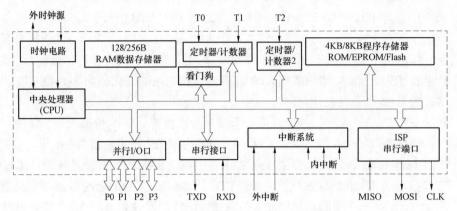

图 2-3　AT89S51/S52 单片机功能方框图

AT89S51/S52 单片机片内带有 Flash 存储器，而 Intel 公司生产的 MCS-51 系列单片机片内没有带 Flash 存储器。Flash 编程/擦写 10 000 次左右。与 MCS-51 单片机相比较，AT89S51/S52 单片机增加了定时/计数器 2，此外 AT89S51/S52 单片机还增加了看门狗 WD（Watch Dog）、并可对器件实现在线系统可编程 ISP（In-System Programming）等功能。图 2-4 所示为 AT89S51/S52 单片机的内部结构框图。

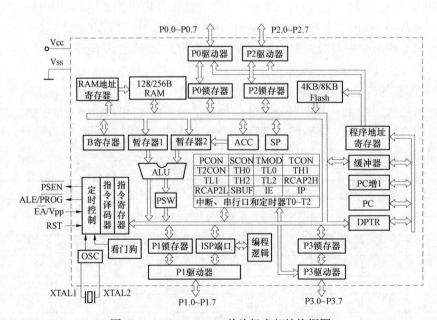

图 2-4　AT89S51/S52 单片机内部结构框图

2.2 80C51 单片机的 CPU

2.2.1 CPU 的功能单元

CPU 是单片机的核心部件。主要是产生各种控制信号,控制存储器、输入/输出端口的数据传送、数据的算术运算、逻辑运算以及位操作处理等。它由运算器和控制器等部件组成。

80C51 单片机的 CPU

1. 控制器

控制器的功能是对来自存储器中的指令进行译码,通过定时控制电路,在规定的时刻发出各种操作所需的内部和外部控制信号,使各部分协调工作,完成指令所规定的功能。它由程序计数器 PC、指令寄存器、指令译码器、定时控制与条件转移逻辑电路等部分组成。通过输出电压或脉冲信号,使单片机自动协调而有序地工作。

(1) 程序计数器 PC(Program Counter):它是一个 16 位的二进制指令地址寄存器,用来存储下一条需要执行的指令在程序存储器中的地址,具有自动加 1 的功能。CPU 执行指令时,根据程序计数器 PC 中的地址 CPU 从程序存储器中取出当前需要执行的指令码,并把它送给控制器分析执行,随后程序计数器 PC 中的地址码自动加 1,为 CPU 取下一条指令码作好准备,以保证指令顺序执行。AT89S51/S52 由 16 个触发器构成,编码范围为 0x0000~0xFFFF,即程序存储器的寻址范围为 64KB。

(2) 指令寄存器(Instruction Register):它是一个 8 位的寄存器,用来接收并暂存从存储器中取出的待执行指令,等待译码。

(3) 指令译码器(Instruction Decode):其功能是对指令寄存器中的操作码进行译码。根据译码器输出的信号,再经定时控制电路定时产生执行该指令所需要的各种控制信号。

(4) 数据指针 DPTR(Data Pointer):它是一个 16 位专用地址指针寄存器,用来存放片外数据存储的 16 位地址。由 DPH 和 DPL 两个独立的 8 位寄存器组成,DPH 为高 8 位字节,DPL 为低 8 位字节,分别占用了 0x83 和 0x82。当对 64KB 外部数据存储器空间寻址时,可作为间接地址寄存器用。在访问程序存储器时,可作为基址寄存器用。

2. 运算器

运算器的功能是进行算术逻辑运算、位变量处理和数据传送等操作。由算术逻辑运算部件 ALU、位处理器(又称布尔处理器)、累加器 Acc、暂存器、程序状态字寄存器 PSW、BCD 码运算调整电路等组成。为了提高数据和位操作功能,片内还增加了一个通用寄存器 B 和一些专用寄存器。

(1) 算术逻辑运算部件 ALU(Arithmetic Logic Unit)。ALU 是由加法器和其他逻辑电路组成,用于对数据进行算术四则运算和逻辑运算、移位操作、位操作等功能。ALU 的两个操作数,一个由累加器 Acc 通过暂存器 2 输入,另一个由暂存器 1 输入,运算结果的状态送 PSW。

(2) 位处理器:位处理器用来处理位操作,以进位标志位 C 为累加器的,可执行置位、复位、取反、等于 1 转移、等于 0 转移且清 0、进位标志位与其他可寻址位之间的数据传送等位操作,也能使进位标志位与其他可位寻址的位之间进行逻辑与、或操作。

(3) 累加器 Acc(Accumulator):它是一个最常用的具有特殊用途的二进制 8 位寄存器,简称 A。专门用来存放一个操作数或中间结果。大部分单操作数指令的操作数取自累加器 A;

很多双操作数指令的一个操作数取自累加器 A，算术运算结果都存放在累加器 A 或 AB 寄存器中。

（4）通用寄存器 B（General Purpose Register）：B 是一个 8 位寄存器，主要用于乘法和除法运算。乘法运算时，两个乘数分别存于 A 和 B。乘法操作后，其结果存放在 BA 寄存器对中。除法运算时，被除数存于 A，B 是除数。除法运算后，商数存放于 A，余数存放于 B 中。

在其他指令中，B 寄存器可作为一般数据寄存器来使用。

（5）程序状态字寄存器 PSW（Program Status Word）：它是一个 8 位寄存器，用来存放指令执行的有关状态信息。PSW 中各位的状态信息一般是在指令执行过程中形成的，但也可以根据需要由用户采用传送指令加以改变。PSW 的位状态可以用位指令进行测试，也可以用一些指令将状态读出来。一些转移指令是根据 PSW 有关位的状态进行程序转移。PSW 的结构及各位定义如表 2-2 所示。

表 2-2　　　　　　　　　　PSW 结构及各位定义

PSW	PSW.7	PSW.6	PSW.5	PSW.4	PSW.3	PSW.2	PSW.1	PSW.0
	D7	D6	D5	D4	D3	D2	D1	D0
位符号名	CY	AC	F0	RS1	RS0	OV	—	P

1）P（PSW.0，Parity）：奇偶标志位，用于表示累加器 A 中二进制数值为 1 的奇偶性。当采用偶校验时，如果累加器 A 中二进制数 1 的个数是奇数，则 P 置"1"，否则 P 置"0"。凡是改变累加器 A 中内容的指令均会影响 P 标志位，因此在串行通信中，通常用奇偶校验的方法来检验数据传输结果的正确性。

2）F0（PSW.5，Flag zero）：用户标志位。作为用户自行定义的一个状态标志，可以用软件来置位或清零。该标志位一经设定，便可通过软件测试 F0 以控制程序的流向。

3）OV（PSW.2，Overflow）：溢出标志位，用于指示算术运算中是否有溢出。当进行算术运算时，如果产生了溢出，则由硬件将 OV 置"1"，否则 OV 清"0"。

在带符号数加法或减法运算时，OV＝1 表示加减法运算超出了累加器 A 所能表示的符号数有效范围（-128～+127），即执行有符号数的加法指令或减法指令时，当 D6 位有向 D7 位的进位或借位时 $D_{6CY}=1$，而 D7 位没有向 CY 位的进位或借位 $D_{7CY}=0$ 时，则 OV＝1；或 $D_{6CY}=1$，$D_{7CY}=0$ 则 OV＝1，溢出的逻辑表达式为：$OV=D_{6CY}\oplus D_{7CY}$。

例如：两个有符号数 +106 与 +68 相加，二进制与十进制加法运算如下：

```
  0 1 1 0 1 0 1 0          +106
+)0 1 0 0 0 1 0 0        +) 68
  1 0 1 0 1 1 1 0 =(-46)  +174
```

两个正数相加，结果却为一个负数，显然是错误的，这是因为在二进制数加法中，发生了加法溢出。即 $D_{6CY}=1$，$D_{7CY}=0$，$OV=D_{6CY}\oplus D_{7CY}=1\oplus0=1$，产生了溢出。

在无符号数的乘法指令执行中，也有可能产生溢出。当累加器 A 和通用寄存器 B 中的两个乘数的乘积超过 255 时，OV＝1，有溢出时积的高 8 位在 B 中，积的低 8 位在 A 中。在除法指令中，若除数为 0 时，除法运算不能进行，OV 溢出为"1"。

因此，根据执行运算指令后的 OV 状态，可判断累加器 A 中的结果是否正确。

4）RS1、RS0（PSW.4、PSW.3）：工作寄存器选择控制位。工作寄存器共有四组，用户通过软件选择 CPU 当前工作的寄存器组。AT89S51/S52 单片机有 4 个 8 位的工作寄存器 R0～R7。它们的对应关系如表 2-3 所示。

表 2-3　　　　　　　　　　RS1、RS0 与工作寄存器地址之间的对应关系

组号	RS1	RS0	R7	R6	R5	R4	R3	R2	R1	R0
0	0	0	0x07	0x06	0x05	0x04	0x03	0x02	0x01	0x00
1	0	1	0x0F	0x0E	0x0D	0x0C	0x0B	0x0A	0x09	0x08
2	1	0	0x17	0x16	0x15	0x14	0x13	0x12	0x11	0x10
3	1	1	0x1F	0x1E	0x1D	0x1C	0x1B	0x1A	0x19	0x18

单片机上电或复位后，RS1 RS0＝00，CPU 选中第 0 组的 0x00～0x07 这 8 个单元为当前工作寄存器。用户根据需要利用传送指令或位操作指令来改变其状态，这样的设置对程序中保护现场提供了方便。

例如，主程序中使用第 1 组，单片机片内 0x08～0x0F 这 8 个单元为当前工作寄存器 R0～R7。主程序中要调用某个子程序时，在子程序中通过位操作指令 SETB RS1 将 RS1 RS0 置为 10，则子程序中就可以使用第 2 组 0x10～0x17 这 8 个单元作为当前工作寄存器 R0～R7。第 1 组 R0～R7 的内容保持不变。

5）AC（PSW.6，Auxiliary Carry）：辅助进位标志位。当进行加法或减法运算并产生由低 4 位向高 4 位进位或借位时，AC 将被硬件置"1"，否则清"0"。即 AC＝1，表示在加法或减法过程中 A3 向 A4 进行进位或借位；AC＝0，表示 A3 没有向 A4 进位或借位。在十进制调整中，AC 位用于低 4 位 BCD 码调整的判断位。

6）CY（PSW.7，Carry）：进位标志位。用于表示加法或减法运算时最高位是否有进位或借位，如果在进行加减法运算时，操作结果的最高位有进位或借位，CY 被置"1"，否则被清"0"。在进行位操作时，CY 还可作为位累加器使用，相当于累加器 A。

（6）堆栈指针 SP（Stack Pointer）。堆栈就是只允许其一端进行数据压入或数据弹出操作的线性表，它是一种数据结构。数据写入堆栈称为压入（PUSH），即入栈；数据从堆栈中读出来称为弹出（POP），即出栈。堆栈的特点是先进后出 FILO（First-In Last-Out），或后进先出 LIFO（Last-In First-Out）。堆栈主要是为子程序调用和中断操作保护现场而设定的，用来暂存数据和地址，保护断点和现场。

堆栈是一个特殊的存储区，堆栈指针 SP 是一个 8 位专用寄存器。80C51 单片机的堆栈设在内部 RAM 中，是向上增长的。入栈时 SP 自动增量，指向内部 RAM 的高地址，指示出堆栈顶部在内部 RAM 中的位置。堆栈由栈顶和栈底两部分组成，栈顶由栈顶地址指示，即栈顶位于堆栈的顶部，由 SP 指示，是可以改变的，它决定堆栈中是否存放数据；栈底固定不变，决定堆栈在 RAM 中的物理位置。当堆栈中无数据时，栈顶与栈底重合；当栈中存放的数据越多，栈顶地址与栈底地址间隔就越大，SP 始终指向堆栈中最上面的那个数据。

系统复位后，SP 初始化为 0x07，堆栈实际上从 0x08 单元开始。但是 0x08～0x1F 单元分别属于寄存器 1～3 区，而 0x20～0x2F 单元为位寻址空间，若程序中要用到这些区，最好将 SP 值改为 0x30～0x7F 之间。

2.2.2　CPU 的时钟电路

时钟电路就是一个振荡器，给单片机提供一个节拍，单片机执行各种操作必须在这个节

拍的控制下才能进行。因此，单片机没有时钟电路是不会正常工作的。

1. 时钟电路

在 80C51 单片机片内有一个高增益的反相放大器，反相放大器的输入端为 XTAL1，输出端为 XTAL2，由该放大器构成的振荡电路和时钟电路一起构成了单片机的时钟方式。根据硬件电路的不同，单片机的时钟连接方式可分为内部时钟方式和外部时钟方式。

在内部方式时钟电路中，必须在 XTAL1 和 XTAL2 引脚两端跨接晶体振荡器和两个微调电容构成振荡电路，如图 2-5 所示。当外接晶体振荡器时，通常 C1 和 C2 一般取 30pF；外接陶瓷谐振器时，C1 和 C2 的典型值为 47pF。晶振的频率取值为 1.2～12MHz 之间。在设计印刷电路板时，晶体或陶瓷谐振器和电容应尽可能安装在单片机芯片附近，以减少寄生电容，保证振荡器稳定和可靠工作。为了提高温度稳定性，应采用 NPO 电容（具有温度补偿特性的单片陶瓷电容器）。C1、C2 对频率有微调作用，晶振频率越高，系统时钟频率也高，单片机的运行也就越快。运行速度越快，对存储器的速度要求就越高，对印刷电路板的工艺要求也越高。

在系统中，若有多片单片机组成时，为了使各单片机之间时钟信号的同步，应当引入唯一的公用外部脉冲信号作为各单片机的振荡脉冲。公用的外部脉冲信号由 XTAL2 端输入，XTAL1 可悬空或接地，如图 2-6 所示。对于外部脉冲信号没有特殊要求，只要保证一定的脉冲宽度，时钟频率低于 12MHz 即可。

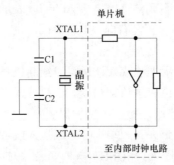

图 2-5　单片机内部时钟电路

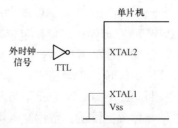

图 2-6　单片机外部时钟电路

2. 时钟单元

单片机的时钟单元包括时钟周期、机器周期和指令周期。

（1）时钟周期。一般将振荡脉冲的周期称为振荡周期或节拍 P，振荡脉冲经过二分频后，就是单片机的时钟信号，将时钟信号的周期定义为时钟周期 T，又称为状态周期 S。

时钟周期是时序中最基本的时间单位，是振荡器频率的倒数。例如，某单片机采用的振荡器为 10MHz，则它的时钟周期 T 为 0.1μs。每个时钟周期包含 2 个时钟节拍，前半个周期对应的节拍称为 P1，后半个周期对应的节拍称为 P2。通常算术逻辑操作在 P1 时进行，而内部寄存器传送在 P2 时进行。时钟发生器向芯片提供了一个 2 节拍的时钟信号。在每个时钟 S 的前半周期，节拍 P1 信号有效；后半周期内，节拍 P2 信号有效。

（2）机器周期。单片机采用定时控制方式，它有固定的机器周期。单片机的每 1 个机器周期是由 6 个时钟周期即 6 个状态周期 S 构成的。每个状态周期分为两个节拍，因此 1 个机器周期中的 12 个振荡周期可以表示为 S1P1、S1P2、S2P1、S2P2、S2P3、S3P1…、S6P1、S6P2。

由于 1 个机器周期共有 12 个振荡周期，所以机器周期就是振荡脉冲的 12 分频。当振荡脉冲频率为 12MHz 时，1 个机器周期为 1μs；当振荡脉冲频率为 6MHz 时，1 个机器周期为 2μs。

（3）指令周期。执行一条指令所需要的时间称为指令周期，它是最大的时序定时单位。由于机器执行的指令不同，所需的时间也不相同，所以不同的指令包含的机器周期数也不相同，可包含 1、2、3、4 个机器周期。通常将包含 1 个机器周期的指令称为单周期指令，包含 2 个机器周期的指令称为双周期指令。

指令的运算速度与指令所包含的机器周期数有关，1 条指令中，包含的机器周期越多，指令执行的时间越长，所以有的单片机将指令的机器周期数减少，以提高运行速度。4 周期指令只有乘法和除法指令两条，其余均为单周期指令和双周期指令。

应用系统调试时，首先应该保证单片机的时钟系统能够正常工作。当晶振电路、复位电路和电源电路正常时，在 ALE 引脚可以观察到稳定的脉冲信号，其频率为：晶振频率/6。

2.2.3 80C51 单片机的复位

单片机的复位操作，使 CPU 和系统中的其他部件都处于一确定的初始状态，并从这个初始状态开始工作。在单片机工作时，接电时要复位，断电后要复位，发生故障后要复位，所以弄清楚单片机的复位状态和复位电路是很有必要的。

（1）复位状态。单片机在开关机时都需要复位，以便 CPU 及其他功能部分都处于一个确定的初始状态，并从这个状态开始工作。80C51 单片机的 RST 引脚是复位信号的输入端。复位信号高电平有效，持续时间需要 24 个时钟周期以上。若 80C51 单片机时钟频率为 12MHz，则复位脉冲宽度至少应为 2μs。单片机复位后，其片内各寄存器状态如表 2-4 所示。这时，堆栈指针 SP 为 0x07，P0~P3 口为 0xFF、ALE 和 $\overline{PSEN}$ 引脚为高电平外，其他所有 SFR 的复位值均为 0x00，片内 RAM 中内容不变。

表 2-4　　　　　　　　　复位后内部存储器状态

寄存器名	内容	寄存器名	内容
PC	0x0000	TCON	0x00
ACC	0x00	TH0	0x00
B	0x00	TL0	0x00
PSW	0x00	TH1	0x00
SP	0x07	TL1	0x00
DPTR	0x0000	TH2（80C52）	0x00
P0~P3	0xFF	TL2（80C52）	0x00
IP（80C51）	0bXXX00000	RCAP2H（80C52）	0x00
IP（80C52）	0bXX000000	RCAP2L（80C52）	0x00
IE（80C51）	0b0XX00000	SCON	0x00
IE（80C52）	0b0X000000	PCON（HMOS）	0b0XXXXXXX
SBUF	不定	PCON（CHMOS）	0b0XXX0000
TMOD	0x00		

（2）复位电路。单片机通常采用上电复位和按钮复位两种方式。图 2-7（a）所示为上

电复位电路，图 2-7（b）、（c）所示为按钮复位电路。

上电复位是利用电容的充放电来实现的。RC 构成微分电路，一般 R 为 8.2kΩ 的电阻，C 为 10μF 的电容。上电瞬间，RST 端的电位与 V_{CC} 相同，RC 电路充电，随着充电电流的减少，RST 端的电位逐渐下降。只要 V_{CC} 的上升时间不超过 1ms，振荡器的建立时间不超过 10ms，该时间就能足以保证完成复位操作。上电复位所需的最短时间是振荡周期建立时间加上 24 个时间周期，在这个时间内 RST 端的电平就维持高于施密特触发器（Schmidt trigger）的下阈值。

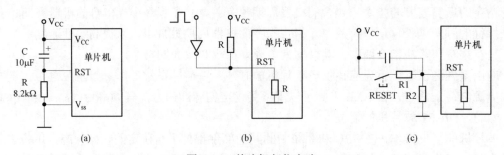

图 2-7　单片机复位电路

（a）上电复位；（b）按钮脉冲复位；（c）按钮电平复位

按钮复位有按钮脉冲复位和按钮电平复位两种方法，如图 2-7（b）、（c）所示。按钮脉冲复位是由单片机外部提供一个复位脉冲，此脉冲保持宽于 24 个时钟周期。复位脉冲过后，由内部下拉电阻保证 RST 端为低电平。按钮电平复位，是上电复位和手动复位相结合的方案。上电复位的工作过程与图 2-7（a）相同，在手动复位时，按下复位按钮 RESET，电容对 R1 迅速放电，RST 端变为高电平，RESET 松开后，电容通过电阻 R2 进行充电，使 RST 端恢复为低电平。

2.3　80C51 的存储器组织

80C51 的存储器组织

存储器是组成计算机的主要部件，其功能是存储程序和数据。存储器可以分为两大类：一类是随机存取存储器 RAM，另一类是只读存储器 ROM。对于 RAM，CPU 在运行时，能随时进行数据的写入和读出，但在关闭电源时，其所存储的信息将丢失。ROM 是一种写入信息后不易改写的存储器，断电后 ROM 中的信息不变，所以常用来存放程序或常数，如系统监控程序、常数表等。

2.3.1　80C51 的存储器结构和地址空间

80C51 系列单片机的存储器结构与一般的通用计算机不同。一般的通用计算机通常只有一个逻辑空间，即程序存储器和数据存储器都是统一编址的。访问存储器时，同一地址对应唯一的存储空间，可以是 ROM，也可以是 RAM，并用同类访问指令，这种存储器结构称为"冯·诺依曼结构"。80C51 系列单片机的程序存储器和数据存储器在物理结构上是分开的，这种结构称为"哈佛结构"。80C51 系列单片机的存储器在物理结构上可以分为如下 4 个存储空间：片内程序存储器、片外程序存储器、片内数据存储器和片外数据存储器。

80C51 系列单片机各具体型号的基本结构与操作方法相同，但是存储容量不完全相同，下面以 AT89S51 单片机为例进行说明。图 2-8 所示为 AT89S51 的存储器结构与地址空间。从逻辑上来划分，80C51 系列有 3 个存储空间：

（1）片内外统一编址的 64KB 的程序存储器地址空间（用 16 位地址）；

（2）片内数据存储器地址空间，寻址范围为 0x00～0xFF；

（3）64KB 片外数据存储器地址空间。

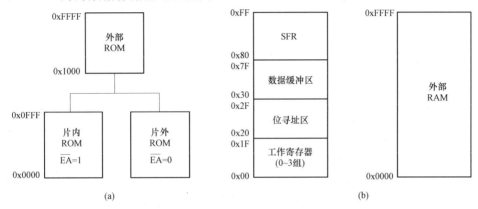

图 2-8　AT89S51 存储器空间分配图

（a）程序存储器地址分配；（b）数据存储器地址分配

从图 2-8 中可以看出：片内程序存储器的地址空间（0x0000～0x0FFF）和片外程序存储器的低地址空间相同；片内数据存储器的地址空间（0x00～0xFF）与片外数据存储器的低地址空间相同。通过采用不同形式的指令产生不同存储空间的选通信号，即可访问 3 个不同的逻辑空间。

2.3.2　80C51 的程序存储器

在 89 系列单片机中，程序存储器全部采用闪存，AT89S51/C51 内部配置了 4KB 闪存，AT89S52/C52 内部配置了 8KB 闪存。对于 AT89S51 单片机而言，可寻址的程序存储器总空间为 64KB，其中 0x0000～0x0FFF 的 4KB 地址区可以为片内 ROM 和片外 ROM 公用。0x1000～0xFFFF 的 60KB 地址区为片外 ROM 所专用。在 0x0000～0x0FFF 的 4KB 地址区，片内 ROM 可以占用，片外 ROM 也可以占用，但不能为两者同时占用。为了指示机器的这种占用，设计者为用户提供了一条专用的控制引脚 $\overline{EA}$。$\overline{EA}$ 接高电平时，程序计数器 PC 的值在 0x0000～0x0FFF（4KB）地址范围内，单片机执行内部 ROM 中的命令，超出此地址范围则自动执行片外 ROM 中的命令；当 $\overline{EA}$ 接低电平时，单片机将忽略内部存储器，直接从外部程序存储器中读取指令。

外部程序存储器读选通信号 $\overline{PSEN}$，读取片内程序时，不产生 $\overline{PSEN}$ 信号。读取外部程序时的硬件连接如图 2-9 所示。在访问外部程序存储器时，要用到 P0 口和 P2 口来产生程序存储器的地址。

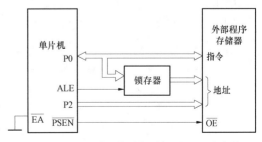

在 64KB 的程序存储器寻址空间中，有 7 个地址单元具有特殊功能。这 7 个地址单元专门用来存储特定的程序地址。单片机复位后，PC 的

图 2-9　80C51 系列单片机读取外部程序存储器

内容为 0x0000，系统必须从 0x0000 单元开始取指令执行程序。因为 0x0000 是系统的启动地址，所以使用时通常在该单元放一条绝对跳转指令，使程序跳转到用户安排的中断处理程序的起始地址。除 0x0000 单元外，其他 6 个特殊单元都有一固定地址，分别对应着 6 个不同的中断入口的矢量地址。如表 2−5 所示。

表 2−5　　　　　　　　　　　　　　程序存储器的中断矢量地址

入口地址	中断源	入口地址	中断源
0x03	外部中断 0	0x1B	定时器 1 溢出中断
0x0B	定时器 0 溢出中断	0x23	串行口中断
0x13	外部中断 1	0x2B	定时器 2 溢出或 T2EX（P1.1）端负跳变时

2.3.3　80C51 的数据存储器

数据存储器 RAM 是用于存放运算的中间结果、数据暂存、缓冲、标志位、待调试的程序。数据存储器在物理上和逻辑上都分为片内数据存储器和片外数据存储器，其中片内数据存储器的存储范围为 0x00～0x7F/0xFF（AT89S51/C51 为 0x7F，即存储 128 个字节；AT89S52/C52 为 0xFF，存储 256 个字节），片外存储范围为 0x0000～0xFFFF，即片外为 64KB。

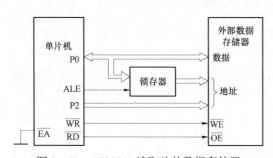

图 2−10　AT89S51 读取片外数据存储器

片外数据存储器通常采用间接寻址方式，用 8 位的 R0、R1 和 16 位的 DPTR 作为间接地址寄存器，与外部 I/O 口地址统一编址。图 2−10 所示为扩展片外数据存储器的硬件连接。

80C51 系列单片机将片内数据存储器从功能和用途上分为三个不同的区：工作寄存器区（0x00～0x1F）、位寻址区（0x20～0x2F）、堆栈和数据缓冲区（0x30～0x7F/0xFF）。

（1）工作寄存器区。片内数据存储器的工作寄存器区地址范围为 0x00～0x1F，分为 4 组，每组 8 个单元总共 32 个 RAM 单元。工作寄存器的地址见表 2−2，每组寄存器可选作为 CPU 当前工作寄存器，通过 PSW 状态字中的 RS1 RS0 的设置来改变，请参阅 PSW 中 RS1 RS0 工作寄存器的选择。

（2）位寻址。在低 128 位字节中，0x20～0x2F 共 16 个 RAM 单元，既可以作为普通内部 RAM 单元存取字节，又可以对每个单元中的任何一位单独存取，进行位寻址。这 16 单元中每个单元的每一位都有一个特定的地址，这个特定的地址称为位地址，16 个单元占据了 128 个位地址，其分布情况见表 2−6。由于位寻址区既可作字节存取，又可对每个单元中的任何一位单独存取，所以该区一般不被其他操作占用。堆栈 SP 指针应在 0x2F 以上，即从 0x30 开始。

表 2−6　　　　　　　　　　　　　　RAM 位寻址区地址表

字节地址	位地址							
	D7	D6	D5	D4	D3	D2	D1	D0
0x2F	7F	7E	7D	7C	7B	7A	79	78
0x2E	77	76	75	74	73	72	71	70

续表

字节地址	位地址							
	D7	D6	D5	D4	D3	D2	D1	D0
0x2D	6F	6E	6D	6C	6B	6A	69	68
0x2C	67	66	65	64	63	62	61	60
0x2B	5F	5E	5D	5C	5B	5A	59	58
0x2A	57	56	55	54	53	52	51	50
0x29	4F	4E	4D	4C	4B	4A	49	48
0x28	47	46	45	44	43	42	41	40
0x27	3F	3E	3D	3C	3B	3A	39	38
0x26	37	36	35	34	33	32	31	30
0x25	2F	2E	2D	2C	2B	2A	29	28
0x24	27	26	25	24	23	22	21	20
0x23	1F	1E	1D	1C	1B	1A	19	18
0x22	17	16	15	14	13	12	11	10
0x21	0F	0E	0D	0C	0B	0A	09	08
0x20	07	06	05	04	03	02	01	00

（3）堆栈和数据缓冲区。堆栈和数据缓冲区主要是用于堆栈操作和存放用户数据。中断系统的堆栈一般设在该区域内，数据缓冲区内的每个 RAM 单元是按字节存取的。

在片内 RAM 中，低 128 字节区中的所有单元既可采用直接寻址方式，也可采用间接地址的方式进行访问。

2.3.4　80C51 的特殊功能寄存器

80C51 系列单片机内的锁存器、定时器、串行口、数据缓冲器及各种控制寄存器、状态寄存器都是以特殊功能寄存器（Special Function Register，SFR）的形式出现。SFR 离散地分布在 0x80～0xFF 地址范围内，如表 2－7 所示。SFR 中有些寄存器既可字节寻址又可位寻址的，在单片机片内凡是地址以"0"或"8"结尾的单元都是可以进行位寻址的。对于 AT89S52/C52 而言，因为 RAM 为 256B，所以高 128 字节和 SFR 区的地址是重合的。但是访问 RAM 高 128 字节时，只能采用间接寻址的方式，访问 SFR 时采用直接寻址方式，这样通过不同的寻址方式进行区分。

表 2－7　　　　　　　　　特殊功能寄存器 SFR

SFR 寄存器符号	位地址/位功能								字节地址	复位值
B*	F7	F6	F5	F4	F3	F2	F1	F0	0xF0	0x00
ACC*	E7	E6	E5	E4	E3	E2	E1	E0	0xE0	0x00
PSW*	D7	D6	D5	D4	D3	D2	D1	D0	0xD0	0b000000x0
	CY	AC	F0	RS1	RS0	OV	—	P		

续表

SFR寄存器符号	位地址/位功能								字节地址	复位值
TH2#									0xCD	0x00
TL2#									0xCC	0x00
RACAP2H#									0xCB	0x00
RACAP2L#									0xCA	0x00
T2MOD#	—	—	—	—	—		T2oE	DCEN	0xC9	0bxxxxxx00
T2CON#	TF2	EXF2	RCLK	TCLK	EXEN2	TR2	C/$\overline{T2}$	CP/$\overline{RL2}$	0xC8	0x00
IP* IPH#	BF	BE	BD	BC	BB	BA	B9	B8	0xB8	0bxx000000
	—	—	PT2	PS	PT1	PX1	PT0	PX0		
	—	—	PT2H	PSH	PT1H	PX1H	PT0H	PX0H	0xB7	0bxx000000
P3*	B7	B6	B5	B4	B3	B2	B1	B0	0xB0	0xFF
	$\overline{RD}$	$\overline{WR}$	T1	T0	$\overline{INT1}$	$\overline{INT0}$	TXD	RXD		
IE*	AF	AE	AD	AC	AB	AA	A9	A8	0xA8	0b0x000000
	EA	—	ET2	ES	ET1	EX1	ET0	EX0		
P2*	A7	A6	A5	A4	A3	A2	A1	A0	0xA0	0xFF
	P2.7	P2.6	P2.5	P2.4	P2.3	P2.2	P2.1	P2.0		
SBUF									0x99	0bxxxxxxxx
SCON*	9F	9E	9D	9C	9B	9A	99	98	0x98	0x00
	SM0/FE	SM1	SM2	REN	TB8	RB8	TI	RI		
P1*	97	96	95	94	93	92	91	90	0x90	0xFF
	P1.7	P1.6	P1.5	P1.4	P1.3	P1.2	P1.1/T2EX	P1.0/T2		
TH1									0x8D	0x00
TH0									0x8C	0x00
TL1									0x8B	0x00
TL0									0x8A	0x00
TMOD	GATE	C/$\overline{T}$	M1	M0	GATE	C/$\overline{T}$	M1	M0	0x89	0x00
TCON*	8F	8E	8D	8C	8B	8A	89	88	0x88	0x00
	TF1	TR1	TF0	TR0	IE1	IT1	IE0	IT0		
PCON	SMOD	SMOD0	—	POF	GF1	GF0	PD	IDL	0x87	0b00xxx000+
DPH									0x83	0x00
DPL									0x82	0x00
SP									0x81	0x07
P0*	87	86	85	84	83	82	81	80	0x80	0xFF
	P0.7	P0.6	P0.5	P0.4	P0.3	P0.2	P0.1	P0.0		

注　带"*"号的SFR可进行位寻址；
带"#"号的SFR表示从80C51的SFR修改而增加的；
"—"表示保留位；
带"+"号的复位值由复位源决定；
"x"表示任意值。

从表 2-7 可以看出，特殊寄存器 SFR 与单片机相关部件是有关系的，都有系统规定的复位值，其字节地址也是固定的。

80C51 最小系统的硬件构成

2.4 80C51 单片机最小系统

80C51 单片机内部包含了 CPU、存储器、并行 I/O 口等，即包含了微型计算机的基本部件。要想构建一个单片机应用系统，则还需要扩展一些辅助部件，如复位电路、晶振电路等。

2.4.1 最小系统的硬件构成

单片机最小系统是构成单片机应用系统的基本单元，它是单片机芯片加上复位电路、晶振电路等部分构成，其原理图如图 2-11 所示。在电路图中，为了避免多根交叉连线产生的视觉混乱，可以采用定义引脚的网络标示的方法进行"逻辑"连接，本书中后续的电路原理图就采用这种网络标示法进行线路的连接。

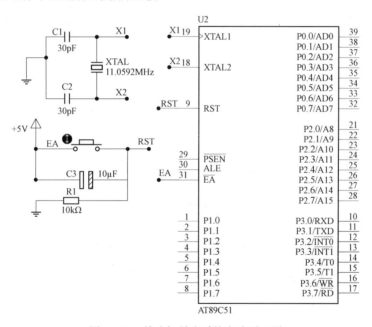

图 2-11 单片机最小系统电路原理图

2.4.2 最小系统添加简单 I/O 设备

在单片机最小系统的基础上，用户根据实际可以添加一些部件，以适应不同应用系统的特殊需求。图 2-12 所示是在单片机最小系统中增加简单 I/O 设备的电路原理图。

图 2-12 中 74HC240 是双线八路反相缓冲/线路驱动器(此图只画了四路)，具有三态输出，该三态输出由输出使能端 $\overline{OE}$ 控制。它是一款高速 CMOS 器件，常作为驱动信号芯片使用。由于单片机 I/O 口的输出电流很小，所以在单片机系统中常用 74HC240 进行放大电流并且反相输出。

图 2-12 中 74HC240 的一端与单片机进行连接，而另一端通过限流电阻 R2～R3 与 4 只发光二极管(D1～D4)进行连接，用于输出简单的系统运行信息。发光二极管阴极由 74HC240 驱动，如果单片机 P1.0 引脚输出为 1，反相后 UR1 为低电平，则发光二极管 D1 导通而点亮。

如果 P1.0 输出为 0，则发光二极管 D1 截止，处于熄灭状态。

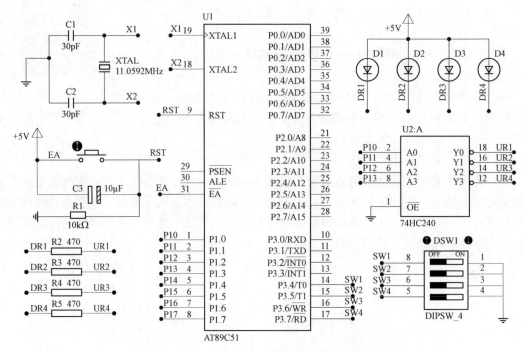

图 2-12　最小系统增加简单 I/O 设备的电路原理图

DIPSW 为 4 路拨码开关，与单片机的 P3.4～P3.7 连接，作为单片机的输入信号控制。通过程序可以实现根据 4 路拨码开关的状态，而选择不同的任务操作。

本章小结

MCS-51 是 Intel 的一个单片机系列名称，其他厂商以 8051 为基核开发出的 CMOS 工艺单片机产品可统称为 80C51，AT89S51/S52 单片机。80C51 单片机采用了 3 种封装形式，其中 PDIP 封装形式的单片机有 40 个引脚，这 40 个引脚大致可分为 4 类：电源、时钟、控制和 I/O 引脚。

80C51 单片机内部由中央处理器 CPU、存储器、定时器/计数器、并行 I/O 端口、串行口、中断控制系统等部分组成，它们是通过片内总线连接起来的。

80C51 单片机的 CPU 是单片机的核心部件。主要是产生各种控制信号，控制存储器、输入/输出端口的数据传送、数据的算术运算、逻辑运算及位操作处理等。它由运算器和控制器等部件组成。

控制器的功能是对来自存储器中的指令进行译码，通过定时控制电路，在规定的时刻发出各种操作所需的内部和外部控制信号，使各部分协调工作，完成指令所规定的功能。它由程序计数器 PC、指令寄存器、指令译码器、定时控制与条件转移逻辑电路等部分组成。

运算器的功能是进行算术逻辑运算、位变量处理和数据传送等操作。由算术逻辑运算部件 ALU、位处理器（又称布尔处理器）、累加器 Acc、暂存器、程序状态字寄存器 PSW、BCD 码运算调整电路等组成。

　　单片机的时钟信号有内部时钟方式和外部时钟方式两种。内部的各种操作都以晶振周期为时序基准；外部时钟方式是以外部脉冲信号作为时序基准，由 XTAL2 端输入。

　　单片机的复位操作使单片机进入到初始化状态，复位后除 SP 值为 0x07、P0～P3 口为 0xFF、ALE 和 $\overline{\text{PSEN}}$ 引脚为高电平外，其他所有 SFR 的复位值均为 0x00。单片机通常采用上电复位和按钮复位两种方式。

　　80C51 单片机从逻辑上有 3 个不同的存储空间，分别为片内外统一编址的 64KB 程序存储器 ROM、64KB 片外数据存储器 RAM 和 128B/256B 片内 RAM，用不同的指令和控制信号可实现操作。片内低 128B 的 RAM 可分为工作寄存器区（0x00～0x1F）、位寻址区（0x20～0x2F）和堆栈、数据缓冲区（0x30～0x7F）。片内高 128B 离散存放着 20 多个特殊功能寄存器：累加器 A、通用寄存器 B、程序状态字 PSW、堆栈指针 SP、数据指针 DPTR、地址指针 PC 等，它们均有特殊的用途和功能。

　　单片机最小系统是构成单片机应用系统的基本单元，它是单片机芯片加上复位电路、晶振电路等部分构成。在单片机最小系统的基础上，用户根据实际可以添加一些部件，以适应不同应用系统的特殊需求。

习 题 2

　　1. 80C51 系列单片机有哪些功能部件？

　　2. 80C51 系列单片机 CPU 由哪几个部分组成，各部分功能如何？

　　3. 程序状态寄存器 PSW 有什么作用，有哪些状态位？

　　4. 如何判断算术运算中是否有溢出？

　　5. 80C51 系列单片机将片内数据存储器从功能和用途上分为哪几个区，分别有什么作用？

　　6. 80C51 单片机晶振频率分别为 12MHz、11.059 2MHz 时，机器周期分别为多少？

　　7. 简述时钟周期、机器周期、指令周期的关系。

　　8. 80C51 系列单片机有几种复位方法，应注意的事项？

　　9. 80C51 系列单片机有哪几组功能寄存器，各组的物理地址多少，单片机复位后，使用哪组工作寄存器？

　　10. 位地址和字节地址有区别吗？位地址 43H 在片内 RAM 什么位置？

第3章 单片机系统开发软件的使用

单片机应用系统以单片机为核心，配以相应的外围电路及软件来完成某种或几种功能的系统。它包括硬件和软件两部分，硬件是系统的躯体，软件是系统的灵魂。进行单片机系统开发时会用到一些常用软件：Keil C51、Proteus ISIS 和 ISP 下载软件等，其中 Keil C51 主要用来编写、编译、调试程序；Proteus ISIS 用于系统开发的软件虚拟仿真；ISP 下载软件用于程序固化操作。

3.1 Keil C51 编译软件的使用

Keil C51 是当前使用最广泛的基于 80C51 单片机内核的软件开发平台之一，由德国 Keil Software 公司推出。它集编辑、编译、仿真于一体，支持汇编、PLM 语言和 C 语言的程序设计，具有界面友好，易学易用等特点。μVision5 是 Keil Software 公司推出的关于 51 系列单片机开发工具，通常 Keil 51 和 μVision5 指的是 μVision5 集成开发环境。

Keil C51 项目文件的建立

3.1.1 项目文件的建立

1. 创建新项目

Keil μVision5 中有 1 个项目管理器，对项目文件进行管理。它包含了程序的环境变量和编辑有关的全部信息，为单片机程序的管理带来了很大的方便。创建一个新项目文件的操作步骤如下：

（1）启动 μVision5，创建 1 个项目文件，并从器件数据库中选择一款合适的 CPU。

（2）创建 1 个新的源程序文件，并把这个源文件添加到项目中。

（3）设置工具选项，使之适合目标硬件。

（4）编译项目，并生成 1 个可供 PROM 编程的.HEX 文件。

下面分别介绍每一步的具体操作。

启动 μVision5，并创建 1 个项目文件。μVision5 是 1 个标准的 Windows 应用程序，直接在桌面上双击就可启动它。单击 μVision5 选单中"Project"，在此下拉选单中单击"New Project"选项，弹出"Create New Project"对话框，在此对话框中选择保存路径，并输入项目名，如图 3-1 所示。

输入项目名后，单击"保存"按钮时，将进入目标芯片选择对话框。在此对话框中选择目标芯片，如图 3-2 所示。

选择目标芯片后，单击"OK"按钮，将进入如图 3-3 所示的对话框，询问用户是否将标准的 8051 启动代码复制到项目文件夹并将该文件添加到项目中。在此单击"否"按钮，项目窗口中将不添加启动代码；单击"是"按钮，项目窗口中将添加启动代码。这两者的区别如图 3-4 所示。

图 3 - 1　Create New Project 对话框

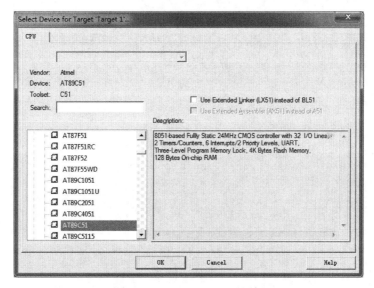

图 3 - 2　Select Device 对话框

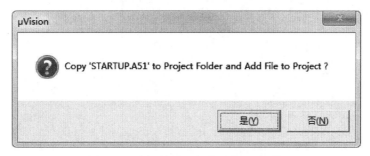

图 3 - 3　询问是否添加启动代码对话框

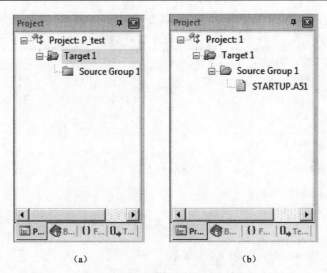

(a)　　　　　　　　　　(b)

图 3-4　是否添加启动代码的区别

(a) 未添加启动代码；(b) 添加启动代码

2. 创建新的源程序文件

使用图标 或在"File"选单中选择"NEW"命令就可以创建 1 个源程序文件。该命令会打开 1 个空的编辑器窗口，在编辑窗口中输入源代码。源代码可以用汇编语言或单片机 C 语言进行书写，例如在此窗口输入以下源程序代码：

```c
#include "reg51.h"
#define uint unsigned int
#define uchar unsigned char
const LED_disp[]={0x01,0x02,0x04,0x08,0x10,0x20,0x40,
                0x80,0x40,0x20,0x10,0x08,0x04,0x02};
#define LED P1
void delay500(uint ms)
{
  uint i;
  while(ms--)
   {
     for(i = 0; i < 240; i++);
   }
}
void main(void)
{
  uchar k;
  LED=0x00;
  while(1)
    {
```

```
        for(k=0;k<14;k++)

        {

                LED=LED_disp[k];

                delay500(1000);

        }

    }

  }
```

源代码输完后，在"File"选单中选择"Save as…"或"Save"对源程序进行保存。在保存时文件名只能是字符、字母或数字，并且一定要带扩展名（使用汇编语言编写的源程序，扩展名为.A51 或.ASM；使用单片机 C 语言编写的源程序，扩展名为.C）。源程序保存好后，在其窗口中的关键字呈彩色高亮度显示。

在项目窗口的"Target1"→"Source Group 1"上右击鼠标，在弹出的选单中选择"Add Existing Files to Group 'Source Group 1'"，然后选择刚才所保存的源程序代码文件，并单击"ADD"按钮，即可将其添加到项目中，如图 3－5 所示。

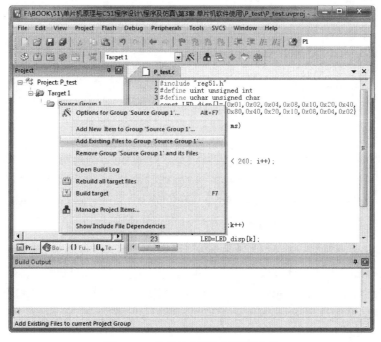

图 3－5 在项目中添加源程序文件

3. 为目标设定工具选项

单击 图标或在"Project"下拉选单下，选择"Options for Target"，将会出现"Options for Target"对话框，如图 3－6 所示。在"Target"栏可以对目标硬件及所选器件片内部件进行参数设定。表 3－1 描述了"Target"对话框的选项。

表 3－1　　　　　　　　　　　　　　　　　Target 对话框的选项

对话框项	说　　明
Xtal	指定器件的 CPU 时钟频率，多数情况下，它的值与 XTAL 的频率相同
Use On－chip ROM	使用片上自带的 ROM 作为程序存储器
Memory Model	指定 C51 编译器的存储模式，在开始编辑新应用时，默认 SMALL
Code Rom Size	指定 ROM 存储器的大小
Operating system	操作系统的选择
Off－chip code memory	指定目标硬件上所有外部地址存储器的地址范围
Off－chip Xdata memory	指定目标硬件上所有外部数据存储器的地址范围
Code Banking	指定 Code Banking 参数

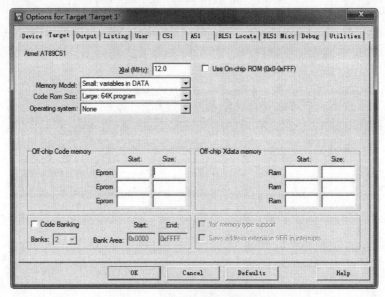

图 3-6　为目标设定工具选项

　　标准的 80C51 的程序存储器空间为 64KB，若程序空间超过 64KB 时，可在"Target"项中对"Code Banking"栏进行设置。Code Banking 为地址复用，可以扩展现有的 CPU 程序存储器寻址空间。复选"Code Banking"栏，用户根据需求在"Banks"中选择合适的块数。在 Keil C51 中用户最多能使用 32 块 64KB 的程序存储空间，即 2MB 的空间。

　　4. 编译项目并创建 HEX 文件

　　在"Target"栏中设置好工具后，就可对源程序进行编译。单击图标[图]或在"Project"下拉选单下，选择"Build Target"，可以编译源程序并生成应用。当所编译的程序有语法错误时，μVision5 将会在输出窗口 Build Output 中显示错误和警告信息，如图 3-7 所示。双击某一条信息，光标将会停留在 μVision5 文本编辑窗口中出现该错误或警告的源程序位置上。

　　若成功创建并编译了应用程序，就可以开始调试。当程序调试好之后，要求创建一个 HEX 文件，生成的.HEX 文件可以下载到 EPROM 编程器或模拟器中。

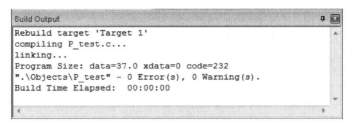

图 3-7 错误和警告信息

若要创建 HEX 文件，必须将"Options for Target"对话框中的"Output"栏下的"Create HEX File"复选框选中，如图 3-8 所示。

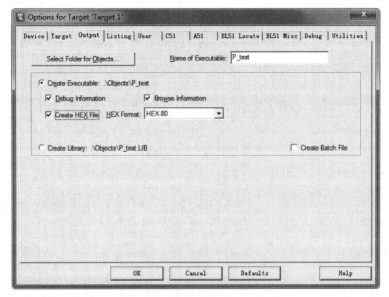

图 3-8 选中 Create HEX File 复选框

3.1.2 Keil C51 程序调试与分析

（1）寄存器和存储器窗口分析。执行菜单命令"Debug"→ "Start/Stop Debug Session"或在工具栏中单击 图标，即可进入调试状态。执行菜单命令"Debug"→"Run"，或单击 图标，全部运行源程序。

寄存器和存储器窗口分析

源程序运行过程中，可以通过 Memory Window（存储器窗口）来查看存储区中的数据。若在调试状态下，没有此窗口时，可执行菜单命令"View"→"Memory window"或单击 图标将其打开。在存储器窗口的上部，有供用户输入存储器类型的起始地址的文本输入框，用来设置关注对象所在的存储区域和起始地址，如"D：0x30"。其中，前缀表示存储区域，冒号后为要观察的存储单元的起始地址。常用的存储区前缀有：d 或 D（表示内部 RAM 的直接寻址区）、i 或 I（表示内部 RAM 的间接寻址区）、x 或 X（表示外部 RAM 区）、c 或 C（表示 ROM 区）。由于 P1 端口属于 SFR（特殊功能寄存器），片内 RAM 字节地址为 0x90，所以在存储器窗口的上部输入"D：0x90"时，可查看 P1 端口的当前运行状态，如图 3-9 所示。

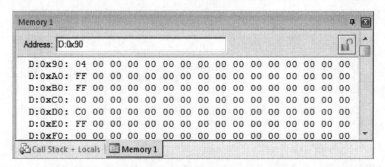

图 3-9 存储器窗口

（2）delay500()延时函数的调试与分析。在源程序编辑状态下，执行选单命令"Project"→"Options for Target'Target 1'"，或者在工具栏中单击 图标，再在弹出的对话框中选择"Target"选项卡。在"Target"选项卡的"Xtal（MHz）："栏中输入12，即设置单片机的晶振频率为12MHz。然后在工具栏中单击 图标，对源程序再次进行编译。

在源程序中，分别在 delay500()函数的起始与结束行前双击鼠标，即设置了两个断点。执行选单命令"Debug"→"Start/Stop Debug Session"或在工具栏中单击 图标，进入调试状态。第 1 次单击 和 图标后，运行到"while（ms--）"行时，Project workspace（项目工作区）Registers 选项卡的 Sys 项中 sec 为 0.000 803 00，如图 3-10 所示，表示进入该函数时花费了 0.000 803 00s。继续单击 图标后，运行到"for（i=0；i＜240；i++）；"行时，Sys 项的 sec 为 0.000 812 00。再次单击 图标后，又运行到"while（ms--）；"行时，Sys 项的 sec 为 0.003 702 00，如图 3-11 所示。所以，执行此函数的内部循环一次的时间为两者之差，即 0.002 890 00s。

延时函数的调试与分析

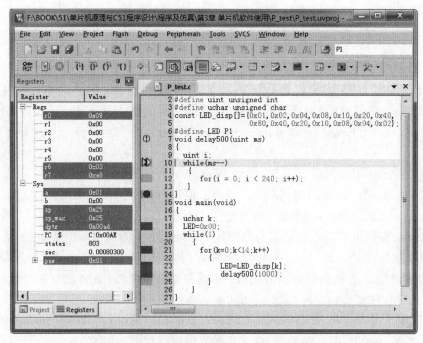

图 3-10 刚进入"while（ms--）"的时间

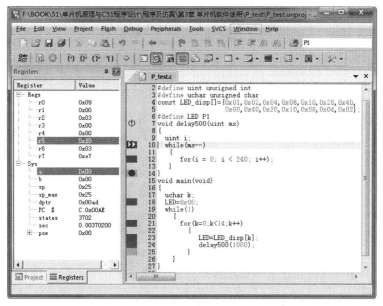

图 3-11　再次进入"while（ms--）"的时间

（3）P1 端口运行模拟分析。执行选单命令"Debug"→"Start/Stop Debug Session"或在工具栏中单击 图标，进入调试状态。

执行选单命令"Peripherals"→"I/O Ports"→"Port 1"，将弹出 Parallel Port 1 窗口。Parallel Port 1 窗口的最初状态如图 3-12（a）所示，表示 P1 端口的初始值为 0xFF，即 FFH。单击 或多次击 图标后，Parallel Port 1 窗口的状态将会发生变化，如图 3-12（b）所示，表示 P1 端口当前为 0x02，即 02H。

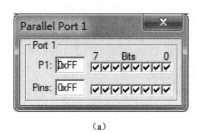

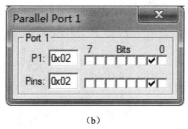

（a）　　　　　　　　　　　　　　　　（b）

图 3-12　P1 端口状态

（a）初始状态；（b）P1 运行状态

P1 端口运行模拟分析

3.2　Proteus ISIS 仿真软件的使用

在 80C51 单片机的学习与开发过程中，Keil C51 是程序设计开发平台，它能进行程序的编译与调试，但是不能直接进行硬件仿真。Proteus 软件具有交互式仿真功能，它不仅是模拟电路、数字电路、模/数混合电路的设计与仿真平台，更是目前世界上最先进、最完整的多种型号微处理器系统的设计与仿真平台。如果将 Keil C51 软件和 Proteus 软件有机结合起来，那么 80C51 单片机的设计与开发将在软、硬件仿真上得到完美的结合。

3.2.1　Proteus ISIS 编辑环境及参数设置

Proteus 软件由 ISIS（Intelligent Schematic Input System）和 ARES（Advanced Routing and Editing Software）两个软件构成，其中 ISIS 是一款智能原理图输入系统软件，可作为电子系统仿真平台；ARES 是一款高级布线编辑软件，用来制作印制电路板（PCB）。由于篇幅的原因，本书仅介绍 Proteus ISIS 的使用方法。

1. Proteus ISIS 编辑环境

在计算机中安装好 Proteus7.8 软件后，单击鼠标"开始"→"程序"→"Proteus7 Professional"→"ISIS 7 Professional"或在桌面上双击图标，进入 ISIS 启动界面。

ISIS 启动后进入 ISIS 窗口，如图 3-13 所示。它由菜单栏、主工具栏、预览窗口、器件选择按钮、工具箱、原理图编辑窗口、仿真按钮、方向工具栏、状态栏等部分组成。

Proteus ISIS 编辑环境介绍

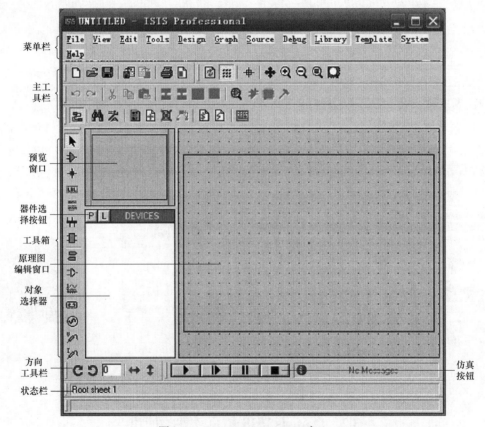

图 3-13　ISIS 7 Professional 窗口

（1）菜单栏。Proteus ISIS 共有 12 项菜单，每项都有下一级菜单。File（文件）菜单包括新建、保存、导入、导出、打印等操作，快捷键为"Alt＋F"。View（查看）选单栏对原理图编辑窗口定位、栅格的调整及图形的缩放等操作，快捷键为"Alt＋V"，图中栅格尺寸 1in＝2.54cm。Edit（编辑）菜单栏对原理图编辑窗口中元件的剪切、复制、粘贴、撤销、恢复等操作，快捷键为"Alt＋E"。Tools（工具）菜单栏具有实时标注、自动布线、搜索并标记、属性分配工具、全局标注、ASCII 文本数据导入、材料清单、电气规则检查、网络表编译、模型编译、将网络表导入 PCB、从 PCB 返回原理图设计等功能，快捷键为"Alt＋T"。Design（设计）菜单栏具有编辑设计属性、编辑面板属性、编辑设计注释、配置电源线、新建原理图、删除原理图、转到前一个原理图、转到下一个原理图、总图子图跳转、设计浏览等功能，快捷键为"Alt＋D"。Graph（图形）菜单栏具有编辑仿真图形、增加跟踪曲线、仿真图形、查看日志、导出数据、清除数据、图形一致分析、批处理模式一致性分析等功能，快捷键为"Alt＋G"。Source（源文件）菜单栏具有添加/移除源文件、设置编译、设置外部文件编辑器和全部编译等功能，快捷键为"Alt＋S"。Debug（调试）菜单栏具有调试、运行、断点设置等功能，快捷键为"Alt＋B"。Library（库）操作菜单栏具有选择元件/符号、制作元件、制作符号、封装工具、分解元件、编译到库、验证封装、库管理等功能，快捷键为"Alt＋L"。Template（模板）菜单栏主要完成图形、颜色、字体、连线等功能，快捷键为"Alt＋M"。System（系统）菜单栏具有系统信息、文本浏览、设置系统环境、设置路径等功能，快捷键为"Alt＋Y"。Help（帮助）菜单栏为用户提供帮助文档，同时每个元件均可通过属性中的 Help 获得帮助，快捷键为"Alt＋H"。

（2）工具栏。Proteus ISIS 的主工具栏包括 File Toolbar（文本工具条）、View Toolbar（查看工具条）、Edit Toolbar（编辑工具条）和 Design Toolbar（调试工具条）四部分。这 4 部分工具条的打开与关闭执行菜单"View"→"Toolbar…"，在弹出的对话框中进行设置即可（复选框中打"√"表示该工具条打开）。主工具栏中的每个按钮对应一个具体的菜单命令，如表 3－2 所示。

表 3－2　　　　　　　　　　主 工 具 栏 按 钮 功 能

名称	按钮	对应菜单	功能
File Toolbar		"File"→"New Design…"	新建设计
		"File"→"Open Design…"	打开设计
		"File"→"Save Design…"	保存设计
		"File"→"Import Section…"	导入部分图
		"File"→"Export Section…"	导出部分图
		"File"→"Print…"	打印
		"File"→"Set Area"	设置区域
View Toolbar		"View"→"Redraw"	刷新屏幕
		"View"→"Gird"	网格
		"View"→"Origin"	原点
		"View"→"Pan"	平移
		"View"→"Zoom In"	放大
		"View"→"Zoom Out"	缩小
		"View"→"Zoom All"	全放大
		"View"→"Zoom to Area"	放大到区域

续表

名称	按钮	对应菜单	功能
Edit Toolbar		"Edit" → "Undo"	撤销
		"Edit" → "Redo"	恢复
		"Edit" → "Cut to clipboard"	剪切
		"Edit" → "Copy to clipboard"	复制
		"Edit" → "Paste from clipboard"	粘贴
		Copy Tagged Objects	复制选中对象
		Move Tagged Objects	移动选中对象
		Rotate/Reflect Tagged Objects	旋转选中对象
		Delete All Tagged Objects	删除所有选中对象
Library Toolbar		"Library" → "Pick Device/Symbol…"	选择元件/符号
		"Library" → "Make Device"	制作元件
		"Library" → "Packaging Tool…"	封闭工具
		"Library" → "Pick Device/Symbol…"	选择元件/符号
		"Library" → "Make Device"	制作元件
		"Library" → "Packaging Tool…"	封装工具
		"Library" → "Decompose"	分解元件
		"Library" → "Decompose"	分解元件
Tools Toolbar		"Tools" → "Wire Auto Router"	自动布线
		"Tools" → "Search and Tag…"	搜索并标记
		"Tools" → "Property Assignment Toll…"	属性分配工具
		"Tools" → "Electrical Rule Check"	电气规则检查
		"Tools" → "Netlist to ARES"	网络表导入到 PCB
Design Toolbar		"Design" → "Design Explorer"	设计浏览
		"Design" → "New Sheet"	新建原理图
		"Design" → "Remove Sheet"	删除原理图

（3）预览窗口。预览窗口可显示两部分的内容：① 在"对象选择器"中单击某个元件或在"工具箱"中选择元器件、元件终端、绘制子电路、虚拟仪器等对象时，预览窗口会显示该对象的符号，如图3-14（a）所示；② 当鼠标落在原理图编辑窗口或在"工具箱"中选择按钮时，它会显示整张原理图的缩略图，并显示一个绿色方框和一个蓝色方框，绿色方框里面的内容就是当前原理图编辑窗口中显示的内容，可用鼠标在它上面单击来改变绿色方框的位置从而改变原理图的可视范围，蓝色方框内是可编辑区的缩略图，

如图 3 – 14（b）所示。

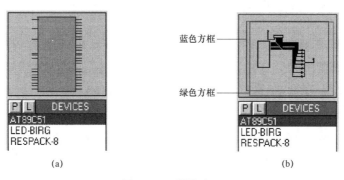

（a）　　　　　　　　　　　　　　　（b）

图 3 – 14　预览窗口

（4）器件选择按钮。在"工具箱"中选择元器件 ⬆ 时，才有"器件选择按钮"。器件选择按钮中"P"为对象选择按钮，"L"为库管理按钮。当按下"P"时将弹出图 3 – 15 所示的元器件库选择对话框，在"KeyWords"栏中输入器件名，按"OK"键就可从库中选择元器件，并将所选器件名一一列在"对象选择器"窗口中。

（5）工具箱。在 ISIS 7 中提供了许多图标工具按钮，这些图标按钮对应的操作如下：

🔝选择按钮（Selection Mode）：使用户可以在原理图编辑窗口中单击任意元器件并编辑元器件的属性。

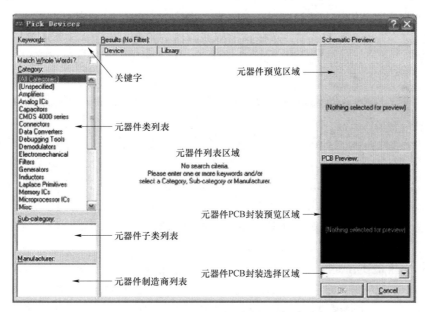

图 3 – 15　元器件库选择对话框

⬆选择元件（Components Mode）：使用户可以在器件选择按钮中按下"P"时根据需要从库中添加元件列表中，也可在列表中选择元件。

➕连接点元件（Junction Dot Mode）：在原理图中放置连接点，也可在不用边线工具的前提下，方便地在节点之间或节点到电路中任意点或线之间连线。

▦连线的网络标号（Wire Label Mode）：在绘制电路图时，使用网络标号可使连线简单化。例如在从 AT89C51 单片机的 P1.0 和二极管的阳极处画出一条短线，并标注相同网络标号，那就说明 AT89C51 单片机的 P1.0 和二极管的阳极已经连接在一起，不用再画一条线将它们连起来。

选择本文（Text Script Mode）：在电路中输入脚本。

总线（Buses Mode）：总线在电路图中显示出来就是一条粗线，它是一组口线，由多根单线组成。使用总线时，总线分支线都要标好相应的网络标号。

绘制子电路（Sub circuits Mode）：用于绘制子电路块。

元件终端（Terminals Mode）：绘制电路图时，通常会涉及各种端子，如输入、输出、电源和地等。单击此图标，将弹出"Terminals Selector"窗口，此窗口中提供了各种常用的端子供用户选择：DEFAULT 为默认的无定义端子；INPUT 为输入端子；OUTPUT 为输出端子；BIDIR 为双向端子；POWER 为电源端子；GROUND：为接地端子；BUS 为总线端子。

选择元件引脚（Device Pins Mode）：选择该图标时在弹出的窗口中将出现各种引脚供用户选择（如普通引脚、时钟引脚、反电压引脚和短接引脚等）。

图表（Graph Mode）：单击该图标在弹出的"Graph"窗口中将出现各种仿真分析所需的图表供用户选择：ANALOGUE 为模拟图表；DIGITAL 为数字图表；MIXED 为混合图表；FREQUENCY 为频率图表；TRANSFER 为转换图表；NOISE 为噪声图表；DISTORTION 失真图表；FOURIER 傅立叶图表；AUDIO 为声波图表；INTERACTIVE 交互式图表；CONFORMANCE 一致性图表；DC SWEEP 和 AC SWEEP。

录音机（Tape Recorder Mode）：当对设计电路分割仿真时采用此模式。

信号源（Generator Mode）：单击该图标在弹出的"Generator"窗口中将出现各种激励源供用户选择，如 DC 直流激励源、SINE 正弦激励源、PULSE 脉冲激励源、EXP 指数激励源等。

电压探针（Voltage Probe Mode）：在原理图中添加电压探针，在电路仿真时可显示各探针处的电压值。

电源探针（Current Probe Mode）：在原理图中添加电流探针，在电路仿真时可显示各探针处的电流值。

虚拟仪器（Virtual Instruments）：单击该图标在弹出的"Instruments"窗口中将出现虚拟仪器供用户选择，如 OSCILLOSCOPE 示波器、LOGIC ANALYSER 逻辑分析仪、COUNTER TIMER 计数/定时器、SPI DEBUGGER（SPI 总线调试器）、I2C DEBUGGER（I2C 总线调试器）SIGNAL GENERATOR 信号发生器等。

画线按钮（2D Graphics Line Mode）：用于创建元器件或表示图表时绘线，单击该图标在弹出的窗口中将出现多种画线工具用户选择：COMPONENT 为元件连线；PIN 为引脚连线；PORT 为端口连线；MARKER 为标记连线；ACTUATOR 为激励源连线；INDICATOR 为指示器连线；VPROBE 为电压探针连线；IPROBE 为电源探针连线；TAPE 为录音机连线；GENERATOR 为信号发生器的连线；TERMINAL 为端子连线；SUBCIRCUIT 为支路连线；2D GRAPHIC 为二维图连线；WIRE DOT 为线连接点的连线；WIRE 为线连接；BUS WIRE 为总线连线；BORDER 为边界连线；TEMPLATE 为模板连线。

方框按钮（2D Graphics Box Mode）：用于创建元器件或表示图表时绘制方框。

圆按钮（2D Graphics Circle Mode）：用于创建元器件或表示图表时绘制圆。

⌐弧线按钮（2D Graphics Arc Mode）：用于创建元器件或表示图表时绘制弧线。

☾曲线按钮（2D Graphics Path Mode）：用于创建元器件或表示图表时绘制任意形状的曲线。

𝐀放置字符文字按钮（2D Graphics Text Mode）：用于插入各种文字说明。

▤符号按钮（2D Graphics Symbol Mode）：用于选择各种符号元器件。

✛坐标原点按钮：用于产生各种标记图标。

（6）原理图编辑窗口。原理图编辑窗口用于放置元件，进行连线，绘制原理图。窗口中蓝色方框内为可编辑区，电路设计必须在此窗口内完成。该窗口没有滚动条，用户单击预览窗口，拖动鼠标移动预览窗口中的绿色方框就可改变可视电路图区域。

在原理图编辑窗口中的操作与常用的 Windows 应用程序不同，其操作特点如下：

1）3D 鼠标的中间滚轮用来放大或缩小原理图；

2）鼠标左键放置元件、连线；

3）右键选择元件、连线和其他对象，若操作对象选中时，默认情况下将以红色显示；

4）双击鼠标右键，删除元件、连线；

5）先单击鼠标右键后单击左键，编辑元件属性；

6）按住鼠标右键拖出方框，选中方框中的多个元件及其连线；

7）先右击选中对象，按住鼠标左键移动，拖动元件、连线。

（7）仿真按钮。仿真按钮 ▶ Ⅰ▶ Ⅱ ■ ，用于仿真运行控制。

▶：运行

Ⅰ▶：单步运行

Ⅱ：暂停

■：停止

（8）方向工具栏。↻↺ |0   旋转控制：第 1、2 个图标旋转按钮，第 3 个图标为输入的旋转角度，旋转角度只能是 90°的整数倍。直接单击旋转按钮，则以 90°为递增量进行旋转。

↔ ↕翻转控制：用于水平翻转和垂直翻转。

2. Proteus ISIS 参数设置

Proteus ISIS 参数设置有多项，如模板的设置、图纸尺寸的设置、标注选项 Animation 的设置等。

（1）模板的设置。执行菜单"Template"→"Set Design Defaults…"弹出图 3-16 所示对话框，进行设计默认值的设置。在此对话框中可设置纸张（Paper）、网格点（Gird Dot）、工作区（World Box）、提示（Highlight）、拖动（Drag）等项目颜色；设置电路仿真（Animation）时

Proteus ISIS 参数设置

正（Positive）、负（Negative）、地（Ground）、逻辑高（1）/低（0）等项目的颜色；设置隐藏对象（Hidden Objects）是否显示及颜色；设置默认字体（Font）。

（2）图纸尺寸的设置。执行菜单"System"→"Set Sheet Sizes…"弹出图 3-17 所示对话框，进行图纸的设置。系统提供了美制图纸 A0～A4，其中 A4 的尺寸最小。

（3）标注选项 Animation 的设置。执行菜单"System"→"Set Animation Options…"弹出图 3-18 所示对话框，进行标注选项的设置。在此对话框中可设置仿真速度、电压/电流的范围，也可对其他功能进行设置。

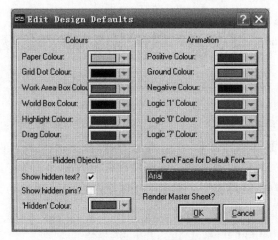

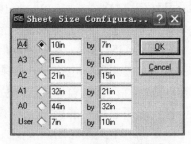

图 3-16 设计默认值的设置   图 3-17 图纸尺寸的设置

Show Voltage Current on Probes 设置是否在探测点显示电压值和电流值；Show Logic State of Pins 设置是否显示引脚的逻辑状态；Show Wire Voltage by Colour 设置是否用不同的颜色表示线的电压；Show Wire Current with Arrow 设置是否用箭头表示线的电流方向。

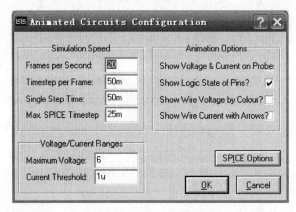

图 3-18 标注选项的设置

3.2.2 Proteus ISIS 的使用

与 3.1.1 节中的 "P_test.c" 源程序对应的原理图如图 3-19 所示，本节以此图为例，简单介绍 Proteus ISIS 的使用方法。

1. 新建设计文件

在桌面上双击图标⌷，打开 ISIS 7 Professional 窗口。单击菜单 "File" → "New Design"，弹出模板选择窗口。横向图纸为 Landscape，纵向图纸为 Portrait，DEFAULT 为默认模板。选中 DEFAULT，再单击 "OK" 按钮，则新建了一个 DEFAULT 模板。也可以在 ISIS 7 Professional 窗口中直接单击⌷图标，也可新建一个 DEFAULT 模板。

Proteus ISIS 原理图的绘制

2. 设定图纸的大小

执行菜单 "System" → "Set Sheet Sizes…" 弹出对话框，在此对话框中选择 A4 复选框，单击 "OK" 按钮，完成图纸的设置。图纸设置好后，进入如图 3-13 所示的 ISIS 7 Professional 窗口。

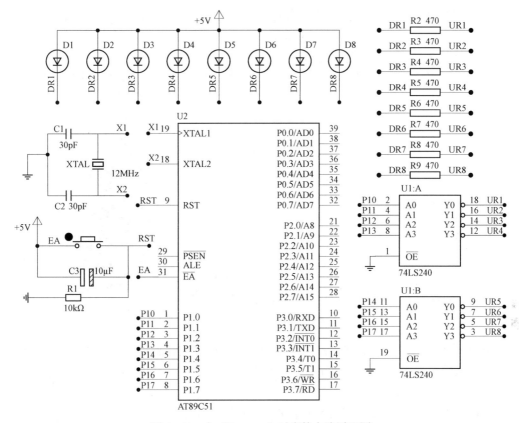

图 3-19　与 "P_test.c" 对应的电路原理图

3. 保存设计项目

新建一个 DEFAULT 模板后，在 ISIS 7 Professional 窗口的标题栏上显示为 DEFAULT。单击 🖫 图标，或执行菜单 "File" → "Save Design…"，弹出 "Save ISIS Design File" 对话框。在此对话框中选择合适的保存路径，输入保存文件名为 P_test。该文件的扩展名为.DSN，即该文件名为 P_test.DSN。文件保存后在 ISIS 7 Professional 窗口的标题栏上显示为 P_test。

4. 为设计项目添加电路元器件

本例中使用的元件如表 3-3 所示。在器件选择按钮 P L DEVICES 中单击 "P" 按钮，或执行菜单 "Library" → "Pick Device/Symbol"，弹出图元器件库选择对话框。在此对话框中，添加元器件的方法有两种。

表 3-3　　　　　　　　　　　　**本例中使用的元件**

单片机 AT89C51	瓷片电容 CAP 30pF	电解电容 CAP-ELEC	晶振 CRYSTAL 12MHz
电阻 RES	排阻 RESPACK-8	发光二极管 LED-GREEN	发光二极管 LED-YELLOW
蜂鸣器 Sounder	发光二极管 LED-RED	发光二极管 LED-BLUE	

（1）在关键字中输入元件名称，如 AT89C51，则出现与关键字匹配的元器件列表，如图 3-20 所示界面，选中并双击 AT89C51 所在行后，单击 "OK" 键或按 Enter 键，便将器件 AT89C51 加入 ISIS 对象选择器中。

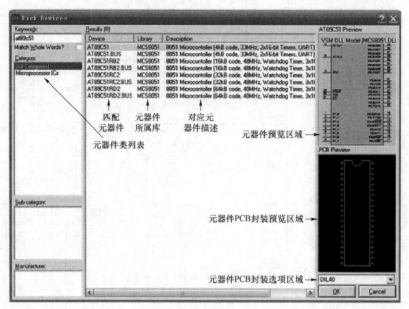

图 3 - 20　输入元件名称

（2）在元器件类列表中选择元器件所属类，然后在子类列表中选择所属子类，同时当对元器件的制造商有要求时，在制造商区域选择期望的厂商，即可在元器件列表区域得到相应的元器件。

按照以上方法将表 3 - 3 中的元器件添加到 ISIS 对象选择器中。

5. 放置、移动、旋转、删除对象

元件添加到 ISIS 对象选择器中后，在对象选择器中，单击要放置的元件，蓝色条出现在该元件名上，再在原理图编辑窗口中单击就放置了一个元件。也可以在按住鼠标左键的同时，移动鼠标，在合适位置释放，将元件放置在预定位置。

在原理图编辑窗口中若要移动元件或连线时，先右击对象，使元件或连线处于选中状态（默认情况下为红色），再按住鼠标左键拖动，元件或连线就跟随指针移动，到达合适位置时，松开鼠标即可。

放置元件前，单击要放置的元件，蓝色条出现在该元件名上，单击方向工具栏上相应的转向按钮可旋转元件，再在原理图编辑窗口中单击就放置了一个已经更改方向的元件。若在原理图编辑窗口中需要更改元件方向时，单击选中该元件再单击块旋转图标，在弹出的对话框中输入旋转的角度也可实现更改元件方向。

在原理图编辑窗口中要删除元件时，右键双击该元件就可删除该元件，或者先左击选中该元件，再按下键盘上的 Delete 键也可删除元件。

通过放置、移动、旋转、删除元件后，可将各元件放置 ISIS 原理图编辑窗口的合适位置，如图 3 - 21 所示。

6. 放置电源、地

点击工具箱中 元件终端图标，在对象选择器中单击 POWER，使其出现蓝色条，再在原理图编辑窗口合适位置点击鼠标就将"电源"放置在原理图中，同样对象选择器中单击 GROUND，再在原理图编辑窗口合适位置点击鼠标就将"地"放置在原理图中。

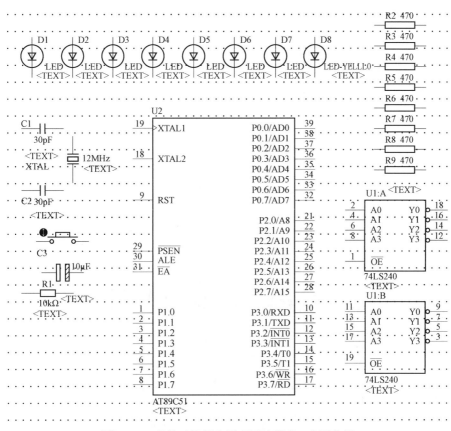

图 3-21   各件元放置在原理图编辑窗口合适位置

7. 布线

在 ISIS 原理图编辑窗口中没有专门的布线按钮，但系统默认自动布线 ![icon] 有效，因此可直接画线。在两个对象间连线的方法有两种：直接连接和网络标识法连接。

（1）两个对象间直接连接。

1）光标靠近一个对象引脚末端，该处自动出现一个"![icon]"，单击左键；

2）拖动鼠标，在另一对象的引脚末端，该端出现一个"![icon]"时再单击鼠标就可画一连线，如图 3-22（a）所示；若想手动设定走线路径时，拖动鼠标过程在想要拐点处单击，设定走线路径，到达画线端的另一端单击鼠标左键，就画好一连线，如图 3-22（b）所示。在拖动鼠标过程中，按住 Ctrl 键，在画线的另一端出现一个"![icon]"时单击鼠标左键，可手动画一任意角度的连线，如图 3-22（c）所示。

（2）网络标识法连接。

1）靠近需要进行网络标识的引脚末端，该处自动出现一个"![icon]"，单击左键；

2）拖动鼠标，在合适的位置双击左键绘制一段导线；

3）在工具箱中单击 ![icon] 图标，然后在需要连接的线上单击鼠标左键，弹出图 3-23 所示对话框。在 Label 页的 String 项中输入相应的线路标号，如 DR1 等。

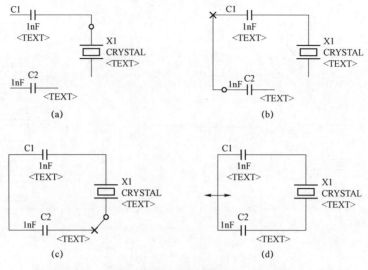

图 3-22　布线

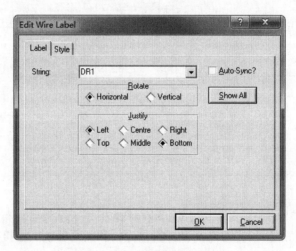

图 3-23　线路网络标号

（3）移动画线、更改线型的方法。

1）单击鼠标左键选中连线，指针靠近该画线，该线出现双箭头，如图 3-22（d）所示；

2）按住左键拖动鼠标，该线就跟随移动。

3）若多根线要同时移动时，先框选这些线，再单击块移动[图]按钮，拖动鼠标，在合适位置单击鼠标左键，就改变了线条的位置。

8．设置、修改元件属性

在需要修改元件上右击鼠标，在弹出的菜单中选择"Edit Properties"，或按快捷键 Ctrl+E，将出现 Edit Component 对话框，在此对话框中设置相关信息。例如修改电容为 30pF，如图 3-24 所示。

9．编辑设计原理图界面

根据以上步骤及方法在原理图编辑窗口中绘制完图 3-19 所示的电路图后，可以将不需要显示的一些项目隐藏，把界面编辑成简洁、清爽的界面。执行菜单命令"View"→"Toggle Grid"，可以去掉界面中的网格；执行菜单命令"Template"→"Set Design Defaults"，在弹出的对话框中将"Show hidden text？"选不显示，可以去掉元器件的文本内容。

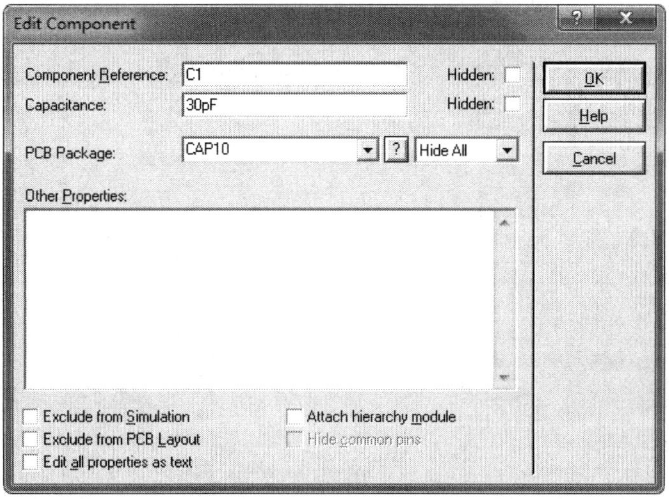

图 3－24　元件属性设置

3.2.3　Proteus ISIS 与 Keil C51 的联机

在 Proteus ISIS 已绘制好原理图中，双击 AT89C51 单片机，将弹出元件编辑对话框。在元件编辑对话框中的"Program File"选项，单击　按钮，添加 3.1.1 节中由 Keil C51 生成的 P_test..hex 文件，即实现了 Proteus ISIS 与 Keil C51 的联机操作。在"Clock Frequency"选项中设置单片机的工作频率为 12MHz，如图 3－25 所示。设置好后，单击"OK"按钮将原理图保存，并回到原理图编辑界面。

Proteus ISIS 与 Keil C51 的联机

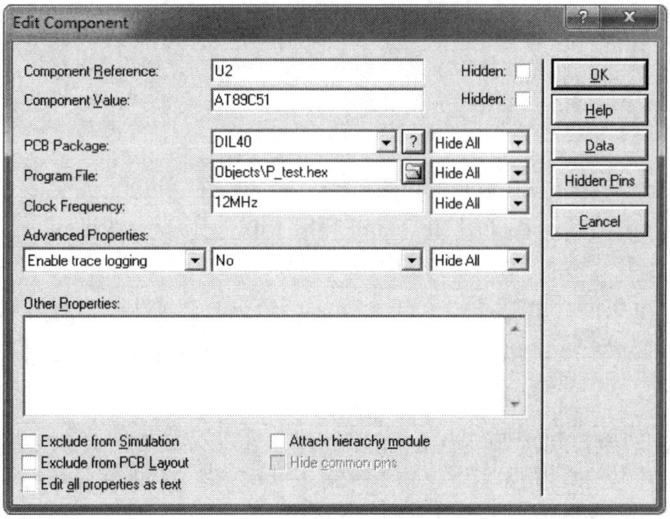

图 3－25　元件编辑对话框

在原理图编辑界面中，点击仿真按钮，即可进行单片机程序仿真，如图 3－26 所示。注意，在仿真过程中，器件的某些引脚显示红色的小方点表示该引脚为高电平状态，引脚显示蓝色的小方点表示该引脚处于低电平状态中。

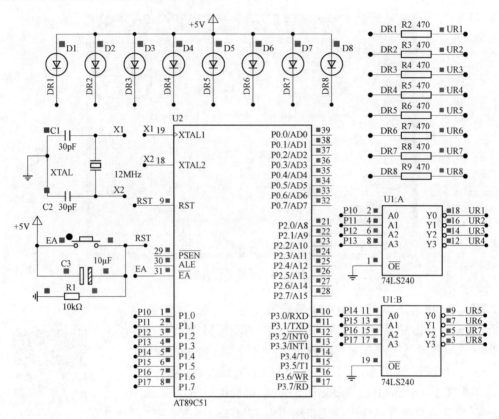

图 3-26　P_test 程序仿真图

仿真过程中，如果在 keil C51 中进行了程序修改，并重新编译成功后，在 Proteus ISIS 中重新点击仿真按钮，即可观察修改后程序的仿真效果。

ISP 下载

3.3　ISP　下　载

在线可编程（In System Programming，ISP）技术是在单片机固化程序时，不必将单片机从目标板上移出，直接利用 ISP 专用下载线即可对单片机进行程序固化操作。

因 80C51 单片机生产厂商众多，片内带 Flash 的单片机型号也较多，所以 ISP 专用下载线及相应的 ISP 固化软件也不相同。下面介绍目前流行的 AT89 系列单片机及 STC 系列单片机的 ISP 下载方法。

3.3.1　AT89 系列单片机下载

首先使用 USB 口转换串口下载线将单片机与计算机连接好，并双击安装文件 CH341SER.INF，在弹出的安装界面中单击"INSTALL"按钮，如图 3-27 所示，将其安装到计算机中。

然后双击安装文件 CH341PAR.INF，在弹出的安装界面中单击"INSTALL"按钮，也将其安装到计算机中。

安装完这两个程序后，可以通过 USB 口转换串口下载线向 AT89S51 和 AT89S52 单片机固化程序。

固化程序时，首先双击 CH341DP 下载软件，如果使用 USB 口转换串口下载线将单片机与计算机连接未连接好时，将弹出如图 3-28 所示对话框。如果连接好，则图 1-24 中的程序提示为"成功打开 CH341 设备"。

单片机与计算机连接好后，在图 3-28 中单击"浏览"按钮，找到下载文件，并选择合适的单片机型号，然后单击"配置"按钮，即可将.HEX 文件固化到单片机中。

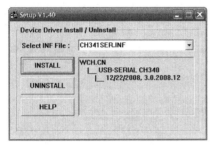

图 3-27　安装 CH341SER.INF　　　　　　　图 3-28　单片机与计算机未连接好

3.3.2　STC 系列单片机下载

STC 系列单片机的在线下载是使用单片机 UART 串口，并在 STC 下载软件的控制下实现下载。为实现串行下载，需先将串行电缆（或 USB 转串口电缆）连接 PC 的 COM 端口和实验开发板上的 RS-232 串口，然后在 PC 上运行 STC-ISP 程序，在断电情况下将 40 引脚 DIP 封装的芯片直接插入实验板的 CPU 插座，即可进行应用程序的下载。

STC-ISP 程序可在深圳宏晶科技公司的网页上免费下载。双击 STC-ISP 程序图标，启动程序的下载操作界面如图 3-29 所示。

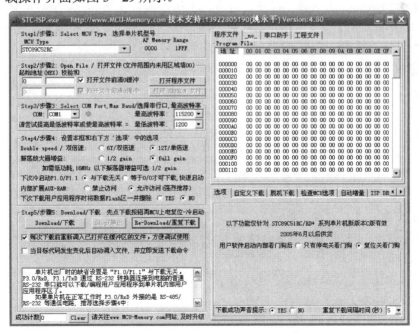

图 3-29　STC-ISP 程序的下载操作界面

使用 STC-ISP 程序对 STC 系列单片机的在线下载操作非常简单,下面结合图 3-29,对在线下载的具体操作步骤进行说明。

1. 直接使用串行电缆下载

(1) 使用串行电缆将单片机实验板与 PC 的 COM 端口连接好,并断开单片机实验板电源。

(2) 在"MCU Type"栏中选择"STC89C52RC"(用户可根据单片机型号进行选择)。

(3) 单击"打开程序文件"按钮,打开要烧录的用户程序/数据文件(.HEX),将其调入缓冲区并显示在右边的窗口。

(4) 根据串行电路与 PC 的连接情况,选择相应的 COM 端口。在"我的电脑"图标上单击鼠标右键,从弹出的选单中选择"属性",弹出"系统属性"对话框,选择"硬件"选项卡,单击"设备管理器"按钮,弹出"设备管理器"窗口,单击"端口",即可查看到 COM 端口。波特率一般保持默认,如果遇到下载问题,可以适当下调一些。

(5) 包括 5 个单选框选项,用户选择后,新设置要在芯片"冷启动"后才能生效。冷启动是指芯片彻底停电后再重新上电。通常情况,用户可直接使用默认设置。

1) 设置单片机工作采用单倍速(每个机器周期由 12 个时钟周期构成),还是双倍速(每个机器周期由 6 个时钟周期构成)。该设置可反复进行,但个别内部已经设好,用户不能更改。

2) 设置单片机时钟振荡器的内部增益是全增益(full gain)还是半增益(1/2gain)。若选中半增益可降低对外界的电磁辐射。

3) 设置 ISP 下载的先决条件。对一般 STC89C52RC/RD 单片机来说,应选"P1.0/P1.1 与下载无关";对包含 A/D 转换的 STC89LE 单片机来说,应选"P1.0/P1.1=0/0",并在硬件下载电路上做相应安排。

4) 根据实际情况,设置是否使用单片机片内扩展的外部 RAM。

5) 根据实际情况,设置下次下载用户程序时,是否将芯片中的数据 Flash 区一并擦除。

(6) 单击"Download/下载"按钮,可将程序和数据下载到单片机中,其烧写速度比一般通用编程器要快。在下载前,用户可对以下两个多选框进行设置。

1) 是否打开与缓冲区数据相对应的目标文件。

2) 当目标文件改变时,缓冲区中的数据是否要自动更新。

如果将这两个多选框全部选中,可以在每次编译 Keil 时 HEX 代码能自动加载到 STC-ISP。

(7) 手动接通单片机实验板电源,可将 HEX 文件写入单片机内。

注意: 下载前,必须先断开单片机实验板上的电源,并等待一段时间,以便让实验板上的滤波电容充分放电,确保烧写时单片机处于"冷启动"状态,只有这样才能正确执行单片机内的 ISP 启动程序。

2. 使用 USB 转串口电缆下载

使用 USB 转串口电缆下载的方法与使用串行电缆的方法基本相同,只是在使用过程需注意以下事项。

(1) 必须安装好 USB 转串口的驱动程序。

(2) 最高波特率最好设置为 9600bit/s。

本章小结

进行单片机系统开发时，经常会用到一些软件，如 Keil C51、Proteus ISIS 和 ISP 下载软件等。

Keil C51 是当前使用最广泛的基于 80C51 单片机内核的软件开发平台之一。进行项目文件的建立时，其主要操作步骤为：启动 μVision5，创建 1 个项目文件，并从器件数据库中选择一款合适的 CPU；创建 1 个新的源程序文件，并把这个源文件添加到项目中；设置工具选项，使之适合目标硬件；编译项目，并生成 1 个可供 PROM 编程的.HEX 文件。执行选单命令 "Debug" → "Start/Stop Debug Session" 或在工具栏中单击 图标，即可进入调试状态。在调试状态下，执行命令操作，可以观察寄存器和存储器中的内容；可以对函数进行调试分析；可以观察单片机 P0～P3 端口的运行状况等。

Proteus ISIS 是一款智能原理图输入系统软件，可作为电子系统的仿真、开发平台。它不仅是模拟电路、数字电路、模/数混合电路的设计与仿真平台，更是多种型号微处理器系统的设计与仿真平台。本章以 "P_test.c" 源程序对应的原理图为例，讲述了在 Proteus ISIS 中原理图的绘制、程序的仿真操作。

目前，固化程序到单片机中，常采用 ISP 技术。因 80C51 单片机生产厂商众多，片内带 Flash 的单片机型号也较多，所以 ISP 专用下载线及相应的 ISP 固化软件也不相同。本章以 AT89 系列单片机、STC 单片机为例，分别讲述了各自程序的固化方法。

习 题 3

1. 在 Keil 中创建项目，输入以下程序段，生成"按键控制彩灯.hex"文件，通过设置 P3.0～P3.3 的状态，观察并记录 P1 端口的运行情况。

```
#include "reg51.h"
#define uint unsigned int
#define uchar unsigned char
#define LED P1                  //发光二极管与 P1 端口连接
sbit S1=P3^0;                   //独立按键连接 P3.0~P3.3
sbit S2=P3^1;
sbit S3=P3^2;
sbit S4=P3^3;
uchar key_s;                    //暂存按键值
void delay500(uint ms)          //0.5ms 延时函数，晶振频率为 11.059 2MHz
{
  uint i;
  while (ms--)
    {
      for(i=0;i<230;i++);
```

```
    }
}
void key_scan()                //获取按键值函数
{
    if(S1==0)
    {      key_s=1;    }
    else if(S2==0)
    {      key_s=2;    }
    else if(S3==0)
    {      key_s=3;    }
    else if(S4==0)
    {      key_s=4;    }
}
void key_proc()                //根据不同按键进行相应操作
{
    if(key_s==1)               //S1 按下，L1~L8 按 1Hz 闪烁
    {
        LED=~LED;
        delay500(2000);
    }
    else if (key_s==2)         //S2 按下，L1~L8 按 0.5s 奇偶交替点亮
    {
        LED=0xAA;
    delay500(1000);
    LED=0x55;
    delay500(1000);
  }
  else if (key_s==3)           //S3 按下，L1~L4 与 L5~L8 按 0.5s 交替点亮
  {
        LED=0x0F;
    delay500(1000);
    LED=0xF0;
    delay500(1000);
    }
    else if (key_s==4)         //S1 按下，L1~L8 熄灭
    {
        LED=0xFF;
    }
}
```

```
void main(void)
{
  LED=0xFF;                    //L1~L8 熄灭
 while(1)
 {
    key_scan();
    key_proc();
 }
}
```

2. 在 Proteus 软件中，完成图 3-30 所示电路原理图的绘制，并将习题 3-1 中生成的"按键控制彩灯.hex"文件添加到单片机中，然后启动 Proteus ISIS 仿真，按下 S1~S4，观察并记录 D1~D8 的运行情况。

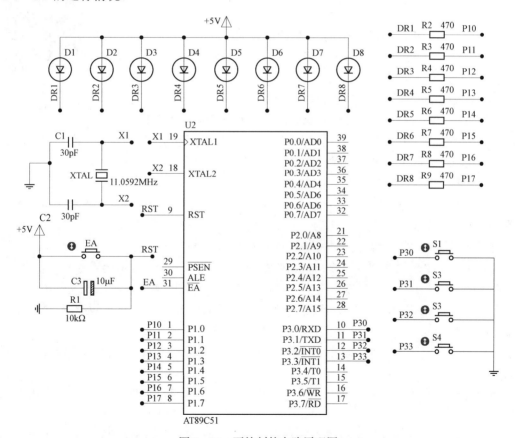

图 3-30　要绘制的电路原理图

第4章 C51程序设计语言

C语言是国际上广泛流行的计算机高级语言，它是一种源于编写 UNIX 操作系统的语言，也是一种结构化语言，可产生紧凑代码。C语言结构是以括号"{}"而不是以字和特殊符号表示的语言。在许多硬件平台中可以不使用汇编语言，而采用C语言来编写相关控制代码，以进行硬件系统的控制。由于C语言程序本身并不依赖机器硬件系统，如果在系统中更改单片机的型号或性能时，对源程序稍加修改就可根据单片机的不同较快地进行程序移植，而移植程序时，不一定要求用户（程序开发人员）掌握 MCU 的指令系统，因此，现在许多硬件开发人员使用C语言进行单片机系统的开发。

C51 程序框架结构

4.1 C51程序设计基础

4.1.1 C51语言程序结构

80C51 系列单片机的C程序设计语言通常简称为C51，其结构与一般C语言有一定的区别，每个C51 语言程序至少有一个 main() 函数（即主函数）且只能有一个，它是C语言程序的基础，是程序代码执行的起点，而其他的函数都是通过 main() 函数直接或间接调用的。

C51 程序结构具有以下特点：

（1）一个C语言源程序由一个或多个源文件组成，主要包括一些C源文件（即后缀名为".c"的文件）和头文件（即后缀名为".h"），对于一些支持C语言的汇编语言混合编程的编译器而言还可包括一些汇编源程序（即后缀名为".asm"）。

（2）每个源文件至少包含一个 main() 函数，也可以包含一个 main() 函数和其他多个函数。头文件中声明一些函数、变量或预定义一些特定值，而函数的实现是在C源文件中。

（3）一个C语言程序总是从 main() 函数开始执行的，而不论 main() 函数在整个程序中的位置如何。

（4）源程序中可以有预处理命令（例如 include 命令），这些命令通常放在源文件或源程序的最前面。

（5）每个声明或语句都以分号结尾，但预处理命令、函数头和花括号"{}"之后不能加分号。

（6）标识符、关键字之间必须加一个空格以示间隔。若已有明显的间隔符，也可不再加空格来间隔。

（7）源程序中所用到的变量都必须先声明然后才能使用，否则编译时会报错。

C源程序的书写格式自由度较高，灵活性很强，有较大的任意性，但是这并不表示C源程序可以随意乱写。为了书写清晰，并便于阅读、理解、维护，在书写程序时最好遵循以下规则进行：

1）通常情况下，一个声明或一个语句占用一行。在语句的后面可适量添加一些注释，以增强程序的可读性。

　　2）不同结构层次的语句，从不同的起始位置开始，即在同一结构层次中的语句，缩进同样的字数。

　　3）用"{}"括起来的部分，表示程序的某一层次结构。"{}"通常写在层次结构语句第一字母的下方，与结构化语句对齐，并占用一行。

　　在此以下面的程序为例，进一步说明 C51 的程序结构特点及书写规则，程序清单如下：

```
/********************************************************    //第 1 行
  File name:        例 1.c                                 //第 2 行
  Chip type:        AT89S52                                //第 3 行
  Clock frequency:  12.0MHz                                //第 4 行
********************************************************/    //第 5 行
#include <reg52.h>                                          //第 6 行
#define uint unsigned int                                   //第 7 行
sbit P1_0=P1^0;                                             //第 8 行
void delay(void)                                            //第 9 行
{                                                           //第 10 行
  uint n;                                                   //第 11 行
    for(n=0;n<35 530;n++);                                  //第 12 行
}                                                           //第 13 行
void main(void)                                             //第 14 行
{                                                           //第 15 行
  while(1)                                                  //第 16 行
{                                                           //第 17 行
    P1_0=~P1_0;                                             //第 18 行
    delay( );                                               //第 19 行
  }                                                         //第 20 行
}                                                           //第 21 行
```

　　这个小程序的作用是让接在 AT89S52 单片机 P1.0 引脚上的 LED 发光二极管进行秒闪显示，下面分析这个 C51 程序源代码。

　　第 1 行至第 5 行，为注释部分。传统的注释定界符使用斜杠－星号（即"/*"）和星号－斜杠（即"*/"）。斜杠－星号用于注释的开始。编译器一旦遇到斜杠－星号（即"/*"），就忽略后面的文本（即使是多行文本），直到遇到星号－斜杠（即"*/"）。简言之，在此程序中第 1 行至第 5 行的内容不参与编译。在程序中还可使用双斜杠（即"//"）来作为注释定界符。若使用双斜杠（即"//"）时，编译器忽略该行语句中双斜杠（即"//"）后面的一些文本。

　　第 6 行和第 7 行，分别是两条不同的预处理命令。在程序中，凡是以"#"开头的均表示这是一条预处理命令语句。第 6 行为文件包含预处理命令，其意义是把双引号（即""）或尖括号（<>）内指定的文件包含到本程序，成为本程序的一部分。第 7 行为宏定义预处理命令语句，表示 uint 为无符号整数类型。被包含的文件通常是由系统提供的，也可以由程序员自己编写，其后缀名为".h"。C 语言的头文件中包括了各个标准库函数的函数原型。因此，在程序中调用一个库函数时，都必须包含函数原型所在的头文件。对于标准的 MCS－51 单片机而言，头文件为"reg51.h"，而增强型 80C51 单片机（如 AT89S52）的头文件应为"reg52.h"。

第 8 行定义了一个 P1_0 的 bit（位变量）。

第 9 行定义了一个延时函数，其函数名为"delay"，函数的参数为"uint n"。该函数采用了两个层次结构和单循环语句。第 10 行～第 13 行表示外部层次结构，其中第 10 行表示延时函数从此处开始执行；第 13 行表示延时函数的结束。第 11 行、第 12 行为数据说明和执行语句部分。

第 14 行定义了 main 主函数，函数的参数为"void"，意思是函数的参数为空，即不用传递给函数参数，函数即可运行。同样，该函数也采用了两个层次结构，第 15 行～第 21 行为外部层次结构；第 17 行～第 20 行为内部层次结构。

4.1.2　标识符与关键字

C 语言的标识符是用来标识源程序中变量、函数、标号和各种用户定义的对象的名字。C51 中的标识符只能由字母（A～Z，a～z）、数字（0～9）、下划线组成的字符串。其中第 1 字符必须是字母或下划线，随后只能取字母、数字或下划线。标识符区分大小写，其长度不能超过 32 个字符。注意，标识符不能用中文。

标识符与关键字

关键字是由 C 语言规定的具有特定意义的特殊标识符，有时又称为保留字，这些关键字应当以小写形式输入。在编写 C 语言源程序时，用户定义的标识符不能与关键字相同。表 4－1 列出了 C51 中的一些关键字。

表 4－1   C51 中的一些关键字

关键字	用　途	说　明
auto	存储种类声明	用来声明局部变量
bdata	存储器类型说明	可位寻址的内部数据存储器
break	程序语句	退出最内层循环体
bit	位变量语句	位变量的值是 1（true）或 0（false）
case	程序语句	switch 语句中的选择项
char	数据类型声明	单字节整型或字符型数据
code	存储器类型说明	程序存储器
const	存储类型声明	在程序执行过程中不可修改的变量值
continue	程序语句	退出本次循环，转向下一次循环
data	存储器类型说明	直接寻址的内部数据存储器
default	程序语句	switch 语句中的失败选择项
do	程序语句	构成 do…while 循环结构
double	数据类型声明	双精度浮点数
else	程序语句	构成 if…else 选择结构
enum	数据类型声明	枚举
extern	存储类型声明	在其他程序模块中声明了的全局变量

续表

关键字	用　途	说　明
float	数据类型声明	单精度浮点数
for	程序语句	构成 for 循环结构
goto	程序语句	构成 goto 循环结构
idata	存储器类型说明	间接寻址的内部数据存储器
if	程序语句	构成 if…else 选择结构
int	数据类型声明	基本整数型
interrupt	中断声明	定义一个中断函数
long	数据类型声明	长整型数
pdata	存储器类型说明	分页寻址的内部数据存储器
register	存储类型声明	使用 CPU 内部的寄存器变量
reentrant	再入函数说明	定义一个再入函数
return	程序语句	函数返回
sbit	位变量声明	声明一个可位寻址的变量
short	数据类型声明	短整型数
signed	数据类型声明	有符号数，二进制的最高位为符号位
sizeof	运算符	计算表达式或数据类型的字节数
Sfr	特殊功能寄存器声明	声明一个特殊功能寄存器
Sfr16	特殊功能寄存器声明	声明一个 16 位的特殊功能寄存器
static	存储类型声明	静态变量
stuct	数据类型声明	结构类型数据
switch	程序语句	构成 switch 选择语句
typedef	数据类型声明	重新进行数据类型定义
union	数据类型声明	联合类型数据
unsigned	数据类型声明	无符号数据
using	寄存器组定义	定义芯片的工作寄存器
void	数据类型声明	无符号数据
volatile	数据类型声明	声明该变量在程序执行中可被隐含改变
while	程序语句	构成 while 和 do…while 循环语句
xdata	存储器类型说明	外部数据存储器

4.1.3　数据类型

具有一定格式的数字或数值称为数据，数据是计算机操作的对象。数据的不同格式称为数据类型。

C51 支持的数据类型有：位变量型（bit）、字符型（char）、无符号字符型（unsigned char）、有符号字符型（signed char）、无符号整型（unsigned int）、有符号整型（signed int）、无符号长整型（unsigned long int）、有符号长整型（signed long int）、单精度浮点型（float）、双精度浮点型（double）等，如图 4-1 所示。

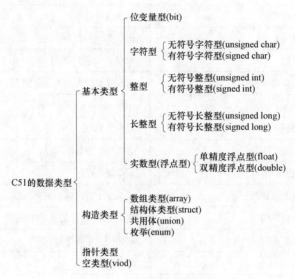

图 4-1　C51 支持的数据类型

　　基本类型就是使用频率最高的数据类型，其值不可以再分解为其他类型。C51 基本数据类型的长度和范围如表 4-2 所示。

表 4-2　　　　　　　　　　　　　　C51 基本数据类型的长度和范围

类　　型	长度/bit	长度/Byte	范　　围
位变量型（bit）	1	···	0，1
无符号字符型（unsigned char）	8	单字节	0～255
有符号字符型（signed char）	8	单字节	−128～127
无符号整型（unsigned int）	16	双字节	0～65536
有符号整型（signed int）	16	双字节	−32768～32767
无符号长整型（unsigned long）	32	四字节	0～4 294967295
有符号长整型（signed long）	32	四字节	−2147483648～2147483647
单精度浮点型（float）	32	四字节	±1.175e−38～±3.402e+38
双精度浮点型（double）	32	四字节	±1.175e−38～±3.402e+38
一般指针	24	三字节	0～65536

　　在 C51 中，若一个表达式中有两个操作数的类型不同，则编译器会自动按以下原则将其转换为同一类型的数据。

　　（1）如果两个数有一个为浮点型（即单精度或双精度浮点型），则另一个操作数将转换成浮点型。

　　（2）如果两个数有一个是无符号长整型，则另一个操作数将转换成相同的类型。

（3）如果两个数有一个是无符号整型，则另一个操作数将转换成相同的类型。

（4）无符号字符型优先级最低。

4.1.4　C51 数据存储类型及 SFR 的定义

1. C51 数据存储类型

C51 编译器通常都支持 80C51 单片机的硬件结构，可完全访问 80C51 单片机硬件系统的所有部分。可通过将变量、常量定义成不同的存储类型（data，bdata，idata，pdata，xdata，code）的方法，将它们定位在不同的存储区中。

C51 存储类型与 80C51 单片机实际存储空间的对应关系及其大小如表 4-3 所示。

表 4-3　　　C51 存储类型与 80C51 单片机实际存储空间的对应关系及其大小

存储类型	与存储空间的对应关系	长度/bit	长度/Byte	存储范围
data	直接寻址片内数据存储区，访问速度快（128B）	8	1	0～255
bdata	可位寻址片内数据存储区，允许位与字节混合访问（16B）	8	1	0～255
idata	间接寻址片内数据存储区，可访问片内全部 RAM 地址空间（256B）	8	1	0～255
pdata	分页寻址片外数据存储区（256 字节），由 MOVX　@Ri 访问	8	1	0～255
xdata	寻址片外数据存储区（64KB），由 MOVX　@DPTR 访问	16	2	0～65 635
code	寻址代码存储区（64KB），由 MOVC　@DPTR 访问	16	2	0～65 635

当使用存储类型 data，bdata 定义常量和变量时，C51 编译器会将它们定位在片内数据存储区中（片内 RAM）。片内 RAM 根据单片机 CPU 的型号不同，其长度分别为 64、128、256 或 512 字节。片内 RAM 能快速存取各种数据，是存放临时性传递变量或使用频率较高的变量的理想场所。片外数据存储器从物理上讲属于单片机的一个组成部分，但用这种存储器存放数据，在使用前必须将它们移到片内数据存储区中。

当使用 code 存储类型定义数据时，C51 编译器会将其定义在代码空间。代码空间存放着指令代码和其他非易失信息。调试完成的程序代码被写入单片机内的片内 ROM/EPROM 或片外 EPROM 中。

当使用 xdata 存储类型定义常量、变量时，C51 编译器会将其定义在外部数据存储空间（片外 RAM）。在使用外部数据区的信息之前，必须用指令将它们移到片内 RAM；当数据处理完后，将结果返回到片外 RAM 中。

pdata 属于 xdata 类型，它的一字节地址（高 8 位）被妥善保存在 P2 口中，用于 I/O 操作。idata 可以间接寻址内部数据存储器。

访问片内 RAM（data、bdata、idata）比访问片外 RAM（xdata、pdata）相对要快一些，因此可将经常使用的变量置于片内 RAM，而将规模较大或不经常使用的数据存储在片外 RAM 中。

如果在变量定义时省略了存储类型标志符，则编译器会自动选择默认的存储类型。默认的存储类型进一步由 SMALL、COMPACT 的 LARGE 存储模式指令限制。

存储模式决定了用于函数自变量、自动变量和无明确存储类型变量的默认存储器类型。在 SMALL 模式下，参数传递是在片内数据存储区中完成的。COMPACT 和 LARGE 模式允许参数在外部存储器中传递。存储器的详细说明如表4-4所示。

表4-4 存 储 模 式 及 说 明

存储模式	说 明
SMALL	参数及局部变量放入可直接寻址的片内存储器（最大为128B，默认存储类型为data），因此访问十分方便。另外所有对象，包括栈都必须嵌入片内RAM。栈长由函数的嵌套导数决定
COMPACT	参数及局部变量放入分页片外存储区（最大256B，默认的存储类型是pdata），通过寄存器R0和R1（@R0、@R1）间接寻址，栈空间位于80C51系统内部数据存储区中
LARGE	参数及局部变量直接放入片外数据存储区（最大64KB，默认存储类型为xdata），使用数据指针DPTR来进行寻址。用此数据指针进行访问效率较低，尤其是对两个或多个字节的变量，这种数据类型的访问机制直接影响代码的长度。另一不方便之处在于这种数据指针不能对称操作

2. C51 定义 SFR

80C51系列单片机的特殊功能寄存器SFR分散在片内RAM区的高128B中，地址为80H~FFH。对SFR的操作只能用于直接寻址方式。凡是地址以"0"或"8"结尾的单元还可以进行位寻址。

在C51中，特殊功能寄存器及其可位寻址的位都是通过关键字sfr的sbit来定义的。这种方法与标准C不兼容，只适用于C51中。直接访问这些特殊功能寄存器SFR时，语法格式为：sfr   sfr_name' = 'int constant。例如：

```
sfr  TCON=0x88;      //定义TCON的地址为0x88
sfr  P3=0xB0;        //定义P3端口的地址为0xB0
sfr  T2MOD=0xC9;     //定义T2MOD的地址为0xC9
```

注意：sfr后面必须跟一个特殊寄存器名，" = "后面的地址必须是常数，不允许带有运算符的表达式，这个常数值的范围必须在特殊功能寄存器的地址范围内，位于0x80~0xFF之间。

对于可位寻址的位，用关键字sbit对其进行访问。例如：

```
sfr  PSW=0xD0;       //定义PSW寄存器地址为0xD0
sbit CY=PSW^7;       //定义CY位为PSW.7，地址为0xD7
sbit AC=0xD0^6;      //定义AC位为PSW.6，地址为0xD6
```

实际上，大部分特殊功能寄存器及其可位寻址的位的定义在#include " reg51.h " 或#include " reg52.h " 头文件中已经包含了，使用时只需在源文件中包含相应的头文件，即可使用SFR及其可位寻址的位；而对于未定义的位，使用前则必须先定义。

4.1.5 常量与变量

1. 常量

所谓常量就是在程序运行过程中，其值不能改变的数据。根据数据类型的不同，常量可分为整型常量、字符常量和实数量常量等。

整型常量可以用二进制、八进制、十进制和十六进制数进行表示。表示二进制数时，在数字的前面加上"0b"的标志，其数码取值只能是"0"和"1"，如"0b10110010"表示二进制的"10110010"，其值为十

常量与变量

制数的 $1 \times 2^7 + 1 \times 2^5 + 1 \times 2^4 + 1 \times 2^1 = 178$；表示八进制数时，在数字的前面加上"O"的标志，

其数码取值只能是 "0～7"，如 "O517" 表示八进制的 "517"，其值为十进制数的 $5 \times 8^2 + 1 \times 8^1 + 7 \times 8^0 = 335$；表示十六进制时，在数字的前面加上 "0x" 或 "0X" 的标志，其数码取值是数字 "0～9"、字母 "a～f" 或字母 "A～F"，如 "0x3a" 和 "0X3A" 均表示相同的十六进制数值，其值为十进制数的 $3 \times 16^1 + 10 \times 16^0 = 58$。

无符号整数常量在一个数字后面加上 "u" 或 "U"，如 6325U；长整型整数常量在一个数字后面加上 "l" 或 "L"，如 97L。无符号长整型整数常量在一个数字后面加上 "ul" 或 "UL"，如 25UL；实数型常量在一个数字后面加上 "f" 或 "F"，如 3.146F。字符常量是用单引号将字符括起来，如 'a'；字符串常量是用引号将字符括起来，如 "AT89S51"。

2. 变量

所谓变量就是在程序运行过程中，其值可以改变的数据。

（1）局部变量与全局变量。根据实际程序的需求，变量可被声明为局部变量或全局变量。

局部变量是在创建函数时由函数分配的存储器空间，这些变量只能在所声明的函数内使用，而不能被其他的函数访问。但是，在多个函数中可以声明变量名相同的局部变量，而不会引起冲突，因为编译器会将这些变量视为每个函数的一部分。

全局变量是由编译器分配的存储器空间，可被程序内所有的函数访问。全局变量能够被任何函数修改，并且会保持全局变量的值，以便其他函数可以使用。

如果没有对全局变量或静态局部变量赋初值，则相当于对该变量赋初值为 0。若没有对一个局部变量赋初值，则该变量的值是不确定的。

定义局部变量与全局变量的语法格式如下：

[<存储模式>] <类型定义> <标识符>；

例如：

```
/*全局变量*/
char   a1;
int    a2;
/*赋初值*/
long   a3=123456;
void   main(void) {
/*局部变量*/
char   a4;
int    a5;
/*赋初值*/
long   a6=21346541;
```

变量也可以被定义成数组，且最多八维，第一个数组元素编号为 0。如果全局变量数组没有赋初值，则在程序开始时会被自动赋值为 0。

例如：

```
int  global_array1[32];        //定义了一个含 32 个元素的整型数组全局变量,所有元素
                               //自动赋值为 0
int  global_array2[]={2,2,3};  //定义了一个整型数组全局变量,数组变量元素初值分别为
                               ///2,2,3
```

```
int  global_array3[4]={4,2,3,1};//定义了一个含4个元素的整型数组全局变量,元素初值分
                                //别为4,2,3,1
char global_array4[]="This is a string" //定义了一个字符数组全局变量
 int  global_array5[32]={1,2,3}; //定义了一个含32个元素的整型数组全局变量,前三个元
                                //素赋初值,其余29个自动赋值为0
int  multidim_array[2,3]={{1,2,3},{4,5,6}};//定义了一个2行3列共6个元素的2维数
                                //组全局变量
void main(void) {
int  local_array1[10];          //定义了一个含10个元素的整型数组局部变量,每个元素初值
                                //为0
int  local_array2[3]={11,22,33};//定义了一个含3个元素的整型数组局部变量,元素初值分
                                //别为11, 22, 33}
char local_array3[7]="Hello";   //定义了一个含7个元素的字符串数组局部变量
……}
```

对于一些需要被不同的函数调用,并且必须保存其值的局部变量而言,最好将这些局部变量声明为静态变量 static。如果静态变量没有赋初值,在程序开始时会被自动赋值为 0。例如:

```
int  alfa(void) {
static int n=1;     //声明为静态变量
return  n++;}
void  main(void) {
int  i;
i=alfa();          //返回值为1
i=alfa();          //返回值为2
……}
```

如果变量在其他的文件中声明,则必须使用关键字 extern。

例如:

```
extern int xyz;
#include <file_xyz.h> //包含声明 xyz 的文件
```

如果某个变量需占用寄存器时,必须使用 register 关键词,告诉编译器分配寄存器给该变量。例如:

```
register int  abc;  //不管整型变量 abc 是否使用,编译器均会分配一个寄存器给变量 abc,
```

为了防止把一个变量分配在寄存器,必须使用 volatile 关键词,并且通知编译器这个变量的赋值受外部变化的支配。所有没被分配到寄存器的全局变量存放在 SRAM 的全局变量区;所有没被分配到寄存器的局部变量动态地存放在 SRAM 的数据堆栈区。例如:

```
volatile int  abc;
```

(2) bit 位变量和 sbit 可位寻址变量。bit 位变量用关键词 bit 声明,其语法格式如下:

```
bit <标识符>;
```

例如:

/*声明和赋初值*/

bit　alfa=1;　　　//定义位变量 alfa,其初值等于 1

bit　beta;　　　　　//定义位变量 beta,存储在 R2 寄存器的 bit1 中

sbit 可位寻址变量用关键词 sbit 声明,其语法格式如下:

sbit <标识符>=可独立寻址对象位;

例如:

sbit　P_0=P1^0;　　　//定义可寻址位变量 P_0 为端口 P1.0

sbit　ACC7=ACC^7　　//定义可寻址位变量 ACC7 为累加器的第 7 位

C51 的运算符及表达式

4.1.6　C51 的运算符及表达式

　　运算符是告诉编译程序执行特定算术或逻辑操作的符号。C 语言的运算符和表达式相当丰富,在高级语言中是少见的。C 语言常用的运算符如表 4-5 所示。

表 4-5　　　　　　　　　　　　C 语言常用的运算符

名称	符号	名称	符号
算术运算符	+ - * / % + + - -	条件运算符	? :
赋值运算符	= += -= *= /= %= &= |= ^= ~= >>= <<=	逗号运算符	,
关系运算符	> < == >= <= !=	指针运算符	*&
逻辑运算符	&& || !	求字节运算符	sizeof
位操作运算符	<< >> ~ ^ | &	特殊运算符	() []

　　C 语言规定了一些运算符的优先级和结合性。优先级是指当运算对象两侧都有运算符时,执行运算的先后次序;结合性是指当一个运算两侧的运算符的优先级别相同时的运算顺序。C 语言运算符的优先级及结合性如表 4-6 所示。

表 4-6　　　　　　　　　　　C 语言运算符的优先级及结合性

优先级别	运算符	结合性
1（最高级）	() [],	从左至右
2	!~*（指针运算符）&（指针运算符）++--	从右至左
3	*（算术运算符）/%	从左至右
4	+ -	从左至右
5	<< >>	从左至右
6	> < >=<=	从左至右
7	==!=	从左至右
8	&（位操作运算符）	从左至右
9	^	从左至右
10	|	从左至右
11	&&	从左至右
12	||	从左至右
13	? :	从右至左
14（最低级）	= += -= *= /= %= &= |= ^= ~= >>= <<=	从右至左

1. 算术运算符

算术运算符可用于各类数值运算，它包括：加（＋）、减（－）、乘（*）、除（/）、求余（又称为取模运算，%）、自增（＋＋）和自减（－－）共 7 种运算。

用算术运算符和括号将运算对象连接起来的式子称为算术表达式，其运算对象包括常量、变量、函数和结构等。例如：

```
a+b;
a+b-c;
a*(b+c)-(d-e)/f;
a+b/c-3.6+'b';
```

算术运算符的优先级规定为：先乘除求模，后加减，括号最优先。即在算术运算符中，乘、除、求余运算符的优先级相同，并高于加减运算符。在表达式中若出现括号中的内容优先级最高。例如：

```
a-b/c;             //在这个表达式中,除号的优先级高于减号,因此先运算b/c求得商,再用a减
                   //去该商
(a+b)*(c-d%e)-f;   //在这个表达式中,括号的优先级最高,因此先运算(a+b)和(c-d%e),然后
                   //再将这两者相乘,最后再减去f。注意,执行(c-d%e)时,先将d除以e所
                   //得的余数作为被减数,然后用c减去该被减数即可。
```

算术运算符的结合性规定为自左至右方向，又称为"左结合性"，即当一个运算对象两侧的算术运算符优先级别相同时，运算对象与左面的运算符结合。例如：

```
a-b+c;   //式中b两侧的"-"、"+"运算符的优先级别相同,则按左结合性,先执行a-b再与c相加
a*b/c;   //式中b两侧的"*"、"/"运算符的优先级别相同,则按左结合性,先执行a*b再除以c
```

自增（＋＋）和自减（－－）运算符的作用是使变量的值增加或减少 1。例如：

```
++a;     //先使a的值加上1,然后再使用a的值
a++;     //先使用a的当前值进行运算,然后再使a加上1
--a;     //先使a的值减少1,然后再使用a的值
a--;     //先使用a的当前值进行运算,然后再使a减少1
```

2. 赋值运算符和赋值表达式

（1）一般赋值运算符。在 C 语言中，最常见的赋值运算符为"＝"，它的作用是计算表达式的值，再将数据赋值给左边的变量。赋值运算符具有右结合性，即当一个运算对象两侧的运算符优先级别相同时，运算对象与右面的运算符结合，其一般形式为：变量＝表达式。例如：

```
x=a+b;             //变量x输出为a加上b
s=sqrt(a)+sin(b);  //变量s输出的内容为a的平方根加上b的正弦值
y=i++;             //变量y输出的内容为i,然后i的内容加1。
y=z=x=3;           //可理解为y=(z=(x=3))
```

如果赋值运算符两边的数据类型不相同，系统将自动进行类型转换，即把赋值号右边的类型转换成左边的类型。具体规定如下：① 实数型转换为整型时，舍去小数部分；② 整型转换为实数型时，数值不变，但将以实数型形式存放，即增加小数部分（小数部分的值为0）；

③ 字符型转换为整型时，由于字符型为一个字节，而整型为两个字节，因此将字符的 ASCII 码值放到整型量的低 8 位中，高 8 位为 0；④ 整型转换为字符型时，只把低 8 位转换给字符变量。

（2）复合赋值运算符。在赋值运算符"="的前面加上其他运算符，就可构成复合赋值运算符。在 C 语言中的复合赋值运算符包括：加法赋值运算符（＋＝）、减法赋值运算符（－＝）、乘法赋值运算符（＊＝）、除法赋值运算符（/＝）、求余（取模）赋值运算符（％＝）、逻辑"与"赋值运算符（＆＝）、逻辑"或"赋值运算符（|＝）、逻辑"异或"赋值运算符（^＝）、逻辑"取反"赋值运算符（～＝）、逻辑"左移"赋值运算符（＜＜＝）、逻辑"右移"赋值运算符（＞＞＝）共 11 种运算。

复合赋值运算首先对变量进行某种运算，然后再将运算的结果再赋给该变量。采用复合赋值运算，可以简化程序，同时提高 C 程序的编译效率。复合赋值运算表达式的一般格式为：

变量　复合赋值运算符　表达式

例如：

```
a+=b;          //相当于 a=a+b
a－=b;          //相当于 a=a-b
a*=b;          //相当于 a=a*b
a/=b;          //相当于 a=a/b
a%=b;          //相当于 a=a%b
```

3. 关系运算符

在程序中有时需要对某些量的大小进行比较，然后根据比较的结果进行相应的操作。在 C 语言中，关系运算符专用于两个量的大小比较，其比较运算的结果只有"真"和"假"两个值。

C 语言中的关系运算符包括：大于（＞）、小于（＜）、等于（＝＝）、大于或等于（＞＝）、小于或等于（＜＝）、不等于（!＝）共 6 种运算。

用关系运算符将两个表达式连接起来的式子，称为关系表达式。关系运算符两边的运算对象可以是 C 语言中任意合法的表达式或者变量。关系表达式的一般格式为：

表达式　关系运算符　表达式

关系运算符的优先级别如下：① 大于（＞）、小于（＜）、大于或等于（＞＝）、小于或等于（＜＝）属于同一优先级，等于（＝＝）、不等于（!＝）属于同一优先级，其中前 4 种运算符的优先级高于后 2 种运算符。② 关系运算符的优先级别低于算术运算符，但高于赋值运算符。

例如：

```
x>y;          //判断 x 是否大于 y
a+b<c;        //判断 a 加上 b 的和是否小于 c
a+b-c==m*n;   //判断 a 加上 b 的和再减去 c 的差值是否等于 m 乘上 n 的积
```

关系运算符的结合性为左结合。C 语言不像其他高级语言一样有专门的"逻辑值"，它用整数"0"和"1"来描述关系表达式的运算结果，规定用"0"表示逻辑"假"，即当表达式不成立时，运算结果为"0"；用"1"表示逻辑"真"，即当表达式成立时，运算结果为"1"。例如：

```
unsigned char x=8, y=9, z=18;   //定义无符号字符x、y、z,它们的初始值分别为8、9、18
x>y;                            //x=8,y=9,x小于y,因此表达式不成立,运算结果为"0"
x+y<z;                          //x加y等于17,小于z(z=18),因此表达式成立,运算结
                                //果为"1"
(y=18)==z;                      //y重新赋值为18后等于z(z=18),因此表达式成立,运算
                                //结果为"1"
x+6!=z;                         //x加6等于14,是不等于z(z=18),因此表达式成立,运
                                //算结果为"1"
a==x<y<z                        //由于关系运算符的结合性为左结合,因此x<y的值为1,
                                //而1<z的值为1,所以a的值为1。
```

4. 逻辑运算符

逻辑关系主要包括：逻辑"与"、逻辑"或"、逻辑"非"这3种基本运算。在C语言中，用"&&"表示逻辑"与"运算；用"||"表示逻辑"或"运算；用"!"表示逻辑"非"运算。其中，"&&"和"||"是双目运算符，它要求有两个操作数，而"!"是单目运算符，只要求一个操作数即可。注意，"&"和"|"是位运算符，不要将逻辑运算符与位运算符混淆。

用逻辑运算符将关系表达式或逻辑量连接起来的式子，称为逻辑表达式。逻辑表达式的一般格式为：

表达式　逻辑运算符　表达式

逻辑表达式的值是一个逻辑量为"真"（即"1"）和"假"（即"0"）。对于逻辑"与"运算（&&）而言，参与运算的两个量都为"真"时，结果才为"真"，否则为"假"；对于逻辑"或"运算（||）而言，参与运算的两个量中只要有一个量为"真"时，结果为"真"，否则为"假"；对于逻辑"非"运算（!）而言，参与运算量为"真"时，结果为"假"，参与运算量为"假"时，结果为"真"。

逻辑运算符的优先级别如下：① 在3个逻辑运算符中，逻辑"非"运算符（!）的优先级最高，其次是逻辑"与"运算符（&&），逻辑"或"运算符（||）的优先级最低。② 与算术运算符、关系运算符及赋值运算符的优先级相比，逻辑"非"运算符（!）的优先级高于算术运算符，算术运算符的优先级高于关系运算符，关系运算符的优先级高于逻辑"与"运算符（&&）和逻辑"或"运算符（||），而赋值运算符的优先级最低。

例如：

```
unsigned char a=5, b=8,y;   //定义无符号字符a、b、y,a的初始值为5,b的初始值为8
y=!a;                       //y的值为逻辑"假",因为a=5为逻辑"真",所以"!a"为
                            //逻辑"假"
y=a||b;                     //y的值为逻辑"真",因为a、b为逻辑"真",所以"a||b"
                            //为逻辑"真"
y=a&&b;                     //y的值为逻辑"真",因为a、b为逻辑"真",所以"a&&b"
                            //为逻辑"真"
y=!a&&b;                    //y的值为逻辑"假",因为"!"的优先级高于"&&",需先执
                            //行"!a",其值为
```

```
//逻辑 "假"（即 "0"）；而 "0&&b" 的运算为逻辑 "假"，所
//以结果为逻辑 "假"
```

5. 位操作运算符

能对运算对象进行位操作是 C 语言的一大特点，正是由于这一特点使 C 语言具有了汇编语言的一些功能，从而使它能对计算机的硬件直接进行操作。

位操作运算符是按位对变量进行运算，并不改变参与运算的变量的值。如果希望按位改变运算变量的值，则应利用相应的赋值运算。另外，位运算符只能对整型或字符型数据进行操作，不能用来对浮点型数据进行操作。

C 语言中的位操作运算符包括：按位 "与"（&）、按位 "或"（|）、按位 "异或"（^）、按位 "取反"（~）、按位 "左移"（<<）、按位 "右移"（>>）共 6 种运算。除了按位 "取反"运算符外，其余 5 种位操作运算符都是两目运算符，即要求运算符两侧各有一个运算对象。

（1）按位 "与"（&）。按位 "与" 的运算规则是：参加运算的两个运算对象，若两者相应的位都为 "1"，则该位的结果为 "1"，否则为 "0"。

例如：若 a=0x62=0b01100010，b=0x3c=0b00111100，则表达式：c=a&b 的值为 0x20，即

```
a:      01100010   (0x62)
b: &    00111100   (0x3c)
   ─────────────
c: =    00100000   (0x20)
```

（2）按位 "或"（|）。按位 "或" 的运算规则是：参加运算的两个运算对象，若两者相应的位中只要有一位为 "1"，则该位的结果为 "1"，否则为 "0"。

例如：若 a=0xa5=0b10100101，b=0x29=0b00101001，则表达式：c=a|b 的值为 0xad，即

```
a:      10100101   (0xa5)
b: |    00101001   (0x29)
   ─────────────
c: =    10101101   (0xad)
```

（3）按位 "异或"（^）。按位 "异或" 的运算规则是：参加运算的两个运算对象，若两者相应的位值相同，则该位的结果为 "0"；若两者相应的位值相异，则该位的结果为 "1"。

例如：若 a=0xb6=0b10110110，b=0x58=0b01011000，则表达式：c=a^b 的值为 0xee，即

```
a:      10110110   (0xb6)
b: ^    01011000   (0x58)
   ─────────────
c: =    11101110   (0xee)
```

（4）按位 "取反"（~）。按位 "取反"（~）是单目运算，用来对一个二进制数按位进行 "取反" 操作，即 "0" 变 "1"，"1" 变 "0"。

例如：若 a=0x72=0b01110010，则表达式：a=~a 的值为 0x8d，即

```
a:        01110010   (0x72)
~
a  =      10001101   (0x8d)
```

（5）按位"左移"（<<）、按位"右移"（>>）。按位"左移"（<<）是用来将一个操作数的各二进制位的全部左移若干位，移位后，空白位补"0"，而溢出的位舍弃。

例如：若 a = 0x8b = 0b10001011，则表达式：a = a<<2，将 a 值左移 2 位后，其结果为 0x2c，即

```
a:          10001011   (0x8b)
≪2   10 00101100
a  =        00101100   (0x2c)
```

按位"右移"（>>）是用来将一个操作数的各二进制位的全部右移若干位，移位后，空白位补"0"，而溢出的位舍弃。

例如：若 a = 0x8b = 0b10001011，则表达式：a = a>>2，将 a 值左移 2 位后，其结果为 0x2c，即

```
a:          10001011   (0x8b)
≫2   0010 0010 11
c  =        00100010   (0x22)
```

6. 条件运算符

条件运算符是 C 语言中唯一的一个三目运算符，它要求有 3 个运算对象，用它可以将 3 个表达式连接构成一个条件表达式。条件表达式的一般格式如下：

表达式1？ 表达式 2 ： 表达式 3

条件表达式的功能是首先计算表达式 1 的逻辑值，当逻辑值为"真"时，将表达式 2 的值作为整个条件表达式的值；当逻辑值为"假"时，将表达式 3 的值作为整个条件表达式的值。例如：

```
min=(a<b) ? a : b        //当 a 小于 b 时,min=a;当 a 小于 b 不成立时,min=b
```

7. 逗号运算符

逗号运算符又称为顺序示值运算符。在 C 语言中，逗号运算符是将两个或多个表达式连接起来。逗号表达式的一般格式如下：

表达式 1，表达式 2，……表达式 n

逗号表达式的运算过程是，选求解表达式 1，再求解表达式 2，……依次求解到表达式 n。例如：

```
a=2+3,a*8        //先求解 a=2+3,得 a 的值为 5,然后求解 a*8 得 40,整个逗号表达式的值为 40
a=4*5,a+10,a/6   //先求解 a=4*5,得 20,再求解 a+10 得 30,最后求解 a/6 得 5,整个逗号表达
                 //式的值为 5
```

8. 求字节运算符

在 C 语言中提供了一种用于求取数据类型、变量以及表达式的字节数的运算符 sizeof。求字节运算符的一般形式如下：

```
sizeof(表达式) 或 sizeof(数据类型)
```

　　注意，sizeof 是种特殊的运算符，它不是一个函数。通常，字节数的计算在程序编译时就完成了，而不是在程序执行的过程中计算出来的。

C51 语句结构

4.2　C51 流 程 控 制

4.2.1　C51 语句结构

　　C51 是一种结构化编程语言，用户可采用结构化方式编写相关源程序。采用结构化设计的程序具有结构清晰、层次分明、易于阅读修改和维护等特点。

　　结构化程序由若干个模块组成，每个模块中包含若干个基本结构，而每个基本结构中可有若干条语句。在 C51 中，有 3 种基本语句结构：顺序结构、选择结构和循环结构。

　　1. 顺序结构

　　顺序结构是一种最基本、最简单的编程结构。在这种结构中，程序由低地址向高地址顺序执行指令代码。如图 4-2 所示，程序要先执行 A，然后再执行 B，两者是顺序执行的关系。

　　2. 选择结构

　　选择结构是对给定的条件进行判断，再根据判断的结果决定执行哪一个分支。如图 4-3 所示，图中 P 代表一个条件，当 P 条件成立（或称为"真"）时，执行 A，否则执行 B。注意，只能执行 A 或 B 之一，两条路径汇合在一起，然后从一个出口退出。

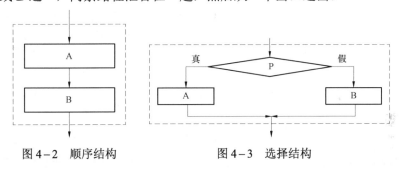

图 4-2　顺序结构　　　　　图 4-3　选择结构

　　3. 循环结构

　　循环结构是在给定条件成立时，反复执行某段程序。在 C 语言中，循环结构又分成"当"（while）型循环结构和"直到"（do while）型循环结构。

　　"while"型循环结构，如图 4-4（a）所示。当 P 条件成立（或称为"真"）时，反复执行 A 操作。直到 P 为"假"时，才停止循环。

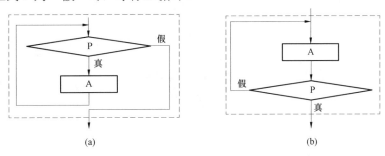

(a)　　　　　　　　　　　　　(b)

图 4-4　循环结构

（a）while 型；（b）do while 型

"do while 直到"型循环结构，如图 4-4（b）所示。先执行 A 操作，再判断 P 是否为"假"，若 P 为"假"，再执行 A，如此反复，直到 P 为"真"为止。

4.2.2　条件语句

编程解决实际问题时，通常需要根据某些条件进行判断，然后决定执行哪些语句，这就是条件选择语句。在 C 语言中提供了 3 种形式的 if 条件选择语句和 switch 多分支选择语句。

if 语句

1. if 语句

（1）if 语句的结构形式。if 语句是 C 语言中的一个基本判断语句，它的 3 种结构形式语句如下：

1）形式一：

```
if(表达式)
  {语句};
```

在这种结构形式中，如果括号中的表达式成立，则程序执行"{}"中的语句；否则程序将跳过"{}"中的语句部分，顺序执行其他语句。例如：

```
if  (P1^0==0)
  {                    //如果 P1.0 端口为低电平,那么执行下述语句
  P1^4=~P1^4;          //P1.4 端口输出相反的状态
  P1^5=0;              //P1.5 端口输出为低电平
  }
```

2）形式二：

```
if (表达式)
  {语句1;}
else
  {语句2;}
```

在这种结构形式中，如果括号中的表达式成立，则程序执行"{语句 1；}"中的语句；否则程序"{语句 2；}"中的语句。例如：

```
if  (P1^0==0)
  {                    //如果 P1.0 端口为低电平,那么执行下述语句
  P1^4=~P1^4;          //P1.4 端口输出相反的状态
  P1^5=0;              //P1.5 端口输出为低电平
  }
else
  {                    //如果 P1.0 端口不是低电平,那么执行下述语句
  P1^7=~P1^7;          //P1.7 端口输出相反的状态
  P1^5=1;              //P1.5 端口输出为高电平
  }
```

3）形式三：

```
if (表达式1)
  {语句1;}
```

```
else if (表达式2)
  {语句2;}
else if (表达式3)
  {语句3;}
……
else if (表达式m)
  {语句m;}
else
  {语句n;}
```

在这种结构形式中，如果括号中的表达式 1 成立，则程序执行"{语句 1；}"中的语句，然后退出 if 选择语句，不执行下面的语句；否则如果表达式 2 成立，则程序执行"{语句 2；}"中的语句，然后退出 if 选择语句，不执行下面的语句；否则如果表达式 3 成立，则程序执行"{语句 3；}"中的语句，然后退出 if 选择语句，不执行下面的语句；……；否则如果表达式 m 成立，则程序执行"{语句 m；}"中的语句，然后退出 if 选择语句，不执行下面的语句；否则上述表达式均不成立，则程序执行"{语句 n；}"中的语句。

例如：根据 a 值的大小决定 numb 系数，编写的程序段如下：

```
if  (a>6500)
  {numb=1;}
else if  (a>6000)
  {numb=0.8;}
else if  (a>5800)
  {numb=0.6;}
else if  (a>5600)
  {numb=0.4;}
else
  {numb=0;}
```

（2）if 语句的嵌套。如果 if 语句中又包含 1 个或多个 if 语句时，这种情况称为 if 语句的嵌套。if 语句的嵌套基本形式如下：

```
外层嵌套if语句  if   (表达式1)
               {
                 if   (表达式2)     内层嵌套if语句
                 {语句1; }
                 else
                 {语句2; }
               }
               else
               {
                 if   (表达式3)     内层嵌套if语句
                 {语句3; }
                 else
                 {语句4; }
               }
```

下面以 AT89S52 单片机为例说明 if 条件语句，其电路原理如图 4-5 所示。在 AT89S52 单片机的 P1.0 和 P1.4 端口分别接 D1 和 D2 这两个发光二极管，该实例的控制任务是当开关 K1 闭合时，发光二极管 D1 点亮，D2 熄灭；当开关 K1 断开时，发光二极管 D1 熄灭，而 D2 点亮。编写的程序如下：

```
#include "reg52.h"
sbit    redLED=P1^0;
sbit    greenLED=P1^4;
void main(void)
{
    while(1)
    {
    if (P3 & 0x01)              //检测 P3.0 端口上的开关为断开状态
        {
        redLED=0x1;            //发光二极管 D1 熄灭 (低电平有效)
        greenLED=0x0;          //发光二极管 D2 点亮
        }
      else                     //检测 P3.0 端口上的开关为闭合状态
        {
        redLED=0x0;            //发光二极管 D1 点亮
        greenLED=0x1;          //发光二极管 D2 熄灭
        }
    }
}
```

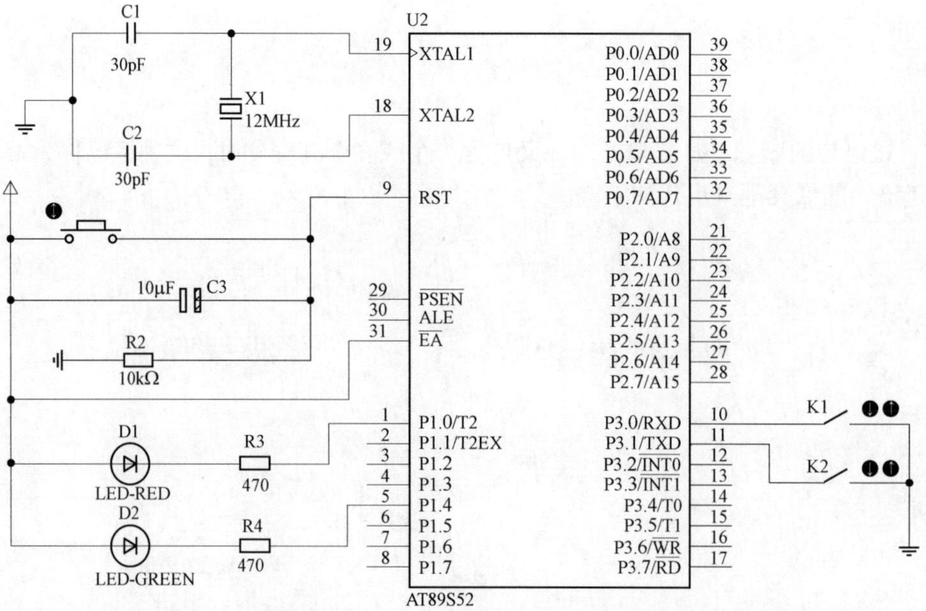

图 4-5　发光二极管控制电路图

2. switch 语句

在实际使用中，通常会碰到多分支选择问题，此时可以使用 if 嵌套语句来实现，但是，如果分支很多的话，if 语句的层数太多、程序冗长，可读性降低，而且很容易出错。基于此，在 C 语言中使用 switch 语句可以很好地解决多重 if 嵌套容易出现的问题。switch 语句是另一种多分支选择语句，是用来实现多方向条件分支的语句。

（1）switch 语句格式。

switch 语句

```
switch (表达式)
  {
    case   常量表达式 1:
      {语句 1;} break;
    case   常量表达式 2:
      {语句 2;} break;
    case   常量表达式 3:
      {语句 3;} break;
         ⋮
    case   常量表达式 m:
      {语句 m;} break;
    default:
      {语句 n;} break;
  }
```

（2）switch 语句使用说明。

1）switch 后面括号内的"表达式"可以是整型表达式或字符型表达式，也可以是枚举型数据。

2）当 switch 后面表达式的值与某一"case"后面的常量表达式相等时，就执行该"case"后面的语句，然后遇到 break 语句而退出 switch 语句。若所有"case"中常量表达式的值都没有与表达式的值相匹配，就执行 default 后面的语句。

3）每一个 case 的常量表达式的值必须互不相同，否则就会出现互相矛盾的现象（对同一个值，有两种或者多种解决方案提供）。

4）每个 case 和 default 的出现次序不影响执行结果，可先出现"default"再出现其他的"case"。

5）假如在 case 语句的最后没有"break;"，则流程控制转移到下一个 case 继续执行。所以，在执行一个 case 分支后，使流程跳出 switch 结构，即终止 switch 语句的执行，可用一个 break 语句完成。

下面仍以图 4-5 电路原理图为例，说明 switch 的用法。该例的任务是当按下开关 K1 时，发光二极管 D1 亮；当按下开关 K2 时，发光二极管 D2 亮。编写的程序如下：

```
#include "reg52.h"
sbit    redLED=P1^0;
sbit    greenLED=P1^4;
void main(void)
```

```
    {
    while(1)
      { switch (P3 & 0x03) //该表达式判断 K1 和 K2 是否闭合,如果闭合则与之相连的引脚为低
                           //电平
        {
        case 0x02:          //表达式的值等于 0x02,表示 K1 开关处于闭合状态
          redLED=0x0;       //发光二极管 D1 亮
          break;            //跳出 switch 结构,不执行下面语句
        case 0x01:          //表达式的值等于 0x01,表示 K2 开关处于闭合状态
          greenLED =0x0;    //发光二极管 D2 亮
          break;
        default:            //表达式的值既不等于 0x01,又不等于 0x02 表示两个开关均未闭合
          redLED=0x1;       //两个发光二极管均不亮
          greenLED=0x1;
          break;
        }
      }
    }
```

4.2.3　循环语句

在许多实际问题中,需要程序进行具有规律的重复执行,此时可以采用一些循环语句来实现。在 C 语言中,用来实现循环的语句有:goto 语句、while 语句、do‒while 语句和 for 语句等。

1. goto 语句

goto 语句为无条件转向语句,该语句可以实现循环。goto 语句的一般形式如下:

goto　语句标号;

其中,语句标号不必特殊加以定义,它是一个任意合法的标识符,其命名规则与变量名相同,由字母、数字和下划线组成,并且第一个字符必须为字母或下划线,不能用整数作为标号。这个标识符加上一个“:”一起出现在函数内某处时,执行 goto 语句后,程序将跳转到该标号处并执行其后的语句。标号必须与 goto 语句同处于一个函数中,但可以不在一个循环层中。

结构化程序设计主张限制使用 goto 语句,主要是因为它将使程序层次不清,且不易读,但也并不是绝对禁止使用 goto 语句,在多层嵌套退出时,用 goto 语句则比较合理。一般来说,使用 goto 语句可以有以下两种用途:与 if 语句一起构成循环结构、从循环体中跳转到循环体外。

1)与 if 语句一起构成循环结构。例如:用 if 语句和 goto 语句构成循环结构,求 $\sum\limits_{n=0}^{50} n$,编写的程序如下:

```
#include "reg52.h"
void main(void)
  {
```

```
int i=0,sum=0;
loop: if(i<=50)
    {
      sum=sum+i;
      i++;
      goto loop;
    }
}
```

该程序的运行结果为 1275（即十六进制为 04FB）。

2）从循环体中跳转到循环体外。在 C 语言中，如果要跳出本层循环和结束本次循环，可以使用 break 语句和 continue 语句。goto 语句的使用机会已大大减少，只是需从多层循环的内层跳到多层循环体外时才用到 goto 语句。但是，这种用法不符合结构化原则，一般不宜采用，只有在特殊情况（如需要大大提高生成代码的效率）时才使用。

2. while 语句

while 语句很早就出现在 C 语言编程的描述中，它是最基本的控制元素之一，用来实现"当型"循环结构。while 语句的一般格式如下：

```
while （表达式）
    {语句;}
```

while 语句

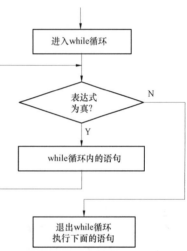

图 4-6　while 语句的流程图

若程序的执行进入 while 循环的顶部时，将对表达式求值。如果该表达式为"真"（非零），则执行 while 循环内的语句。当执行到循环底端时，马上返回到 while 循环的顶部，再次对表达式进行求值。如果值仍为"真"，则继续循环，否则完全绕过该循环，而继续执行紧跟在 while 循环之后的语句，其流程如图 4-6 所示。

例如：用 while 语句，求 $\sum_{n=0}^{50} n$，编写的程序如下：

```
#include "reg52.h"
void main(void)
    {
      int n=0,sum=0;
      while (n<=50)
        {
          sum=sum+n;
          n++;
        }
    }
```

3. do-while 语句

do-while 循环与 while 循环十分相似，这两者的区别在于：do-while 语句是先执行循环后判断，即循环内的语句至少执行一次，然后再判断是否继续循环，其流程如图 4-7 所示；while 语句是在每次执行的指令前先判断。do-while 语句的一般格式如下：

```
do
{语句;}
While (条件表达式);
```

例如：用 do-while 语句，求 $\sum_{n=0}^{50} n$，编写的程序如下：

```
#include "reg52.h"
void main(void)
  {
  int n=0,sum=0;
  do
    {
     sum=sum+n;
     n++;
    }
  while (n<=50);
  }
```

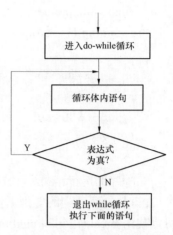

图 4-7　do-while 语句流程图

for 语句

4. for 语句

在 C 语言中，for 语句使用最为灵活，完全可以取代 while 语句或者 do-while 语句。它不仅可以用于循环次数已经确定的情况，而且可以用于循环次数不确定而只给出循环结束条件的情况。for 语句的一般格式如下：

```
for (表达式1;表达式2;表达式3)
{语句;}
```

for 循环语句的流程如图 4-8 所示，其执行过程如下：

（1）先对表达式 1 赋初值，进行初始化。

（2）判断表达式 2 是否满足给定的循环条件，若满足循环条件，则执行循环体内语句，然后执行第（3）步；若不满足循环条件，则结束循环，转到第（5）步。

（3）若表达式 2 为"真"，则在执行指定的循环语句后，求解表达式 3。

（4）回到第（2）步继续执行

（5）退出 for 循环，执行后面的下一条语句。

for 语句最简单的应用形式也就是最易理解的形式如下：

```
for (循环变量赋初值;循环条件;循环变量增值)
```

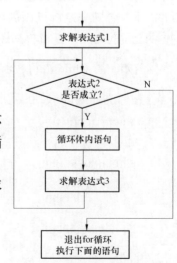

图 4-8　for 语句流程图

```
{语句;}
```

例如：用 for 语句，求 $\sum_{n=0}^{50} n$，编写的程序如下：

```
#include "reg52.h"
void main(void)
  {
   int n,sum=0;
   for (n=0;n<=50;n++)
     {
       sum=sum+n;
     }
  }
```

显然，用 for 语句简单、方便。对于以上 for 语句的一般形式也可以用相应的 while 循环形式来表示：

```
表达式1;
while (表达式2)
  {
   语句;
   表达式3;
  }
```

同样，for 语句的一般形式还可以用相应的 do–while 循环形式来表示：

```
表达式1;
do
  {
   语句;
   表达式3;
  }
while (表达式2)
```

for 语句使用最为灵活，除了可以取代 while 语句或者 do–while 语句外，在结构形式上体现了其灵活性，下面对 for 循环语句的几种特例进行说明。

（1）for 语句中小括号内的表达式 1 缺省。for 语句中小括号内的表达式 1 缺省时，应在 for 语句之前给循环变量赋初值。注意，虽然表达式 1 省略了，但是表达式 1 后面的分号不能省略。例如：

```
int n,sum=0;
for (;n<=50;n++)
  {
   sum=sum+n;
  }
```

该程序段执行时，不对 n 设置初值，直接跳过"求解表达式 1"这一步，而其他不变。

（2）for 语句中小括号内的表达式 2 缺省。for 语句中小括号内的表达式 2 缺省时，不判断循环条件，默认表达式 2 始终为"真"，使循环无终止地进行下去。例如：

```
int n,sum=0;

for (n=0; ;n++)

   {

     sum=sum+n;

   }
```

它相当于：

```
int n,sum=0;

   while (1)

     {

       sum=sum+n;

       n++;

   }
```

（3）for 语句中小括号内的表达式 3 缺省。for 语句中小括号内的表达式 3 缺省时，在程序中应书写相关语句以保证循环能正常结束。例如：

```
int n,sum=0;

for (n=0;n<=50;)

  {

    sum=sum+n;

  n++;

    }
```

在此程序段中，将 n++的操作不放在 for 语句的表达式 3 的位置处，而作为循环体的一部分，效果是一样的，都能使循环正常结束。

（4）for 语句中小括号内的表达式 1 和表达式 3 缺省。for 语句中小括号内的表达式 1 和表达式 3 缺省，而只给出循环条件，在此种情况下，完全等效于 while 语句。例如：

```
int n,sum=0;

for (;n<=50;)

  {

    sum=sum+n;

  n++;

}
```

它相当于：

```
int n,sum=0;

while  (n<=50)

  {

    sum=sum+n;

  n++;

}
```

（5）for 语句中小括号内的 3 个表达式都缺省。for 语句中小括号内的 3 个表达式都缺省，既不设置初值，也不判断条件，而循环变量也不增值，使程序无终止地执行循环体。例如：

```
for (; ;)
  {…… /*循环体*/}
```

它相当于：

```
while (1)
  {…… /*循环体*/}
```

（6）for 语句中没有循环体。例如：

```
 int  n;
 for(n=0;n<1000;n++)
    {;}
```

此例在程序段中起延时作用。

5. break 和 continue 语句

（1）break。break 语句通常可以用在 switch 语句或者循环语句中。当 break 语句用于 switch 语句中时，可使程序跳出 switch 而执行 switch 以后的语句；当 break 语句用于 while、do－while、for 循环语句中时，可使程序提前终止循环而执行循环后面的语句，通常 break 语句总是与 switch 语句连在一起的，即满足条件时便跳出循环。break 语句的一般格式如下：

```
break;
```

注意：① break 语句不能用于循环语句和 switch 语句之外的任何其他语句中。② break 语句只能跳出它所处的那一层循环，而不像 goto 语句可以直接从最内层循环中跳出来。因此，要退出多重循环时，采用 goto 语句比较方便。

（2）continue 语句。continue 语句一般用在 while、do－while、for 循环语句中，其功能是跳过循环体中剩余的语句而强行执行下一次循环。通常 continue 语句总是与 if 语句连在一起的，用来加速循环。continue 语句的一般格式如下：

```
continue;
```

continue 语句和 break 语句的区别：break 语句结束循环，不再进行条件判断；continue 语句只能结束本次循环，不终止整个循环。

4.3　数　　组

数组

数组是一组具有固定数目的相同类型成分分量的有序数据集合。数组是 C 语言提供的一种最简单的构造类型，其成分分量的类型为该数组的基本类型。如整型变量的有序集合称为整型数组，字符型变量的有序集合称为字符型数组。数组中的每个元素都属于同一个数据类型，在同一数组中不允许出现不同类型的变量。

在数组中，可以用一个统一的数组名和下标来唯一地确定数组中的元素。数组中的下标放在方括号中，是从 0 开始（0，1，2，3，4，……，n）的一组有序整数。例如数组 a [i]，当 $i=0$，1，2，3……，n 时，a [0]，a [1]，a [2]，……，a [n] 分别是数组 a [i] 的元素。数组中有一维、二维、三维和多维数组之分，常用的有一维、二维和字符数组。

4.3.1　一维数组

1. 一维数组的定义

数组只有一个下标，称为一维数组。在 C 语言中，使用数组之前，需先对其进行定义。一维数组的定义方式如下：

类型说明符　数组名 [常量表达式]；

其中，类型说明符是任一种基本数据类型或构造数据类型（如 int，char 等）。数组名是用户定义的数组标识符，即合法的标识符。方括号中的常量表达式表示数据元素的个数，也称为数组的长度。例如：

```
unsigned int a[8];        //定义了含有 8 个元素的无符号整型数组 a
float b[10],c[16];        //定义了含有 10 个元素的实型数组 b,含有 16 个元素的实型数组 c
unsigned char ch[20];     //定义了含有 20 个元素的字符数组 ch
```

对于数组类型的定义应注意以下几点：

（1）数组名的定义规则和变量名相同，应遵循标识符命名规则。在同一程序中，数组名不能重名，即不能与其他变量名相同。

（2）数组名后是用方括号括起来的常量表达式，不能用圆括号。

（3）方括号中常量表达式表示数组元素的个数，如 a [10] 表示数组 a 有 10 个元素。每个元素由不同的下标表示，在数组中的下标是从 0 开始计算，而不是从 1 开始计算。因此，a 的 10 个元素分别为 a [0]，a [1]，…，a [9]。注意，a [10] 这个数组中并没 a [10] 这个数组元素。

（4）常量表达式中可以包括常量和符号常量，不能包含变量。即 C 语言中数组元素个数不能在程序运行过程中根据变量值的不同而随机修改，数组的元素个数在程序编译阶段就已经确定了。

2. 一维数组元素的引用

如果定义了一维数组之后，就可以引用这个一维数组中的任何元素，且只能逐个引用而不能一次引用整个数组的元素。引用数组元素的一般形式如下：

数组名 [下标]

这种引用数组元素的方法称为"下标法"。C 语言规定，以下标法使用数组元素时，下标可以越界，即下标可以不在 0～（长度−1）的范围内。例如定义数组为 a [3]，能合法使用的数组元素是 a [0]、a [1]、a [2]，而 a [3]、a [4] 虽然也能使用，但由于下标越界，超出数组元素的范围，程序运行时，可能会出现不可预料的结果。

例如：对 10 个元素的数组进行赋值时，必须使用循环语句逐个输出各个变量：

```
int i,a[10];              //定义变量 i 及含 10 个元素的一维数组 a
for (i=0;i<10;i++)
  {
  a[i]=0;
  }
```

而不能类似于下列的方法用一个语句输出整个数组变量：

```
int i,a[10];
a=0;
```

3. 一维数组的初始化

给数组赋值的方法除了用赋值语句对数组元素赋值外，还可以采用初始化赋值和动态赋值的方法。

数组初始化是指在定义数组的同时给数组元素赋值。虽然数组赋值可以在程序运行期间用赋值语句进行赋值，但是这样将耗费大量的运行时间，尤其是对大型数组而言，这种情况更加突出。采用数组初始化的方式赋值时，由于数组初始化是在编译阶段进行的，这样将减少运行时间，提高效率。

一维数组初始化赋值的一般形式如下：

类型说明符　数组名 [常量表达式] ＝{值，值，值，…，值}；

其中，在"{}"中的各数据值即为各元素的初值，各值之间用逗号间隔。例如：

```
const tab[8]={0xfe,0xfd,0xfb,0xf7,0xef,0xdf,0xbf,0x7f};
```

经过上述定义的初始化后，各个变量值为：tab [0] ＝0xfe；tab [1] ＝0xfd；tab [2] ＝0xfb；tab [3] ＝0xf7；tab [4] ＝0xef；tab [5] ＝0xdf；tab [6] ＝0xbf；tab [7] ＝0x7f。

C 语言对一维数组元素的初始化赋值还有以下特例：

（1）只给一部分元素赋初值。如果"{}"中值的个数少于元素个数时，可以只给前面部分元素赋值。例如：

```
const unsigned char tab[10]={0x00,0x00,0x07,0x02,0x02,0x02,0x7F};
```

在此语句中，定义了 tab 数组有 10 个元素，但"{}"内只提供了 7 个初值，这表示只给前面 7 个元素赋值，后面 3 个元素的初值为 0。

（2）给全部元素赋值相同值。给全部元素赋相同值时，应在"{}"内将每个值都写上。例如：

```
int a[10]={2,2,2,2,2,2,2,2,2,2};
```

而不能写为：

```
int a[10]=2;
```

（3）给全部元素赋值，但不给出数组元素的个数。如果给全部元素赋值，则在数组说明中进行，可以不给出数组元素的个数。例如：

```
const unsigned char tab1[24]={0x00,0x00,0x7F,0x1E,0x12,0x02,0x7F,0x00,
                              0x00,0x00,0x07,0x02,0x02,0x02,0x7F,0x00,
                              0x00,0x00,0x7F,0x1E,0x12,0x02,0x7F,0x00};
```

可以写为：

```
const unsigned char tab1[]={0x00,0x00,0x7F,0x1E,0x12,0x02,0x7F,0x00,
                            0x00,0x00,0x07,0x02,0x02,0x02,0x7F,0x00,
                            0x00,0x00,0x7F,0x1E,0x12,0x02,0x7F,0x00};
```

由于数组 tab1 初始化时"{}"内有 24 个数，因此，系统自定义 tab1 的数组个数为 24，并将这 24 个字符分配给 24 个数组元素。

4.3.2　二维数组

1. 二维数组的定义

C 语言允许使用多维数组，最简单的多维数组就是二维数组。实际上，二维数组是以一维数组为元素构成的数组。二维数组的定义方式如下：

类型说明符　数组名 [常量表达式 1] [常量表达式 2];

其中, 常量表达式 1 表示第 1 维下标的长度, 常量表达式 2 表示第 2 维下标的长度。二维数组存取顺序是: 按行存取, 先存取第 1 行元素的第 0 列, 1 列, 2 列, ……, 直到第 1 行的最后一列; 然后返回到第 2 行开始, 再取第 2 行的第 0 列, 1 列, 2 列, ……, 直到第 1 行的最后一列。如此顺序下去, 直到最后一行的最后一列。例如:

```
int a[4][6];
```

该列定义了 4 行 6 列共 24 个元素的二维数组 a[][], 其存取顺序如下:

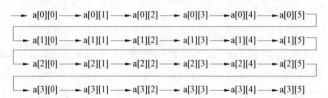

2. 二维数组元素的引用

二维数组元素引用的一般形式为:

数组名 [下标] [下标]

其中, 下标可以是整数, 也可以是整数表达式。例如:

```
a[2][4]              //表示 a 数组第 2 行第 4 列的元素
b[3-1][2*2-1]        //不要写成 a[2,3],也不要写成 a[3-1,2*2-1]的形式
```

在使用数组时, 下标值应在已定义的数组大小范围之内, 以避免越界错误。例如:

```
int  a[3][4];
    ⋮
 a[3][4]=4;          //定义 a 为 3×4 的数组,其行下标值最大为 2,列坐标值最大为 3,而 a[3][4
                     //超过数组范围
```

3. 二维数组的初始化

二维数组初始化也是在类型说明时给各下标变量赋以初值。对二维数组赋值时可以按以下方法进行:

(1) 按行分段赋值。按行分段赋值是将第 1 个 "{}" 内的数值赋给第 1 行的元素, 第 2 个 "{}" 内的数值赋给第 2 行的元素, 依次类推。采用这种方法比较直观, 例如:

```
code unsigned char tab[3][4]={ {0x00,0x00,0x7F,0x1E},{0x12,0x02,0x7F,0x00},
                               {0x02,0x02,0x7F,0x00}};
```

(2) 按行连续赋值。按行连续赋值是将所有数据写在 1 个 "{}" 内, 按数组排列的顺序对各个元素赋初值。例如:

```
code unsigned char tab[3][4]={0x00,0x00,0x7F,0x1E,0x12,0x02,0x7F,0x00,0x02,
                              //0x02,0x7F,0x00};
```

从这段赋值可以看出, 第②种方法与第①种方法完成相同任务, 都是定义同一个二维数组 tab 且赋相同的初始值, 但是第②种方法没有第①种直观, 如果二维数组需要赋的初始值比较多时, 采用第②种方法将会在 "{}" 内写一大片, 容易遗漏, 也不容易检查。

(3) 对部分元素赋初值。可以对二维数组的部分元素赋初值, 未赋值的元素自动取 "0" 值。例如:

```
int  a[3][4]={{1},{3},{6}};          //二维数组 a 各元素的值为{{1,0,0,0},{3,0,0,0},
                                     //{6,0,0,0}}
int  b[3][4]={{2},{1,3},{2,4,3}};    //二维数组 b 各元素的值为{{2,0,0,0},{1,3,0,0},
                                     //{2,4,3,0}}
int  c[3][4]={{2},{3,5}};            //二维数组 c 各元素的值为{{2,0,0,0},{3,5,0,0},
                                     //{0,0,0,0}}
int  d[3][4]={{1},{},{2,3,4}};       //二维数组 d 各元素的值为{{1,0,0,0},{0,0,0,0},
                                     //{2,3,4,0}}
```

（4）元素赋初值时，可以不指定第 1 维的长度。如果对全部元素都赋初始值，则定义数组时对第 1 维的长度可以不指定，但第 2 维的长度不能省略。例如：

```
int  a[3][4]={{1,2,3,4}{5,6,7,8}{9,10,11,12}};
```

与下面的定义等价：

```
int  a[ ][4]={{1,2,3,4}{5,6,7,8}{9,10,11,12}};
```

如果只对部分元素赋初始值，则定义数组时对第 1 维的长度可以不指定，但第 2 维的长度不能省略，且应分行赋初始值。例如：

```
int  a[ ][4]={{1,2,3},{},{5}};
```

该程序段定义了 3 行 4 列的二维数组，元素各初始值分别为{{1,2,3,0},{0,0,0,0},{5,0,0,0}}

4.3.3　字符数组

用来存放字符数据的数组称为字符数组。字符数组中一个元素存放一个字符，所以可以用字符数组来存放长度不同的字符串。

1. 字符数组的定义

字符数组的定义与前面介绍的类似，即

（unsigned）char 数组名 ［常量表达式］；

例如：

```
char  a[10];            //定义了包含 10 个元素的字符数组 a
```

字符数组也可以是二维或多维数组，和数值型多维数组相同。例如：

```
char  b[3][5];          //定义了 3 行 5 列共 15 个元素的二维字符数组 b
```

2. 字符数组的引用

字符数组的引用与数值型数组一样，只能按元素引用。

3. 字符数组的初始化

字符数组和数值型数组一样，也允许在定义时作初始化赋值。例如：

```
unsigned char a[7]={'p','r','o','t','e','u','s'}   //将 7 个字符分别赋给 a[0]~a[6]
```

这 7 个元素

如果“{ }”中提供的初值个数（即字符个数）大于数组长度，C 语言作为语法错误处理。如果初值个数小于数组长度，则只将这些字符赋给数组中前面那些元素，其余的元素自动定义为空字符（即 '\0'）。对全体元素赋初值时，也可以省去长度。例如：

```
unsigned char a[10]={'S','T','C','8','9','C','5','1','R' ,'C'};
```

也可以写成：

```
unsigned char a[ ]= {'S','T','C','8','9','C','5' ,'1','R' ,'C'};
```

4. 字符串和字符串结束标志

字符串常量是由双引号括起来的一串字符。在 C 语言中，将字符串常量作为字符数组来处理。例如，在上例中就是用一个一维字符型数组来存放一个字符串常量"STC89C51RC"，这个字符串的实际长度与数组长度相等。如果字符串的实际长度与数组长度不相等时，为了测定字符串的实际长度，C 语言规定以字符"\0"作为字符串结束标志，也就是说，在遇到第 1 个字符"\0"时，表示字符串结束，由它前面的字符组成字符串。

在 C 语言中没有专门的字符串变量，通常用一个字符数组来存放一个字符串。若将一个字符串存入一个数组时，也将结束符"\0"存入数组，并以此作为该字符串是否结束的标志。

如果将字符串直接给字符数组赋初值时，可采用类似于以下的两种方法：

```
unsigned char a[ ]={"STC89C51RC"};
unsigned char a[ ]="STC89C51RC";
```

指针

4.4　指　　针

所谓指针就是在内存中的地址，它可能是变量的地址，也可能是函数的入口地址。如果指针变量存储的地址是变量的地址，我们称该指针为变量的指针（或变量指针）；如果指针变量存储的地址是函数的入口地址，我们称该指针为函数的指针（或函数指针）。

4.4.1　变量的指针和指向变量的指针变量

指针变量与变量指针的含义不同：指针变量也简称为指针，是指它是一个变量，且该变量是指针类型的；而变量指针是指它是一个变量的地址，该变量是指针类型的，且它存放另一个变量的地址。

1. 指针变量的定义

在 C 语言中，所有的变量在使用之前必须定义，以确定其类型。指针变量也一样，由于它是用来专门存放地址的，因此必须将它定义为"指针类型"。指针定义的一般形式如下：

类型标识符　*指针变量名；

其中，类型标识符，就是本指针变量所指向的变量的数据类型；"*"表示这是一个指针变量；指针变量名就是指针变量的名称。例如：

```
int   *ap1;              //定义整型指针变量 ap1
char  *ap2, *ap3;        //定义了两个字符型指针变量 ap2 和 ap3
float  *ap4;             //定义了实数型指针变量 ap4
```

在定义指针变量时要注意以下几点：

（1）指针变量名前的"*"表示该变量为指针变量，在上例中的指针变量名为 ap1、ap2、ap3、ap4，而不是*ap1、*ap2、*ap3、*ap4，这与定义变量有所不同。

（2）一个指针变量只能指向同一个类型的变量，在上例中的 ap1 只能指向整型变量，不能指向字符型或实数型指针变量。

2. 指针变量的引用

指针变量在使用之前也要先定义说明，然后要赋予具体的值。指针变量的赋值只能赋予地址，而不能赋予任何其他数据，否则将引起错误。在 C 语言中，变量的地址由编译系统分配，用户不知道变量的具体地址。

有两个有关的运算符："&"和"*"，其中，"&"为取地址运算符；"*"为指针运算符（或称"间接访问"运算符）。例如：

在 C 语言中，指针变量的引用是通过取地址运算符"&"来实现的。使用取地址运算符"&"和赋值运算符"="就可以使一个指针变量指向一个变量。

例如：指针变量 p 所对应的内存地址单元中装入了变量 x 所对应的内存单元地址，可使用以下程序段实现：

```
int  x;          //定义整型变量 x
int *p=&x;       //指针变量声明的时候初始化
```

还可以采用以下程序段实现：

```
int  x;          //定义整型变量 x
int  *p;         //定义整型指针变量 p
p=&x;            //用赋值语句对指针赋值
```

4.4.2 数组指针和指向数组的指针变量

指针既然可以指向变量，当然也可以指向数组。所谓数组的指针是指数组的起始地址，数组元素的指针是数组元素的地址。若有一个变量用来存放一个数组的起始地址（指针），则称它为指向数组的指针变量。

1. 指向数组元素的指针变量定义与赋值

定义一个指向数组元素的指针变量的方法与 4.4.1 节中指针变量的定义相同。例如：

```
int  x[6];    //定义含有 6 个整型数据的数组
int  *p;      //定义指向整型数据的指针 p
p=&x[0];      //对指针 p 赋值,此时数组 x[5]的第 1 个元素 x[0]的地址就赋给了指针变量 p
p=x;          //对指针 p 赋值,此种引用的方法与"p=&x[0];"的作用完全相同,但形式上更简单
```

在 C 语言中，数组名代表数组的首地址，也就是第 0 号元素的地址。因此语句"P＝&x[0];"和"P＝x;"是等价的。还可以在定义指针变量时赋给初值：

```
int  *p=&x[0]; //或者 int *p=x;
```

等价于：

```
int * p ;
p=&x[0] ;
```

2. 通过指针引用数组元素

如果 p 指向一个一维数组 x[6]，并且 p 已给它赋予了一个初值&x[0]，可以使用以下 3 种方法引用数组元素：

（1）下标法：C 语言规定，如果指针变量 p 已指向数组中的一个元素，则 p+1 指向同一数组中的下一个元素。P+i 和 x+i，就是 a[i]，或者说它们都指向 x 数组的第 i 个元素。

（2）地址法：*（p+i）和*（x+i）也就是 x[i]。实际上，编译器对数组元素 x[i]就是处理成*（x+i），即按数组的首地址加上相对位移量得到要找元素的地址，然后找出该单元中的内容。

（3）指针法：用间接访问的方法来访问数组元素，指向数组的指针变量也可以带下标，如 p[i]与*（p+i）等价。

3. 关于指针变量的运算

如果先使指针变量 p 指向数组 x[]（即 p=x;），则：

（1）p++（或 p+=1）

该操作将使指针变量 p 指向下一个数组元素，即 x[1]。若再执行 x=*p，则将取出 x[1] 的值，将其赋给变量 x。

（2）*p++

由于++与*运算符优先级相同，而结合方向为自右向左，因此*p++等价于*（p++），其作用是先得到 p 指向的变量的值（即*p），然后再执行 p 自加运算。

（3）*p++与*++p 作用不同

*p++是先取*p 值，然后使 p 自加 1；而*++p 是先使 p 自加 1，再取*p 值。如果 p 的初值为&x[0]，则执行 a=*p++时，a 的值为 x[0] 的值；而执行*++p 后，a 的值等于 x[1] 的值。

（4）（*p）++

（*p）++表示 p 所指向的元素值加 1。注意，是元素值加 1，而不是指针变量值加 1。如果指针变量 p 指向&x[0]，且 x[0]=4，则（*p）++等价于（a[0]）++。此时，x[0] 的值增为 5。

（5）如果 p 当前指向数组中第 i 个元素，那么存在以下 3 种关系：

(p--) 与 x[i--] 等价，相当于先执行*p，然后再使 p 自减；

(++p) 与 x[++i] 等价，相当于先执行自加，然后再执行*p 运算；

(--p) 与 x[--i] 等价，相当于先执行自减，然后再执行*p 运算；

4.4.3　字符串指针和指向字符串的指针变量

1. 字符串指针和指向字符串指针的表示形式

在 C 语言中有两种方法实现一个字符串运算：一种是使用字符数组来实现；另一种是用字符串指针来实现。例如：

```
char a[]={'S','T','C','8','9','C','5' ,'1','R' ,'C', '\0'}; //使用字符数组定义
char *b="STC89C51RC";                                 //使用/字符串指针定义
```

字符串指针变量的定义说明与指向字符变量的指针变量说明是相同的。在上述程序段中，a[]是一个字符数组，字符数组是以 "\0" 常量结尾的；b 是指向字符串的指针，它没有定义字符数组，由于 C 语言对字符串常量是按字符数组处理的，实际在使用字符串指针时，C 编译器也在内存中开辟了一个字符数组用来存放字符串常量。

2. 使用字符串指针变量与字符数组的区别

用字符数组和字符串指针变量都可实现字符串的存储和运算。但两者是有区别的。在使用时应注意以下几个问题：

（1）字符串指针变量本身是一个变量，用于存放字符串的首地址。而字符串本身是存放在以该首地址为首的一块连续的内存空间中并以 '\0' 作为串的结束。字符数组是由若干个数组元素组成的，它可用来存放整个字符串。

（2）定义一个字符数组时，在编译中即已分配内存单元，有确定的地址。而定义一个字符指针变量时，给指针变量分配内存单元，但该指针变量具体指向哪个字符串，并不知道，即指针变量存放的地址不确定。

（3）赋值方式不同。对字符数组不能整体赋值，只能转化成分量，对单个元素进行。而字符串指针变量赋值可整体进行，直接指向字符串首地址即可。

（4）字符串指针变量的值在程序运行过程中可以改变，而字符数组名是一个常量，不能改变。

4.5　结　构　体

结构体

在一些复杂的系统程序中，仅有一些基本类型（如字符型、整型和浮点型等）的数据是不够的，有时需要将一些各种类型的变量放在一起，形成一个组合形变量，即结构体变量（structure，又称为结构或结构体）。

结构体（structure）是 C 语言应用比较多的一种数据结构，它可以有效地把各种数据（包括各种不同类型的数据）整合在一个数据体中，可以更好地实现程序的结构化，更方便地管理数据及其对数据的操作。

在嵌入式系统开发中，一方面由于系统资源的严重不足，另一方面各种变量相互通信、相互作用，正确合理使用结构体不仅可以为系统节约一部分宝贵的资源，而且还可以简化程序的设计，使软件设计的可读性和可维护性都大大增强。

4.5.1　结构体的定义和引用

结构体的定义和引用主要有以下三个步骤：

1. 定义结构体的一般形式

结构体是一种构造类型，它由若干成员组成，每一成员可以是一个基本数据类型或者是一个构造类型。定义一个结构类型的一般形式为：

```
struct  结构体名
   {
     结构体成员说明;
   };
```

结构体成员说明用来描述结构体中有哪些成员组成，且每个成员必须作类型说明。结构体成员说明的格式为：

类型标识符　成员名;

成员名的命名应符合标识符的命名规则，在同一结构体中不同分量不允许使用相同的名字。例如，定义一个名为 stu 的结构类型：

```
struct  stu
   {
   int    num;              //定义学生的学号
   char   name[30];         //定义学生的姓名
   int    age;              //定义学生的年龄
   long   number;           //定义学生的身份证号码
   char   sex;              //定义学生性别
   float  secore[7];        //定义学生 7 科考试成绩
   char   address[50];      //定义学生家庭地址
```

```
};
```

在上述定义中，"struct stu"表示这是一个结构体类型，结构体名为"stu"。在该结构体中包含了7个结构体成员：int num、char name[30]、int age、long number、char sex、float secore[7]和char address[50]。这7个结构体成员中，第1个和第3个成员为整型变量；第2个和最后一个成员为字符数组；第4个为长整型变量；第5个为字符变量；第6个为浮点型数组。注意，struct stu是程序开发人员自己定义的结构类型，它和系统定义的标准类型（如int、char和float等）一样可以用来定义变量的类型。

2. 定义结构体类型变量

上面定义的stuct student只是结构体的类型名，而不是结构体的变量名。为了正常执行结构体的操作，除了定义结构体的类型名外，还需要进一步定义该结构类型的变量名。定义一个结构体的变量名时，可采用以下3种方法进行：

方法一：先定义结构体，再声明结构体变量

这种形式的定义格式如下：

```
struct　结构体名
  {
    结构体成员说明;
};
```

定义好一个结构体后，就可以用它来定义结构体变量。一般格式如下：

```
struct 结构体名　变量名1, 变量名2, 变量名3, ……变量名n;
```

例如：

```
struct  stu
  {
  int   num;                    //定义学生的学号
  char  name[30];               //定义学生的姓名
  int   age;                    //定义学生的年龄
  long  number;                 //定义学生的身份证号码
  char  sex;                    //定义学生性别
  float secore[7];              //定义学生7科考试成绩
  char  address[50];            //定义学生家庭地址
  };
struct stu  student1,student2;  //定义结构体类型变量student1和student2
struct stu  student3,student4;  //定义结构体类型变量student3和student4
```

在上例中，在定义了结构的类型struct stu之后，使用"struct stu student1，student2"和"struct stu student3，student4"定义了student1、student2、student3和student4均为struct stu类型的结构体变量。

方法二：在定义结构体类型的同时定义该结构体变量

这种形式的定义格式如下：

```
struct　结构体名
  {
```

结构体成员说明

　　}变量名 1，变量名 2，变量名 3，…变量名 n；

例如：

```
struct   stu
  {
  int    num;               //定义学生的学号
  char   name[30];          //定义学生的姓名
  int    age;               //定义学生的年龄
  long   number;            //定义学生的身份证号码
  char   sex;               //定义学生性别
  float  secore[7];         //定义学生 7 科考试成绩
  char   address[50];       //定义学生家庭地址
  } student1,student2,student3,student4;
```

也可以再定义更多的该结构体类型变量：

```
   struct   stu   student5,student6;
```

方法三：直接定义结构体类型变量

这种形式的定义格式如下：

```
struct
  {
  结构体成员说明；
  }变量名 1，变量名 2，变量名 3，…变量名 n；
```

例如：

```
struct
  {
  int    num;               //定义学生的学号
  char   name[30];          //定义学生的姓名
  int    age;               //定义学生的年龄
  long   number;            //定义学生的身份证号码
  char   sex;               //定义学生性别
  float  secore[7];         //定义学生 7 科考试成绩
  char   address[50];       //定义学生家庭地址
  } student1,student2,student3,student4;
```

在上述 3 种方法中，都声明了 student1、student2、student3 和 student4 这 4 种变量，这些变量的类型完全相同，其中方法三与方法二的区别在于：方法三中省去了结构体名，而直接给出了结构体变量。

关于结构体有以下几点说明：

（1）结构体类型和结构体变量是两个不同的概念，对于一个结构体变量而言，在定义时一般先定义一个结构体类型，然后再定义该结构体变量为该种结构体类型。

（2）在定义一个结构体类型时，结构体名不占用任何存储空间，也不能对结构体名进行赋值、存取的运算，只是给出该结构的组织形式。结构体变量是一个结构体中的具体组织成员，编译器会给该结构体变量分配确定的存储空间，所以可以对结构体变量名进行赋值、存取和运算。

（3）结构体的成员也可以是一个结构变量，它可以单独使用，其作用与地位相当于普通变量。

（4）结构体成员可以与程序中的其他变量名相同，但两者表示不同的含义。

（5）结构体可以嵌套使用，一个结构体中允许包含另一个结构体。

（6）如果在程序中使用的结构体数目较多、规模较大时，可以将它们集中定义在一个头文件中，然后用宏指令"#include"将该头文件包含在需要它们的源文件中。

3. 结构体类型变量的引用

定义了一个结构体变量后，就可以对它进行引用，即对其进行赋值、存取的运算。一般情况下，结构体变量的引用是通过对其成员的引用来实现的。结构体变量成员引用的一般格式如下：

结构体变量名.成员名；

其中，"."是存取成员的运算符。例如：

```
student1.num=2010003;      //学生 1 的学号
student1.age=12;           //学生 1 的年龄
```

对结构体变量进行引用时，还应遵循以下规则：

（1）结构体不能作为一个整体参加赋值、存取和运算，也不能整体作为函数参数或函数的返回值。对结构体所执行的操作，只能用"&"运算符取结构体的地址，或对结构体变量的成员分别加以引用。

（2）如果一个结构体变量中的成员是另一个结构体变量，即出现结构体嵌套时，则需要采用若干个成员运算符，一级一级地找到最低一级的成员，而且只能对这个最低级的结构元素进行存取访问。例如：

```
student1.birthday.month=12;              //学生 1 的生日月份(嵌套结构)
```

注意，在此例中不能用 student1.birthday. 来访问 student1 变量的成员 birthday，因为 birthday 本身也是一个结构体类型变量。

（3）结构体类型变量的成员可以像普通变量一样进行各种运算。例如：

```
student1.age++;
```

4.5.2 结构体的初始化

和其他类型的变量一样，对结构体类型的变量也可以在定义时赋初值进行初始化。例如：

```
struct
    {
    int    num;              //定义学生的学号
    char   name[30];         //定义学生的姓名
    int    age;              //定义学生的年龄
    long   number;           //定义学生的身份证号码
    char   sex;              //定义学生性别
    float  secore[7];        //定义学生 7 科考试成绩
```

```
        char  address[50];      //定义学生家庭地址
        };
   struct  stu   student1={2010003,"LiPing",12,43010119981203126,'M',{89,86,95,
90,77,94,68},"湖南长沙"};
   struct  stu   student2={2010004,"WangQian",11,43010119990906123,'W',{80,86,95,
87,79,96,77},"湖南长沙"};
   struct  stu   student3={2010005,"TianMinQin",14,43010119960725122,'M',{79,80,
65,83,77,94,78},"湖南长沙"};
   struct stu   student4={2010006,"ChenLei",13,43010119971116127,'W',{89,84,59,
87,68,91,65},"湖南长沙"};
```

4.5.3　结构体数组

如果数组中每个元素都具有相同结构类型的结构体变量，则称该数组为结构体数组。结构体数组与变量数组的不同在于：结构体数组的每一个元素，都是具有同一个结构体类型的结构体变量。它们都具有同一个结构体类型，都含有相同的成员项。

1. 结构体数组的定义

结构体数组的定义和结构体变量的定义方法类似，只需说明其为数组即可。例如：

```
struct  stu
  {
   int    num;            //定义学生的学号
   char   name[30];       //定义学生的姓名
   int    age;            //定义学生的年龄
   long   number;         //定义学生的身份证号码
   char   sex;            //定义学生性别
   float  secore[7];      //定义学生 7 科考试成绩
   char   address[50];    //定义学生家庭地址
   };
   struct  stu  student[4];
```

以上定义了一个数组 student，其元素为 struct　stu 类型数据，数组有 4 个元素。也可直接定义一个结构体数组，如：

```
struct  stu
  {
   int    num;            //定义学生的学号
   char   name[30];       //定义学生的姓名
   int    age;            //定义学生的年龄
   long   number;         //定义学生的身份证号码
   char   sex;            //定义学生性别
   float  secore[7];      //定义学生 7 科考试成绩
   char   address[50];    //定义学生家庭地址
   } student[4];
```

或
```
struct
  {
    int   num;                //定义学生的学号
    char  name[30];           //定义学生的姓名
    int   age;                //定义学生的年龄
    long  number;             //定义学生的身份证号码
    char  sex;                //定义学生性别
    float secore[7];          //定义学生7科考试成绩
    char  address[50];        //定义学生家庭地址
  } student[4];
```

2. 结构体数组的初始化

结构体数组也可以在定义时赋初值进行初始化。例如：
```
struct  stu
  {
    int   num;                //定义学生的学号
    char  name[30];           //定义学生的姓名
    int   age;                //定义学生的年龄
    long  number;             //定义学生的身份证号码
    char  sex;                //定义学生性别
    float secore[7];          //定义学生7科考试成绩
    char  address[50];        //定义学生家庭地址
  }student[4]={{2010003,"LiPing",12,43010119981203126,'M',{89,86,95,90,77,
94,68},"湖南长沙"},{2010004,"WangQian",11,43010119990906123,'W',{80,86,95,87,79,
96,77},"湖南长沙"},struct stu  student3={2010005,"TianMinQin",14,43010119960725122,
'M',{79,80,65,83,77,94,78},"湖南长沙"},struct stu  student4={2010006,"ChenLei",
13,43010119971116127,'W',{89,84, 59,87,68,91,65},"湖南长沙"}};
```

4.5.4　指向结构体类型数据的指针

一个结构体变量的指针就是该变量所占据的内存中的起始地址。可以设一个指针变量，用来指向一个结构体数组，此时该指针变量的值就是结构体数组的起始地址。

1. 指向结构体变量的指针

当一个指针变量用来指向一个结构变量时，称之为结构指针变量。结构体指针与数组指针、函数指针的情况相同，它的值是所指向的结构变量的首地址。通过结构指针就可以访问该结构变量。指向结构体变量的指针变量的一般形式为：

struct 结构体类型名   *指针变量名;

或者
```
struct
  {
    结构体成员说明;
```

```
}*指针变量名;
```
例如:
```
struct  stu
  {
  int    num;              //定义学生的学号
  char   name[30];         //定义学生的姓名
  int    age;              //定义学生的年龄
  long   number;           //定义学生的身份证号码
  char   sex;              //定义学生性别
  float  secore[7];        //定义学生 7 科考试成绩
  char   address[50];      //定义学生家庭地址
  };
 struct  stu *person;
```
　　在上述例子中定义了一个 stu 结构体的指针变量 person。结构体指针变量在使用之前必须先对其进行赋初值。赋值是将结构体变量的首地址赋予该指针变量,不能将结构体名赋予该指针变量。

　　2. 指向结构体数组的指针

　　指针变量可以指向数组,同样指针变量也可以指向结构体数组及其元素。指向结构体数组组的指针变量的一般形式如下:
```
struct   结构体数组名    *结构体数组指针变量名;
```
　　或者
```
struct
  {
  结构体成员说明;
 }*结构体数组指针变量名[ ];
```

4.6 共 用 体

共用体

　　所谓共用体(或称为联合,union)是指将不同的数据项组织成一个整体,它们在内存中占用同一段存储单元。共用体类型也是用来描述类型不同的数据,但与结构体类型不同,共用体数据成员存储时采用覆盖技术,共享(部分)存储空间。

4.6.1 共用体类型变量的定义

　　共用体类型变量的定义方式与结构体类型变量的定义类似,也可采用 3 种方法:
　　方法一:先定义共用体类型再定义变量名
　　这种形式的定义格式如下:
```
union  共用体名
  {
  共用体成员说明;
```

```
};
```

定义好一个共用体类型后，就可以用它来定义共用体变量。一般格式如下：

union 共用体名　变量名 1，变量名 2，变量名 3，…，变量名 n;

例如：

```
union  data
   {
   int   i;
   char  ch;
   float f;
   };
union  a,b,c;          //定义共用体变量 a、b、c
```

方法二：在定义共用体类型的同时定义共用体变量名

这种形式的定义格式如下：

```
union  共用体名
   {
    共用体成员说明;
   }变量名 1，变量名 2，变量名 3，…，变量名 n;
```

例如：

```
union  data
   {
   int   i;
   char  ch;
   float f;
   } a,b,c;              //定义共用体变量 a、b、c
```

方法三：直接定义共用体

这种形式的定义格式如下：

```
union
   {
    共用体成员说明;
   }变量名 1，变量名 2，变量名 3，…，变量名 n;
```

例如：

```
union
   {
   int   i;
   char  ch;
   float f;
} a,b,c;                 //定义共用体变量 a、b、c
```

关于共用体有以下几点说明：

（1）同一个内存中可以用来存放几种不同类型的成员，但是在每一瞬间只能存放其中的一种，而不是同时存放几种。换句话说，每一瞬间只有一个成员起作用，其他的成员不起作用，即不是同时都存在和起作用。

（2）共用体变量中起作用的成员是最后一次存放的成员，在存入一个新成员后，原有成员就失去作用。

（3）共用体变量的地址和它的各成员的地址都是同一地址。

（4）不能对共用体变量名赋值，也不能企图引用变量名来得到一个值，并且，不能在定义共用体变量时对它进行初始化。

（5）不能把共用体变量作为函数参数，也不能使函数带回共用体变量，但可以使用指向共用体变量的指针。

（6）共用体类型可以出现在结构体类型的定义中，也可以定义共用体数组。反之，结构体也可以出现在共用体类型的定义中，数组也可以作为共用体的成员。

4.6.2　共用体变量的引用

只有先定义了共用体变量才能在后续程序中引用它，但需注意：不能引用共用体变量，而只能引用共用体变量中的成员。共用体变量成员引用的一般格式如下：

共用体变量名.成员名；

例如：

```
a.i=15;        //引用共用体变量 a 中的整型变量 i
a.f=1.35;      //引用共用体变量 a 中的实数型变量 f
```

函数

4.7　函　　数

C 语言是由函数构成的，函数是 C 语言中的一种基本模块。一个较大的程序通常由多个程序模块组成，每个模块用来实现一个特定的功能，在程序设计中模块的功能是用子程序来实现的。在 C 语言中，子程序的作用是由函数来完成的。一个 C 程序由一个主函数和若干个函数构成。由主函数调用其他函数，其他函数也可以互相调用。同一个函数可以被一个或多个函数调用任意多次，同一工程中的函数也可以分放在不同文件中一起编译。

从使用者的角度来看，有两种函数：标准库函数和用户自定义函数。标准库函数是由 C 编译系统的函数库提供的，用户不需自己定义这些函数，可以直接使用它们。用户自定义函数就是由用户根据自己的需要编写的函数，用来解决用户的专门需要。

从函数的形式看，有三种函数：无参函数、有参函数和空函数。无参函数被调用时，主调函数并不将数据传送给被调用函数，一般用来执行指定的一组操作。无参函数可以带回或不带回函数值，但一般以不带回函数值的居多。有参函数被调用时，在主调函数的被调用函数之间有参数传递，即主调函数可以将数据传给被调用函数使用，被调用函数中的数据也可以带回来供主调函数使用。空函数的函数体内无语句，为空白的。调用空函数时，什么工作都不做，不起任何作用。定义空函数的目的并不是为了执行某种操作，而是为了以后程序功能的扩充。

4.7.1　函数定义的一般形式

1. 无参函数的定义形式

无参函数的定义形式如下：

```
返回值类型标识符   函数名（）
  {
      函数体语句
  }
```

其中，返回值类型标识符指明本函数返回值的类型；函数名是由用户定义的标识符；"()"内没有参数，但该括号不能少，或者括号里加"void"关键字；"{}"中的内容称为函数体语句。在很多情况下，无参函数没有返回值，所以函数返回值类型标识符可以省略，此时函数类型符可以写为"void"。例如：

```
void  Timer0_Iint(void)     //Timer0 初始化函数
  {
      TMOD=0x01 ;
      TH0=(65536-a)/256 ;
      TL0=(65 536-a)%256 ;
      ET0=1 ;
      TR0=1 ;
      IT0=1 ;
  }
```

2. 有参函数的定义形式

有参函数的定义形式如下：

```
返回值类型标识符   函数名（形式参数列表）
形式参数说明
  {
      函数体语句
  }
```

有参函数比无参函数多了一个内容，即形式参数列表。在形式参数列表中给出的参数称为形式参数，它们可以是各种类型的变量，各参数之间用逗号间隔。在进行函数调用时，主调函数将赋予这些形式参数实际的值。例如：

```
int min(int j,k)
  { int  n;
    if (j>k)
      {
        n=k;
      }
    else
      {
        n=j;
      }
      return  n;
  }
```

　　在此定义了一个 min 函数，返回值为一个整型（int）变量，形式参数为 j 和 k，也都是整型变量。int n 语句定义 n 为一个整型变量，通过 if 条件语句，将最小的值传送给 n 变量。Return n 的作用是将 n 的值作为函数值带回到主调函数中，即 n 的返回值。

　　3. 空函数的定义形式

　　空函数的定义形式如下：

返回值类型标识符　函数名（）

　　｛　｝

　　调用该函数时，实际上什么工作都不用做，它没有任何实际用途。例如：

```
float  min()
```

　　｛　｝

4.7.2　函数的参数和函数返回值

　　C 语言通过函数间的参数传递方式，可以使一个函数对不同的变量进行功能相同的处理。函数间的参数传递，由函数调用时，主调用函数的实际参数与被调用函数的形式参数之间进行数据传递来实现。

　　1. 形式参数和实际参数

　　在定义函数时，函数名后面括号内的变量名称为"形式参数"，简称"形参"；在调用函数时，函数名后面括号内的表达式称为"实际参数"，简称"实参"。

　　形参出现在函数定义中，在整个函数体内都可以使用，离开该函数则不能使用。实参出现在主调函数中，进入被调函数后，实参变量也不能使用。形参和实参都可以进行数据传送，发生函数调用时，主调函数把实参的值传送给被调函数的形参从而实现主调函数向被调函数的数据传送。

　　在使用形参和实参时应注意以下几点：

　　（1）在被定义的函数中，必须指定形参的类型。

　　（2）实参和形参的类型必须一致，否则将会产生错误。

　　（3）在定义函数中指定的形参变量，没进行函数调用时它们并不占用内存中的存储单元，只有在发生函数调用时它们才占用内存中的存储单元，且在调用结束后，形参所占用的存储单元也会立即被释放。

　　（4）实参可以是常量、变量或表达式。无论实参是哪种类型的量，在进行函数调用时，它们必须都具有确定的值，以便在调用时将实参的值赋给形参变量。如果形参是数组名，则传递的是数组首地址而不是变量的值。

　　（5）在 C 语言中进行函数调用时，实参与形参间的数据传递是单向进行的，只能由实参传递给形参，而不能由形参传递给实参。

　　2. 函数的返回值

　　在函数调用时，通过主调函数的实参与被调函数的形参之间进行数据传递来实现函数间的参数传递。在被调函数的最后，通过 return 语句返回函数将被调函数中的确定值返回给主调函数。return 语句一般形式如下：

```
return (表达式);
```

　　例如：

```
int x,y;                //定义两个整型变量 x,y
```

```
    {
        return(x<y?  x:y);    //如果 x 小于 y,则返回 x,否则返回 y
    }
```

函数返回值的类型一般在定义函数时用返回类型标识符来指定。在 C 语言中,凡不加类型说明的函数,都按整型来处理。如果函数值的类型的 return 语句中表达式的值不一致,则以函数类型为准,自动进行类型转换。

对于不需要有返回值的函数,可以将该函数定义为"void"类型(或称"空类型")。这样,编译器会保证在函数调用结束时不使用函数返回任何值。为了使程序减少出错,保证函数的正确调用,凡是不要求有返回值的函数,都应该将其定义为 void 类型。例如:

```
void  abc();              //函数 abc( )为不带返回值的函数
```

4.7.3　函数的调用

在 C 语言程序中,函数可以相互调用,所谓函数调用就是在一个函数体中引用另外一个已经定义了的函数,前者称为主调函数,后者称为被调函数。

1. 函数调用的一般形式

在 C 语言中,主调函数通过函数调用语句来使用函数。函数调用的一般形式如下:

函数名(实参列表);

对于有参数型的函数,如果包含了多个实参,则应将各参数之间用逗号分隔开。主调用函数的实参的数目与被调用函数的形参的数目应该相等,且类型保持一致。实参与形参按顺序对应,一一传递数据。

如果调用的是无参函数,则实参表可以省略,但是函数名后面必须有一对空括号。

2. 函数调用的方式

在 C 语言中,主函数调函数时,可以采用以下 3 种函数调用方式:

(1) 函数语句调用。在主调用函数中将函数调用作为一条语句,并不要求被调用函数返回结果数值,只要求函数完成某种操作,例如:

```
    disp_LED( );            //无参调用,不要求被调函数返回一个确定的值,只要求此函数完成 LED
显示操作
```

(2) 函数表达式调用。函数作为表达式的一项出现在表达式中,要求被调用函数带有 return 语句,以便返回一个明确的数值参加表达式的运算。例如:

```
    a = 3*min(x,y);         //被调用函数 min 作为表达式的一部分,它的返回值乘 3 再赋给 a。
```

(3) 作为函数参数调用。在主调函数中将函数调用作为另一个函数调用的实参。例如:

```
    a = min(b,min(c,d))   //min(c,d)是一次函数调用,它的值作为另一次调用的实参。a 为 b、c
和 d 的最小值
```

3. 对被调用函数的说明

在一个函数中调用另一函数(即被调用函数)时,需具备以下条件:

(1) 被调用函数必须是已经存在的函数(是库函数或用户自己定义的函数)。

(2) 如果程序中使用了库函数,或使用了不在同一文件中的另外的自定义函数,则应该在程序的开头处使用#include 包含语句,将所有的函数值包括到程序中来。

(3) 对于自定义函数,如果该函数与调用它的函数在同一文件中,则应根据主调用函数与被调用函数在文件中的位置,决定是否对被调用函数的类型作出说明。这种类型说明的一般形式为：

　　返回值类型说明符　被调用函数的函数名()；

　　在 C 语言中，在以下 3 种情况下可以不在调用函数前对被调用函数作类型说明：

　　（1）如果函数的值（函数的返回值）为整型或字符型，可以不必须进行说明，系统对它们自动按整型说明。

　　（2）如果被调用函数的定义出现在主调用函数之前，可以不对被调用函数加以说明。因为 C 编译器在编译主调用函数之前，已经预先知道已定义了被调用函数的类型，并自动加以处理。

　　（3）如果在所有函数定义之前，在文件的开头，在函数的外部已说明了函数类型，则在各个主调函数中不必对所调用的函数再作类型说明。

　　4. 函数的嵌套调用与递归调用

　　（1）函数的嵌套调用。在 C 语言中，函数的定义都是相互独立的，不允许在定义函数时，一个函数内部包含另一个函数。虽然在 C 语言中函数不能嵌套定义，但可以嵌套调用函数。嵌套调用函数是指在一个函数内调用另一个函数，即在被调用函数中又调用其他函数。

　　在 C51 编译器中，函数间的调用及数据保存与恢复是通过硬件堆栈和软件堆栈来实现的。当没有使用外部数据存储器时，硬件堆栈和软件堆栈均在内部数据存储器中；当有外部存储器时，硬件堆栈在内部数据存储器中，软件堆栈则在外部数据存储器中。在 C51 编译器中，嵌套层数只受到硬件堆栈和软件堆栈的限制，如果嵌套层数太深，有可能导致硬件或软件堆栈溢出。

　　（2）函数的递归调用。在调用一个函数的过程中又出现直接或间接调用该函数本身，称为函数的递归调用。在 C 语言中，允许函数递归调用。函数的递归调用通常用于问题的求解，可以将一种解法逐次地用于问题的子集表示的场合。C51 编译器能够自动处理函数递归调用的问题，在递归调用时不必做任何声明，调用深度仅受到堆栈大小的限制。

4.7.4　数组、指针作为函数的参数

　　C 语言规定，数组、指针均可作为函数的参数使用，进行数据传递。

　　1. 用数组作为函数的参数

　　在 C 语言中，可以用数组元素或者整个数组作为函数的参数。用数组作为函数的参数时，需要注意以下几点：

　　（1）当用数组名作函数的参数时，应该在调用函数和被调用函数中分别定义数组。

　　（2）实参数组与形参数组类型应一致，如果不一致，否则会出错。

　　（3）实参数组和形参数组大小可以一致，也可以不一致。C 编译器对形参数组大小不做检查，只是将实参数组的首地址传给形参数组。如果要求形参数组得到实参数组全部的元素值，则应当指定形参数组与实参数组大小一致。

　　2. 用指向函数的指针变量作为函数的参数

　　函数在编译时分配一个入口地址（函数首地址），这个入口地址赋予一个指针变量，使该指针变量指向该函数，然后通过指针变量就可以调用这个函数，这种指向函数的指针变量称为函数指针变量。

　　指针变量可以指向变量、字符串和数组，同样指针变量也可以指向一个函数，即可以用函数的指针变量来调用函数。函数指针变量常用的功能之一是将指针作为参数传递给其他函

数。函数指针变量的一般形式如下：

函数值返回类型（*指针变量名）（函数形参列表）；

其中，"函数值返回类型"表示被指函数的返回值类型；"（*指针变量名）"表示定义的指针变量名；"（函数形参列表）"表示该指针是一个指向函数的指针。

调用函数的一般形式为：

（*指针变量名）（函数形参列表）

使用函数指针变量应注意：函数指针变量不能进行算术运算，即不能移动函数指针变量。

3. 用指向结构的指针变量作为函数的参数

C语言不允许整体引用结构体变量名，如果要将一个结构体变量的值从一个函数传递给一个函数时，可采用以下3种方法：

（1）像用变量作为函数的参数一样，直接引用结构体变量的成员作参数；

（2）用结构体作为函数的参数，采用这种方式必须保证实参与形参的类型相同，属于"值传递"。把一个完整的结构体变量作为参数传递，并一一对应传递给各成员的数据。在单片机中，这些操作是通过入栈和出栈来实现的，会增加系统的处理时间，影响程序的执行效率，并且还需要较大的数据存储空间。

（3）用指向结构体变量的成员作参数，将实参值传给形参，其用法和普通变量作实参一样，也属于"值传递"方式。

4. 返回指针的函数

一个函数可以返回一个整型值、字符值和浮点值，同样也可以返回指针型数据，即返回一个数据的地址。返回指针值的函数的一般定义形式为：

返回值类型　*函数名（参数表）

4.8　编译预处理

编译预处理

编译预处理是C语言编译器的一个重要组成部分。很好地利用C语言的预处理命令可以增强代码的可读性、灵活性和易于修改等特点，便于程序的结构化。在C语言程序中，凡是以"#"开头的均表示这是一条预处理命令语句，如包含命令#include、宏定义命令#define等。C提供的预处理功能有3种：宏定义、文件包含和条件编译。

4.8.1　宏定义

宏定义命令为#define，它的作用是实现用一个简单易读的字符串来代替另一个字符串。宏定义可以增强程序的可读性和维护性。宏定义分为不带参数的宏定义和带参数的宏定义。

1. 不带参数的宏定义

不带参数的宏定义，其宏名后不带参数。不带参数宏定义的一般形式为：

#define　标识符　字符串

其中，"#"表示这是一条预处理命令；"define"表示为宏定义命令；"标识符"为所定义的宏名；"字符串"可以是常数、表达式等。例如：

```
#define PI 3.1415926
```

它的作用是指定用标识符（即宏名）PI代替"3.1415926"字符串，这种方法使用户能以一个简单的标识符代替一个长的字符串。当程序中出现 3.1415926 这个常数时，就可以用 PI 这个字符代替，如果想修改这个常数，只需要修改这个宏定义中的常数即可，这就是增加程序的维护性的体现。

对于宏定义需要说明以下几点：

（1）宏定义是用宏名代替一个字符串，在宏展开时又以该字符串取代宏名，它是一种简单的替换。通过这种宏定义的方法，可以减少程序中重复书写某些字符串的工作量。字符串中可以包含任何字符、常数或表达式，预处理程序对它不作任何检查。

（2）宏名可以用大写或小写字母表示，但为了区别于一般的变量名，通常采用大写字母。

（3）宏定义不是 C 语句，不用加分号；如果加分号，则在编译时连同分号一起转换。

（4）当宏定义在一行中书写不下，需要在下一行继续写时，应该在最后一字符后紧跟着加一个反斜线"\"，并在新的一行的起始位置继续书写，起始位置不能插入空格。

（5）可以用#undef 终止一个宏定义的作用域。

（6）一个宏命令只能定义一个宏名。

2. 带参数的宏定义

带参数的宏在预编译时不但要进行字符串替换，还要进行参数替换。带参数宏定义的一般形式为：

```
#define  宏名（形参表）字符串
```

带参数的宏调用的一般形式为：

宏名（实参表）;

例如：

```
#define MIN(x,y)  ((x)<(y)) ? (x):(y))  //宏定义
a=MIN(3,7)                    //宏调用
```

对于带参数的宏定义，有以下问题需要说明：

（1）带参数的宏定义中，宏名和形参表之间不能有空格出现，否则将空格以后的字符都作为替换字符串的一部分。

（2）在宏定义中，字符串内的形参最好用"()"括起来以避免出错。

（3）带参数的宏与函数是不同的：1）函数调用时，先求出表达式的值，然后代入形参，而使用带数的宏只是进行简单的字符替换，在宏展开时并不求解表达式的值。2）函数调用是在程序运行时处理的，分配临时的内存单元，而使用带参数的宏只是在编译时进行的，在展开时并不分配内存单元，不进行值的传递处理，也没有"返回值"的概念。3）对函数中的实参和形参都要定义类型，二者的类型要求一致，如不一致，应进行类型转换，而宏不存在类型问题，宏名无类型，它的参数也无类型，只是一个符号而已，展开时代入指定的字符即可。4）调用函数只能得到一个返回值，而用宏可以设法都到几个结果。

4.8.2　文件包含

所谓"文件包含"处理是指一个源文件可以将另外一个源文件的全部内容包含进来，即将另外的文件包含到本文件中。C 语言中"#include"为文件包含命令，其一般形式为：

```
#include <文件名>
```

或

```
#include"文件名"
```

例如：

```
#include <reg52.h>
#include <absacc.h>
#include <intrins.h>
```

上述程序的文件包含命令的功能是分别将"reg52.h""absacc.h"和"intrins.h"文件插入该命令行位置，即在编译预处理时，源程序将"reg52.h""absacc.h"和"intrins.h"这 3 个文件的全部内容复制并分别插入到该命令行位置。

在程序设计中，文件包含是很有用的。它可以节省程序设计人员的重复工作，或者可以对于一个大的程序分为多个源文件，由多个编程人员分别编写程序，然后再用文件包含命令把源文件包含到主文件中。使用文件包含命令时，需注意以下事项：

（1）在#include 命令中，文件名可以用双引号或尖括号的形式将其括起来，但这两种形式有所区别：采用双引号将文件括起来时，系统首先在引用被包含文件的源文件所在的 C 文件目录中寻找要包含的文件，如果找不到，再按系统指定的标准方式搜索\inc 目录；使用尖括号将文件括起来时，不检查源文件所在的文件目录而直接按系统指定的标准方式搜索\inc 目录。

（2）一个#include 命令只能指定一个被包含文件，如果要包含多个文件，则需要用多个include 命令。

（3）#include 命令行包含的文件称为"头文件"。头文件名可以由用户指定，也可以是系统头文件，其后缀名为.h。

（4）在一个被包含的文件中同时又可以包含另一个被包含的文件，即文件包含可以嵌套。通常，嵌套有深度的限制，这种限制根据编译器的不同而不同。在 C51 编译器中，最多允许 16 层文件的嵌套。

（5）当被包含文件修改后，对包含该文件的源程序必须重新编译。

（6）#include 语句可以位于代码的任何位置，但它通常设置在程序模块的顶部，以提高程序的可读性。

4.8.3　条件编译

通常情况下，在编译器中点击文件编译时，将会对源程序中所有的行都进行编译（注释行除外）。如果程序员只想源程序中的部分内容在满足一定条件才进行编译时，可通过"条件编译"对一部分内容指定编译的条件来实现相应操作。条件编译命令有以下 3 种形式：

1. 第 1 种形式

```
#ifdef  标识符
  程序段 1
#else
  程序段 2
#endif
```

其作用是：当标识符已经被定义过（通常是用#define 命令定义），则对程序段 1 编译，否则编译程序段 2。如果没有程序段 2，本格式中的"#else"可以没有，此程序段 1 可以语句组，也可以是命令行。

2. 第 2 种形式

```
#ifndef  标识符
```

```
   程序段 1
#else
   程序段 2
#endif
```

其作用是：当标识符没有被定义，则对程序段 1 编译，否则编译程序段 2。这种形式的作用与第 1 种形式的作用正好相反，在书写上也只是将第 1 种形式中的"#ifdef"改为"#ifndef"。

3. 第 3 种形式

```
#if   常量表达式
   程序段 1
#else
   程序段 2
#endif
```

其作用是：如果常量表达式的值为逻辑"真"，则对程序段 1 进行编译，否则编译程序段 2。可以事先给定一定条件，使程序在不同的条件下执行不同的功能。

本章小结

单片机 C 语言具有可移植性好，易懂易用的特点，现在许多单片机开发人员使用单片机 C 语言进行相应的系统开发。C51 是 80C51 单片机高效的开发工具，它与标准 C 语言有很多相似之处，由于 80C51 单片机在组成及结构上有许多自己的特点，因此 C51 也有许多不同之处。本章主要介绍了 C51 的数据运算、流程控制、数组、指针、结构体、共用体、函数和编译预处理方面的知识。学习时，应与汇编语言、标准 C 语言的程序对照起来，以便更好地掌握 C51 的程序结构及相关语法。

习 题 4

1. C51 支持哪些数据类型？

2. C51 中支持哪些存储类型？这些存储类型的存储范围是多少？

3. 按给定的存储类型和数据类型，写出下列变量的说明形式：

（1）int_dat1，int_dat2　　　整数，使用内部 RAM 单元存储

（2）float_dat1，float_dat2　　浮点小数，使用外部 RAM 单元存储

（3）ch_dat1，ch_dat2　　　字符，使用内部 RAM 单元存储

4. 分别指出++i 和 i++及 −−i 和 i−−的异同点。

5. 判断下列关系表达式或逻辑表达式的运算结果（1 或 0）

（1）5==3+2;　　（2）1&&1;　　（3）10&7;　　（4）8||0;

（5）!(5+3)　　（6）设 x=9，y=5；x>=7&&y<=x;

6. 如果在 C51 程序中的 switch 操作漏掉 break 时，会发生什么情况？

7. 假设单片机的 P1 口外接了 8 个 LED 发光二极管，P3.0 接开关 K1。编写一个单片机花样显示程序，要求按下 K1 时显示规律为 8 个 LED 依次左移点亮→8 个 LED 依次右移点亮→8 个 LED 依次左移点亮，如此循环。如果未按下时，8 个 LED 闪烁。

第5章 80C51单片机并行I/O端口及灯光控制

单片机I/O（Input/Output）端口，又称为I/O接口，或称为I/O通道或I/O通路，它是单片机与外围器件或外部设备实现控制和信息交换的桥梁。

5.1 80C51单片机并行I/O端口

80C51系列单片机有4个双向8位I/O口P0~P3，共32根I/O引线。每个双向I/O口都包含了一个锁存器，即专用寄存器P0~P3，一个输出驱动器和输入缓冲器。每个双向I/O端口编址于特殊功能寄存器中，既有字节地址又有位地址。对I/O端口锁存器的读写操作，就可以实现80C51并行口的输入/输出功能，并完成应用系统的人机接口任务。虽然各I/O端口的功能不同，且结构也存着不少的差异，但每个I/O端口自身的位结构是相同的，所以I/O端口结构的介绍均以其位结构进行说明。

80C51单片机并行I/O端口

5.1.1 P0口、P2口

当不需要外部总线扩展时，P0口和P2口作为通用输入/输出口使用；当需要外部总线扩展时，如访问片外扩展存储器，则P0口作为分时复用的低8位地址和数据总线，P2口作为高8位地址总线。

1. P0口

（1）P0口的结构。P0口包括1个输出锁存器、2个三态缓冲器、1个输出驱动电路和1个输出控制端。如图5-1所示。锁存器是由D触发器组成。输出驱动电路由一对FET场效应管（Field-Effect Transistor）F1、F2组成，其工作状态受输出控制端的控制，它包括1个与非门、1个反相器和1个转换开关MUX。

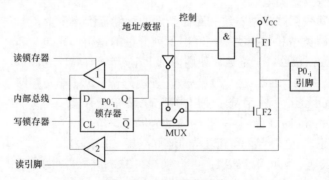

图5-1 P0口某位结构

（2）P0口的功能。单片机P0口既可作通用I/O口使用，又可作地址/数据总线使用。

1）P0口作通用I/O口使用时。图5-1中的转换开关MUX的位置由CPU发出的控制信号决定。在控制信号的作用下，MUX可以分别接通锁存器输出$\overline{Q}$或地址/数据线。80C51系列单片机无片外扩展 RAM、I/O、ROM 时，P0 口作通过 I/O 口使用，此时 CPU 发出控制低电平"0"信号封锁与门，使输出上拉场效应管 F1 截止，同时转换开关 MUX 把输出锁存器 $\overline{Q}$ 端与输出场效应管 F2 栅极连通。此时 P0 口作为一般的 I/O 口使用。

P0 口作输出口时：内部数据总线上的信息由写脉冲锁存至输出锁存器，输入 D=0 时，Q=0 而 $\overline{Q}$=1，F2 导通，P0 口引脚输出"0"；当 D=1 时，Q=1 而 $\overline{Q}$=0，F2 截止，P0 口引脚输出"1"。由此可见，内部数据总线与 P0 端口是同相位的。输出驱动级是漏极开路电路，若要驱动 NMOS 或其他拉电流负载时，需外接上拉电阻。P0 口中的输出可以驱动 8 个 LSTTL 负载。

P0 口作输入口时：端口中有 2 个三态输入缓冲器用于读操作。其中图 5-1 中输入缓冲器 2 的输入与端口引脚相连，故当执行一条读端口输入指令时，产生读引脚的选通信号将该三态门打开，端口引脚上的数据经缓冲器 2 读入内部数据总线。

图 5-1 中输入缓冲器 1 并不能直接读取端口引脚上的数据，而是读取输出锁存器 Q 端的数据。Q 端与引脚处的数据是一致的。结构上这样的安排是为了适应"读-修改-写"一类指令的需要。这类指令的特点是：先读端口，再对读入的数据进行修改，然后再写到端口。例如 ANL P0，A 指令，就是这一类指令，此指令先把 P0 口的数据读入 CPU，再与累加器 A 的内容进行逻辑与操作，然后再把与运算的结果送回 P0 口，为一次"读-修改-写"操作过程。

另外，从图 5-1 中还可以看出，在读入端口数据时，由于输出驱动管 FET 口并接在端口引脚上，如果 FET 导通，输出为低电平将会使输入的高电平拉成低电平，造成误读。所以在端口进行输入操作前，应先向端口输出锁存器写入"1"，使 $\overline{Q}$=0 则输出级的两个 FET 管均截止，引脚处于悬空状态，变为高阻抗输入。这就是所谓的准双向 I/O 口。

2）P0 口作地址/数据总线复用时。在扩展系统中，P0 口作为地址/数据总线使用时，可分为两种情况：一种是以 P0 口引脚输出地址/数据信息。这时 CPU 内部发出高电平的控制信号，打开与门，同时使转换开关 MUX 把 CPU 内部地址/数据总线反相后与输出驱动场效应管 F2 栅极接通。F1 和 F2 两个 FET 场效应管处于反相，构成了推拉式的输出电路，其负载能力大大增加。另一种情况由 P0 口输入数据，此时输入的数据是从引脚通过输入缓冲器 2 进入内部总线。当 P0 口作地址/数据总线复用时，它就不能再作通用 I/O 口使用了。

2. P2 口

（1）P2 口的结构。图 5-2 是 P2 口某位结构图，它由 1 个输出锁存器 D、1 个转换开关 MUX、2 个三态缓冲器、1 个输出驱动电路、1 个反相器和 1 个内部上拉电阻构成。

（2）P2 口的功能。P2 口除了可以作为通用 I/O 使用外，P2 口还可作地址总线使用。

1）P2 口作通用 I/O 口使用时。当 P2 口作通用 I/O 口使用时，若 80C51 单片机没有扩展外部 RAM、I/O、ROM 或扩展小于 256 个字节时，P2 口作通用 I/O 口使用。

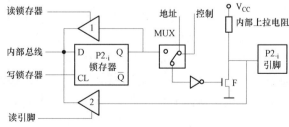

图 5-2　P2 口某位结构

多路转换开关 MUX 倒向左边即锁存器 Q 端，锁存器与输出级接通，引脚可接 I/O 设备，其输作通用 I/O 口使用时，P2 口为准双向 I/O 口。多入/输出操作与 P1 口完全相同。

2）P2 口作地址总线使用时。若单片机系统扩展外部存储器时，P2 口用于输出高 8 位地址 A15～A8。这时在 CPU 的控制下，转换开关 MUX 倒向右边，接通内部地址总线，P2 口的口线状态取决于片内输出的地址信息。因为访问外部程序存储器的操作是连续不断的，P2 口要不断输出高 8 位地址，所以 P2 口此时不能作通用 I/O 口使用。

在不接外部存储器时，可以使用"MOVX @Ri"类指令访问片外存储器，由 P0 口输出低 8 位地址，而 P2 口引脚上的内容在整个访问期间不会变化，所以此时 P2 口仍可作通用 I/O 口用。

在外部扩充的存储器容量大于 256B 而小于 64KB 时，可以用软件方法利用 P1～P3 口中的某几位口线输出高几位地址，而保留 P2 中的部分或大部分口线作通用 I/O 口用。

若外部扩充的存储器容量较大，需用"MOVX @DPTR"类指令时，寻址范围为 64KB，由 P0 口输出低 8 位地址，P2 口输出高 8 位地址。在读写周期内，P2 口引脚上将保持高 8 位地址信息，但从图 5-2 所示的结构可以看出，输出地址时并不要求 P2 锁存地址，故锁存器的内容也不会在送地址的过程中改变，因此在访问外部数据存储器周期结束后，多路转换开关 MUX 自动切换到锁存器 Q 端，P2 锁存器的内容又会重现在引脚上。这样，根据访问片外 RAM 的频繁程度，P2 口在一定限度内仍可作一般 I/O 口使用。

5.1.2 P1 口、P3 口

1. P1 口

（1）P1 口的结构。P1 口为准双向 I/O 口，图 5-3 所示为 P1 口某位的内部结构。从图中可以看出，P1 口与 P0 口内部结构不同。P1 口没有转换开关 MUX 和控制电路，只有 1 个 FET 场效应管 F，增加了 1 个内部上拉电阻。该电阻直接与电源相连，作为阻性元件使用，代替了 P0 口中的 F1，在此相当于 1 个 FET 场效应管，因此将其又称为负载场效应管。F 在此称为工作场效应管。

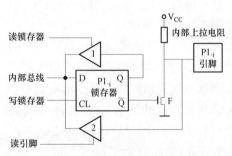

图 5-3 P1 口某位内部结构

（2）P1 口的功能。P1 口主要是作通用 I/O 口使用，但 P1.0、P1.1 还能作为多功能口线使用。

1）P1 口作通用 I/O 口使用时。当 P1 口作通用双向 I/O 口使用时，P1 口的每一位口线都能独立地用作输入/输出线。

P1 口作输出时，将"1"写入锁存器，使 FET 截止，输出线由内部上拉电阻提升为高电平，输出为"1"；将"0"写入锁存器，使 FET 导通，输出线为低电平，输出为"0"。

P1 口作输入时，必须先将"1"写入锁存器，使 FET 截止。该口线由内部上拉电阻拉成高电平，同时也能被外部输入源拉成低电平，即当外部输入"1"时，该口线为高电平，而外部输入为"0"时，该口线为低电平。P1 口作输入时，可被任何 TTL 电路和 MOS 电路所驱动，由于具有内部上拉电阻，也可直接被集电极开路和漏极开路电路所驱动，不必外加上拉电阻。P1 口可驱动 4 个 LSTTL 门电路。

2）P1 口作多功能口线使用时。P1.0、P1.1 除作为一般双向 I/O 口线外，还能作为多功能口线使用。P1.0 作定时/计数器 2 的外部计数触发输入端 T2，P1.1 作定时/计数器 2 的外部控制输入端 T2EX。

2. P3 口

（1）P3 口的结构。P3 口是一个多用途的准双向 I/O 口，在内部结构上 P3 口与 P1 口的
输出驱动部分及内部上拉电阻相同，但比
P1 口多了一个第二功控制部分的逻辑电路
（由一个与非门和一个输入缓冲器组成），
如图 5-4 所示。

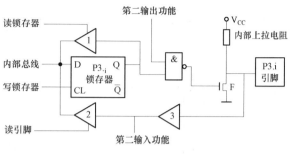

图 5-4 P3 口某位结构

（2）P3 口的功能。P3 口除可以作为通
用 I/O 口使用外，还具有第二功能。

1）P3 口作通用 I/O 口使用时。当 P3
口作通用 I/O 口使用时，其操作方法与 P1
口相同。输出功能控制线为高电平，打开
与非门，锁存器输出可以通过与非门送 FET 管输出到引脚端。输入时，引脚数据通过三态缓
冲器 2 和 3 在读引脚选通控制下进入内部总线。

2）P3 口作第二功能口线使用时。P3 口作为第二功能口使用时，其第二功能如表 2-1
所示。第二功能端内容通过"与非门"和 FET 送至端口引脚。当作第二功能输入时，端口引
脚的第二功能信号通过缓冲器 3 送到第二输入功能端。

总之，无论 P3 口作通用输入口还是作第二输入功能口用，相应位的输出锁存器和第二输
出功能端都应置"1"，使 FET 截止。P3 口的引脚信号输入通道中有 2 个缓冲器，当作第二输
入功能时，引脚输入信号取自缓冲器 3 的输出；作通用输入口时输入信号取自三态缓冲器 2。

5.2 LED 灯光显示控制

LED（（Light Emitting Diode）发光二极管是一种由磷化镓（GaP）等半导体材料制成的、
能直接将电能转变成光能的发光显示器件。当其内部有一定电流通过时，它就会发光。在单
片机应用系统中，通常使用并行 I/O 端口可以控制 LED 发光二极管的
灯光显示。

5.2.1 发光二极管控制原理

1. 发光二极管显示原理

LED 的心脏是一个半导体的 LED 芯片，晶片的一端附在一个支架
上，一端是负极，另一端连接电源的正极，使整个晶片被圆形环氧树
脂封装起来，其构成原理如图 5-5 所示。

发光二极管控制原理

半导体芯片由两部分组成，一部分是 P 型半导体，在它里面空穴
占主导地位，另一端是 N 型半导体，在这边主要是电子。但这两种半导体连接起来的时候，
它们之间就形成一个"P-N 结"。当电流通过导线作用于这个晶片的时候，电子就会被推向
P 区，在 P 区里电子跟空穴复合，然后就会以光子的形式发出能量，这就是 LED 发光的原理。
而光的波长也就是光的颜色，是由形成 P-N 结的材料决定的。

发光二极管还可分为普通单色发光二极管、高亮度发光二极管、超高亮度发光二极管、
变色发光二极管、闪烁发光二极管、电压控制型发光二极管、红外发光二极管和负阻发光二
极管等。本教材使用的是普通单色发光二极管，所以，在此只讲解普通单色发光二极管的相

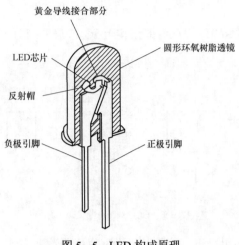

图 5-5　LED 构成原理

关知识。

　　普通单色发光二极管主要有发红光、绿光、蓝光、黄光的 LED 发光二极管。它们具有体积小、工作电压低、工作电流小、发光均匀稳定、响应速度快、寿命长等优点，可用各种直流、交流、脉冲等电源驱动点亮。它们属于电流控制型半导体器件，使用时需串接合适的限流电阻。

　　普通单色发光二极管的发光颜色与发光的波长有关，而发光的波长又取决于制造发光二极管所用的半导体材料。红色发光二极管的波长一般为 650～700nm，琥珀色发光二极管的波长一般为 630～650nm，橙色发光二极管的波长一般为 610～630nm，黄色发光二极管的波长一般为 585nm，绿色发光二极管的波长一般为 555～570nm。

　　常用的国产普通单色发光二极管有 BT（厂标型号）系列、FG（部标型号）系列和 2EF 系列，常用的进口普通单色发光二极管有 SLR 系列和 SLC 系列等。

　　2. 单片机 I/O 端口控制 LED 的方法

　　在以前，由于 80C51 单片机的 4 组 I/O 端口不能承受 LED 发光二极管导通时的电流输入，所以在设计单片机控制电路时，不能由 80C51 单片机的 I/O 输出引脚直接进行驱动 LED 发光二极管，而要使用诸如 74HC240 作为 LED 发光二极管的驱动芯片。

　　随着新技术的应用和单片机集成技术的不断发展，现在大部分 80C51 系列单片机（如 STC 单片机）的 I/O 端口具备一定的外部驱动能力。

　　80C51 有 4 组 8 位双向 I/O 口 P0～P3，每个双向 I/O 口都包含了一个锁存器、一个输出驱动器和输入缓冲器，I/O 口的每一位均可作为准双向/弱上拉的 I/O 端口使用。

　　准双向口输出类型不需重新配置口线的输出状态而直接作为输入/输出功能。这是因为当口线输出为"1"时，驱动能力很弱，允许外部装置将其拉低。当引脚输出为低时，它的驱动能力很强，可吸收相当大的电流。

　　P0 口的输出级与 P1～P3 口的输出级在结构上是不相同的，因此它们的负载能力和接口要求也各不相同。P0 口的每一位输出可驱动 8 个 LSTTL 负载，P0 口作通用 I/O 口输出时，输出级是开漏电路，当它驱动 NMOS 或其他拉电流负载时，需要外接上拉电阻才有高电平输出。

　　P0 口驱动 LED 发光二极管时，那么用 1KΩ 左右的上拉电阻即可。如果希望亮度大一些，电阻 R 可减小，但最好不要小于 200Ω，否则电流太大；如果希望亮度小一些，电阻可增大。一般来说超过 3KΩ 以上时，亮度就很弱了，但是对于超高亮度的 LED，有时候电阻为 10KΩ 时觉得亮度还能够用。通常，P0 口驱动 LED 发光二极管时，上拉电阻选用 1KΩ。

　　P1～P3 口的输出级都接有内部上拉电阻，它们的每一位输出可以驱动 4 个 LSTTL 负载。P1～P3 口的输入端都可以被集电极开路或漏极开路电路所驱动，而无须再外接上拉电阻。

　　现在的 80C51 系列单片机的 P1～P3 口灌电流为 6mA，虽然他们具备一定的外部驱动能力，但使用 80C51 系列单片机的 P1～P3 口直接驱动 LED 发光二极管时，外接的 LED 发光二极管电路还必须使用电阻进行限流，否则容易损坏 80C51 系列单片机的 I/O 输出端口。

此外，如果没有限流电阻，LED 发光二极管在工作时也会迅速发热，为了防止 LED 发光二极管过热损害，必须串联限流电阻以限制 LED 发光二极管的功耗。表 5-1 所示为典型的 LED 发光二极管功率指标。

表 5-1　　　　　　　　　　　　　典型的 LED 发光二极管功率指标

参数	红色 LED	绿色 LED	黄色 LED	橙色 LED
最大功率/mW	55	75	60	75
最大正向电流/mA	160	100	80	100
最大恒定电流/mA	25	25	20	25

LED 发光二极管的发光功率可以由其两端的电压和通过 LED 的电流来进行计算得到，公式为

$$P_d = V_d \times I_d \qquad (1)$$

其中，V_d 为 LED 发光二极管的正向电压；I_d 为正向电流。

普通单色 LED 发光二极管的正向压降一般为 1.5~2.0V，其中，红色 LED 约为 1.6V，绿色 LED 约为 1.7V，黄色 LED 约为 1.8V，蓝色 LED 为 2.5~3.5V 等，他们的反向击穿电压约为 5V，正向工作电流一般为 5~20mA。

LED 发光二极管伏-安特性曲线如图 5-6 所示，从图中可以看出，LED 发光二极管的伏-安特性曲线很陡，使用时，根据 LED 发光二极管亮度的需要而串联限流电阻 R 以控制通过发光二极管的电流大小。为了保护单片机的驱动输出引脚，通过 LED 发光二极管的正向工作电流一般应限制在 10mA 左右，正向电压限制在 2V 左右。

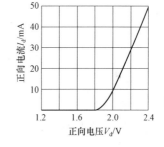

图 5-6　LED 发光二极管伏-安特性曲线

限流电阻 R 可计算为

$$R = (E - V_d) \div I_d \qquad (2)$$

E 为电源电压，由于单片机使用的电压通常为 5V，因此 E 取 5V。

例如，若限制电流 I_d 为 10mA，LED 发光二极管的正向电压 V_d 约为 2V，从而得到限流电阻值 $R = (5V - 2V) \div 10mA = 300（\Omega）$。

5.2.2　I/O 端口开关状态显示

单片机的 P1 作为外部输出端口，外接 8 只 LED 发光二极管 D1~D8；P3 作为外部输入端口，外接 8 位拨码开关。在初始状态，8 只 LED 发光二极管均处于熄灭状态，通过滑动拨码开关来控制 8 只 LED 发光二极管的亮或灭。

I/O 端口开关状态显示

1. 任务分析

拨码开关也叫 DIP 开关、拨动开关，是一款用于工作状态预置和设定的地址开关，其外形如图 5-7 所示。图 5-7 中左边为 8 位拨动开关，在 Proteus 中的元

件名称为"DIPSW_8"；右边是 1 位的拨动开关，简称开关，在 Proteus 中的元件名称为"switch"。

图 5-7　拨动开关

I/O 端口开关状态显示电路原理如图 5-8 所示，8 只发光二极管采用共阳极接法，点亮某一个发光二极管时，应使对应的单片机引脚输出低电平。8 位拨码开关的公共端与"地"进行连接，在单片机运行状态下，将拨码开关拨向 ON 位置时，相应的单片机引脚状态为低电平，如果将此状态送给对应的 P1 端口即可控制某个发光二极管点亮。

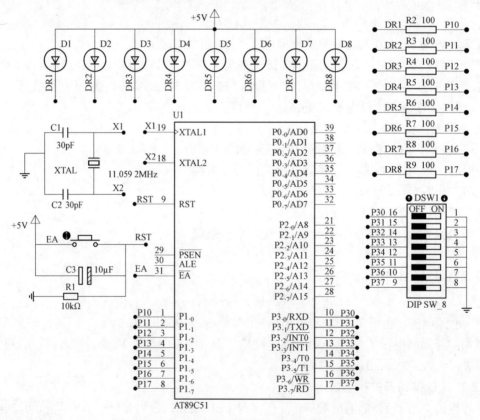

图 5-8　I/O 端口开关状态显示电路原理图

编写程序时，在初始状态下，"LED=0xFF"使 LED 发光二极管全部熄灭。在程序中，"LED=DIPSW"可将 P3 端口拨码开关的状态送给与 P1 端口连接的 LED 发光二极管。

2. 编写 C51 程序

```
#include "reg51.h"

#define  LED    P1              //8 只发光二极管与 P1 端口连接
```

```
#define  DIPSW  P3            //8 位拨码开关与 P3 端口连接
void main(void)               //主函数
{
   LED = 0xFF;                //初始状态 LED 全部熄灭
     while(1)
     {
         LED = DIPSW;         //发光二极管显示拨码开关的状态
     }
}
```

5.2.3　LED 闪烁灯显示

单片机的 P1 作为外部输出端口，外接 8 只 LED 发光二极管 D1～
D8；P3.$_0$、P3.$_1$ 作为外部输入端口，分别外接 2 个开关 K1 和 K2。正常
情况下，8 只发光二极管常亮；按下 K1 时，D1 和 D8 闪烁，闪烁间隔
为 0.5s；按下 K2 时，D1～D4 与 D5～D8 互闪，闪烁间隔为 1s。

1. 任务分析

LED 闪烁灯显示电路原理图与图 5-8 类似，只是将 P3.0 和 P3.1
分别与开关（switch）连接，开关的另一端与"地"连接。编写程序时，
首先将 P1 和 P3 端口全都置为高电平，再判断 K1 是否按下，如果 K1 按下，则 8 只发光二极
管每隔 0.5s 闪烁。如果 K1 未按下，再判断 K2 是否按下。如果 K2 按下，则与 P1 端口连接
的 D1～D4 与 D5～D8 每隔 1s 互闪，否则 8 只发光二极管常亮，程序流程如图 5-9 所示。

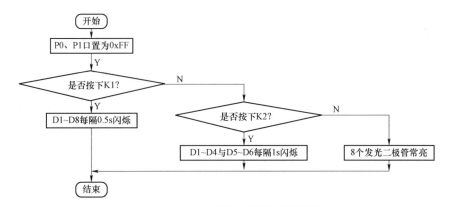

图 5-9　LED 闪烁灯显示程序流程图

为完成任务操作，可使用 2 个子函数和 1 个主函数。delay500()函数为延时子函数，进行
1ms 的延时。key_scan()函数为开关状态处理子函数，在该函数中通过判断开关值是否为 0，
来决定开关是否按下，例如 k1 按下，则 k1 值为 0。在 main()主函数中，首先书写"LED＝0xFF"
使 LED 发光二极管全部熄灭，然后再调用 key_scan()函数，即可完成 LED 闪烁灯显示控制。

2. 编写 C51 程序

```
#include "reg51.h"
#define uint unsigned int
#define  LED    P1           //8 只发光二极管与 P1 端口连接
```

```
sbit k1 = P3^0;                //开关 k1 与 P3.0 连接
sbit k2 = P3^1;                //开关 k2 与 P3.1 连接
void delay500(uint ms)         //0.5ms 延时函数，晶振频率为 11.0592MHz
{
  uint i;
  while(ms − − )
   {
      for(i =  0;  i < 230;  i + + );
   }
}
void key_scan(void)            //获取开关状态，执行相应处理
{
    if (k1 = = 0)              //k1 按下
    {
        LED = ~LED;            //D1~D8 每隔 0.5s 取反实现闪烁
        delay500 (1000);      //延时 0.5s
    }
    else if(k2 = = 0)         //k2 按下
    {
        LED = 0xF0;           //D1~D4 与 D5~D8 每隔 1s 互闪
        delay500 (2000);      //延时 1s
        LED = 0x0F;
        delay500 (2000);
    }
    else                      //k1、k2 未按下
    {
        LED = 0x00;           //D1~D8 全亮
    }
}
void main(void)               //主函数
{
    LED = 0xFF;               //初始状态使 D1~D8 熄灭
    while(1)
    {
        key_scan();
    }
}
```

5.2.4 LED 跑马灯显示

单片机的 P1 口作为输出端口，外接 8 只 LED 发光二极管实现跑马灯显示控制。

LED 跑马灯显示

1. 任务分析

跑马灯又称为流水灯，其电路与图 5－8 类似，单片机的 P3 端口不需要连接拨码开关。跑马灯是通过单片机控制 8 只 LED 发光二极管 D1～D8 循环点亮，即刚开始时 D1 点亮，延时片刻后，接着 D2 亮，然后依次点亮 D3→D4→D5→D6→D7→D8，然后再点亮 D7→D6→D5→D4→D3→D2→D1，重复循环。从显示规律看，跑马灯实质上由左移和右移控制实现的，其中 D1→D2→D3→D4→D5→D6→D7→D8 为左移控制；D7→D6→D5→D4→D3→D2→D1 为右移控制。要实现跑马灯的左移及右移控制，可以使用移位指令、移位函数以及数组这 3 种方法进行软件程序设计。

（1）移位指令实现跑马灯显示。在第 4 章讲解了按位"左移"（<<）、按位"右移"（>>）指令，其中按位"左移"（<<）是用来将一个操作数的各二进制位的全部左移若干位，移位后，空白位补"0"，而溢出的位舍弃；按位"右移"（>>）是用来将一个操作数的各二进制位的全部右移若干位，移位后，空白位补"0"，而溢出的位舍弃。

由于移位指令在移位过程中，空出位自动用"0"填充，而硬件电路中 LED 发光二极管是低电平有效，因此可以将左移的移位初始数据置为 0x01，右移的移位初始数据置为 0x40，然后将该数据每次移位取反后送给单片机 P1 端口，不过在送给 P1 端口前还需判断是否已经移位 6 次，若是，则退出移位操作，程序流程如图 5－10 所示。

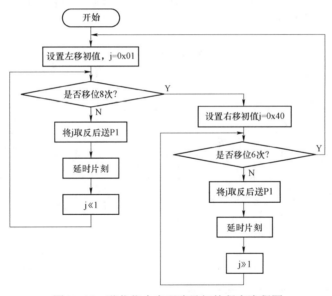

图 5－10　移位指令实现跑马灯的程序流程图

（2）移位函数实现跑马灯显示。在 C51 的"intrins.h"中有循环左移和循环右移函数，其函数原型如表 5－2 所示。intrins.h 属于 C51 编译器内部库函数，编译时直接将固定的代码插入当前行，而不是用 ACALL 或 LCALL 指令来实现，这样大大提高了函数访问的效率。

表 5－2　　　　　　　　　　　　　intrins.h 中的函数原型及功能说明

函数原型	功能说明
unsigned char _chkfloat_(float val)	检查浮点数 val 的状态
unsigned char _crol_(unsigned char val,unsigned char n)	字符 val 循环左移 n 位

续表

函数原型	功能说明
unsigned char _cror_ (unsigned char val,unsigned char n)	字符 val 循环右移 n 位
unsigned int _irol_ (unsigned int val,unsigned char n)	无符号整数 val 循环左移 n 位
unsigned int _iror_ (unsigned int val,unsigned char n)	无符号整数 val 循环右移 n 位
unsigned long _lrol_ (unsigned long val,unsigned char n)	无符号长整数 val 循环左移 n 位
unsigned long _lror_ (unsigned long val,unsigned char n)	无符号长整数 val 循环右移 n 位
void _nop_ (void)	在程序中插入 NOP 指令,可用作 C 程序的时间比较
bit _testbit_ (bit x)	在程序中插入 JBC 指令

　　从表中可以看出"_crol_"和"_cror_"分别为循环左移函数和循环右移函数,这两条指令可以分别取代按位"左移"(<<)、按位"右移"(>>)指令,因此使用循环移位函数实现流水灯的程序流程可以参考图 5-10。只不过,要注意的是在使用内部函数时,要用#include "intrins.h"指令将"intrins.h"头文件包含到源程序文件中。

　　(3)数组实现软件跑马灯显示。使用数组实现跑马灯控制,可以将每一时刻的显示状态数据放在一个数组中来实现,如表 5-3 所示,每次通过调用数组中的某一元素内容来控制 LED 发光二极管的显示状态。

表 5-3　　　　　　　　　　　跑马灯显示状态数据

LED		D7	D6	D5	D4	D3	D2	D1	D0	P1 输出 (16 进制)	功能说明
P1 口		P1.7	P1.6	P1.5	P1.4	P1.3	P1.2	P1.1	P1.0		
P1 口 输出 电平	左移	1	1	1	1	1	1	1	0	0xFE	D1 点亮
		1	1	1	1	1	1	0	1	0xFD	D2 点亮
		1	1	1	1	1	0	1	1	0xFB	D3 点亮
		1	1	1	1	0	1	1	1	0xF7	D4 点亮
		1	1	1	0	1	1	1	1	0xEF	D5 点亮
		1	1	0	1	1	1	1	1	0xDF	D6 点亮
		1	0	1	1	1	1	1	1	0xBF	D7 点亮
		0	1	1	1	1	1	1	1	0x7F	D8 点亮
	右移	1	0	1	1	1	1	1	1	0xBF	D7 点亮
		1	1	0	1	1	1	1	1	0xDF	D6 点亮
		1	1	1	0	1	1	1	1	0xEF	D5 点亮
		1	1	1	1	0	1	1	1	0xF7	D4 点亮
		1	1	1	1	1	0	1	1	0xFB	D3 点亮
		1	1	1	1	1	1	0	1	0xFD	D2 点亮

　　从表 5-3 中可以看出,这些数据有 D1~D8 点亮,就是数据中的二进制数 0 的位置依次左移了 1 位,D8~D1 点亮时,数据中的二进制数 0 的位置依次右移了 1 位。在 C51 中,要

直接实现数据的计算有时不太容易，如果将所有的数据取反后，D1~D8 依次点亮的数据就变成了 0x01，0x02，0x04，0x08，0x10，0x20，0x40，0x80，也就是后一个数是在前一个数的基础上乘以 2。所以在实际使用时，通过建立两个一维数组来实现跑马灯控制。

2. 编写 C51 程序

（1）移位指令实现跑马灯显示程序。

```
#include "reg51.h"
#define uint  unsigned int
#define uchar unsigned char
#define  LED    P1                 //8 只发光二极管与 P1 端口连接
void delay500 (uint ms)            //0.5ms 延时函数，晶振频率为 11.0592MHz
{
  uint i;
  while(ms − − )
   {
       for(i = 0; i < 230; i + +);
   }
}
void LED_disp(void)               //跑马灯显示子函数
{
    uchar i,j;                    //定义 i 为循环次数，j 为暂存移位值
    j = 0x01;                     //设置左移初值
    for(i = 0;i<8;i + + )          //左移 8 次
     {
        LED = ~j;                 //移位值取反后送 P1 端口进行显示
        delay500 (1000);
        j = j<<1;                 //使用移位指令实现左移一位
     }
    j = 0x40;                     //设置右移初值
    for(i = 0;i<6;i + + )          //右移 6 次
     {
        LED = ~j;
        delay500 (1000);
        j = j>>1;                 //使用移位指令实现右移一位
     }
}
void main(void)                   //主函数
{
    LED = 0xFF;                   //初始状态使 D1~D8 熄灭
    while(1)
```

```
        {
            LED_disp();              //调用跑马灯显示子函数
        }
}
```

（2）移位函数实现跑马灯显示程序。

```c
#include "reg51.h"
#include <intrins.h>               //intrins.h 为内部函数头文件
#define uint  unsigned int
#define uchar unsigned char
#define  LED    P1                 //8 只发光二极管与 P1 端口连接
void delay500 (uint ms)            //0.5ms 延时函数，晶振频率为 11.0592MHz
{
  uint i;
  while(ms − −)
   {
        for(i = 0; i < 230; i + +);
   }
}
void LED_disp(void)                //跑马灯显示子函数
{
    uchar i,j;                     //定义 i 为循环次数，j 为暂存移位值
    j = 0x01;                      //设置左移初值
    for(i = 0;i<8;i + +)           //左移 8 次
     {
        LED = ~j;                  //移位值取反后送 P1 端口进行显示
        delay500 (1000);
        j = _crol_(j,1);           //使用移位函数实现左移一位
     }
    j = 0x40;                      //设置右移初值
    for(i = 0;i<6;i + +)           //右移 6 次
     {
        LED = ~j;
        delay500 (1000);
        j = _cror_(j,1);           //使用移位函数实现右移一位
     }
}
void main(void)                    //主函数
{
    LED = 0xFF;                    //初始状态使 D1~D8 熄灭
    while(1)
     {
```

```
        LED_disp();                    //调用跑马灯显示子函数
    }
}
```

（3）数组实现软件跑马灯显示程序。

```c
#include "reg51.h"
#define uint  unsigned int
#define uchar unsigned char
#define  LED    P1                     //8 只发光二极管与 P1 端口连接
uchar discode1[8] = {0x01,0x02,0x04,0x08,0x10,0x20,0x40,0x80};  //定义左移数组
uchar discode2[8] = {0x40,0x20,0x10,0x08,0x04,0x02};            //定义右移数组
void delay500 (uint ms)     //0.5ms 延时函数，晶振频率为 11.0592MHz
{
  uint i;
  while(ms - - )
   {
        for(i = 0; i < 230; i + + );
   }
}
void LED_disp(void)                 //跑马灯显示子函数
{
    uchar i,j;                       //定义 i 为循环次数，j 为暂存移位值
    j = 0x01;                        //设置左移初值
    for(i = 0;i<8;i + + )            //左移 8 次
     {
        j = discode1[i];             //从数组 discode1 中取出相应的左移数据
        LED = ~j;                    //移位值取反后送 P1 端口进行显示
        delay500 (1000);
     }
    j = 0x40;                        //设置右移初值
    for(i = 0;i<6;i + + )            //右移 6 次
     {
        j = discode2[i];             //从数组 discode2 中取出相应的右移数据
        LED = ~j;
        delay500 (1000);
     }
}
void main(void)                     //主函数
{
    LED = 0xFF;                      //初始状态使 D1~D8 熄灭
```

```
while(1)
{
    LED_disp();              //调用跑马灯显示子函数
}
}
```

5.3 蜂鸣器简单发声控制

蜂鸣器是一种一体化的电子讯响器，广泛应用于计算机、打印机、复印机、报警器、电子玩具、定时器等电子产品中作发声器件。在单片机应用系统中，很多方案都会使用蜂鸣器发出的不同声音提示操作者系统运行的状况。

5.3.1 蜂鸣器接口

蜂鸣器主要分为压电式蜂鸣器和电磁式蜂鸣器两种，在单片机应用系统中通常使用的是电磁式蜂鸣器。电磁式蜂鸣器又有两种：一种是有源蜂鸣器（内部含有音频振荡器），只要接上额定电压就可以连续发声；另一种是无源蜂鸣器，由于内部没有音频振荡器，工作时需要接在音频输出电路中才能发声。

在外形上有源蜂鸣器和无源蜂鸣器非常相似，可以利用万用表电阻挡来判断：黑表笔接蜂鸣器"＋"引脚，红表笔接在另一端，如果发出咔、咔声的是无源蜂鸣器；如果能够发出持续声音的是有源蜂鸣器。

电磁式蜂鸣器由振荡器、电磁线圈、磁铁、振动膜片及外壳等组成。其发声原理是接通电源后，电流通过电磁线圈，使电磁线圈产生磁场来驱动振动膜发声的，因此需要一定的电流才能驱动它。

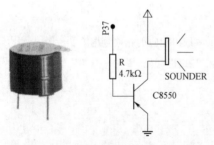

图 5-11 蜂鸣器外形及驱动电路

标准的 80C51 单片机 I/O 引脚输出电流较小，单片机输出的 TTL 电平基本上驱动不了蜂鸣器，所以需要增加一个电流放大的电路。增强型的 80C51（如 STC89C52RC）单片机可以通过三极管 C8550 来放大驱动蜂鸣器。蜂鸣器的外形及驱动电路如图 5-11 所示。

蜂鸣器的"＋"与 +5V 连接，蜂鸣器的负极接到三极管 C8550 的发射极 E，三极管的基级 B 经过限流电阻 R 后由单片机的 P3.7 引脚控制，当 P3.7 输出高电平时，三极管 C8550 截止，没有电流流过线圈，蜂鸣器不发声；当 P3.7 输出低电平时，三极管导通，这样蜂鸣器的电流形成回路，发出声音。因此，可以通过程序控制 P3.7 脚的电平来使蜂鸣器是否发出声音。程序中改变单片机 P3.7 引脚输出波形的频率，就可以调整控制蜂鸣器音调，产生各种不同音色、音调的声音。另外，改变 P3.7 输出电平的高低电平占空比，则可以控制蜂鸣器的声音大小。

5.3.2 蜂鸣器间断发声控制

单片机的 P3.7 外接如图 5-11 所示的蜂鸣器驱动电路，要求单片机上电后，蜂鸣器间隔发出"滴滴"的声音。

蜂鸣器间断发声控制

1. 任务分析

单片机的 P3.7 引脚输出低电平时可以发出声音，要发出"滴滴"的声音，应每隔 10ms 使 P3.7 引脚的电平值取反，即输出 100Hz 的方波。如果 P3.7 连续输出 100Hz 的方波，则蜂鸣将发出连续的"滴滴"声。为使蜂鸣器间断发声，则连续输出一段波形后，延时一段时间即可实现声音的间隔。

2. 编写 C51 程序

```c
#include "reg51.h"
#define uint  unsigned int
#define uchar unsigned char
sbit  BEEP = P3^7;                  //蜂鸣器与 P3.7 端口连接
void delay500(uint ms)              //0.5ms 延时函数，晶振频率为 11.0592MHz
{
  uint i;
  while(ms - -)
   {
      for(i = 0; i < 230; i + +);
   }
}
void sounder(void)            //发声控制
{
    uint j;
    for(j = 50;j>0;j - -)        //循环发声 50 次
      {
        BEEP = ~BEEP;
        delay500(20);          //10ms 延时
      }
}
void main(void)
{
    P3 = 0xFF;
    while(1)
    {
        sounder();
        delay500(2000);        //间隔 1s 时间暂停发声
    }
}
```

5.3.3 简单声光报警控制

在某单片机应用系统中，P1 口作为输出端口，外接 8 只 LED 发光二极管 D1~D8；P3.0、P3.1 分别外接开关 k1 和 k2，P3.7 外接蜂鸣器

简单声光报警控制

驱动电路。当发生系统故障时，能进行简单的声光报警。系统一上电，未按下任何开关时，D1～D8 全部点亮，表示系统正常；按下 K1 时，D1～D8 旋转移动点亮，表示系统正进行工作；按下 K2 时，D1～D8 闪烁显示，蜂鸣器发出声音，进行声光报警，直至技术人员将故障排除为止。

1. 任务分析

声光报警系统的电路原理如图 5-12 所示。系统一上电，K1 和 K2 均未按下时，D1～D8 全部点亮，即 P1 输出为低电平。k1 开关闭合（k1==0），则 D1～D8 旋转移动点亮，也就是 D1～D8 进行跑马灯显示。为了达到旋转效果，跑马灯的延时时间不能太大。k2 开关闭合（k2==0），则进行声光报警。声光报警时，D1～D8 要进行闪烁显示，所以设计程序时，将相应引脚取反后，延时一定的闪烁时间；为了产生报警声，让 P3.7 有规律地产生脉冲，从而使蜂鸣器发出声音。该脉冲分为 500Hz 信号和 1kHz 信号两种，其中 500Hz 信号的周期为 2ms，信号电平为每 1ms 翻转 1 次；1kHz 信号的周期为 1ms，信号电平每 500μs 翻转 1 次。系统中，声光报警的级别应最高，所以在程序中应先判断 K2 是否按下，再判断 K1 是否按下，程序流程如图 5-13 所示。

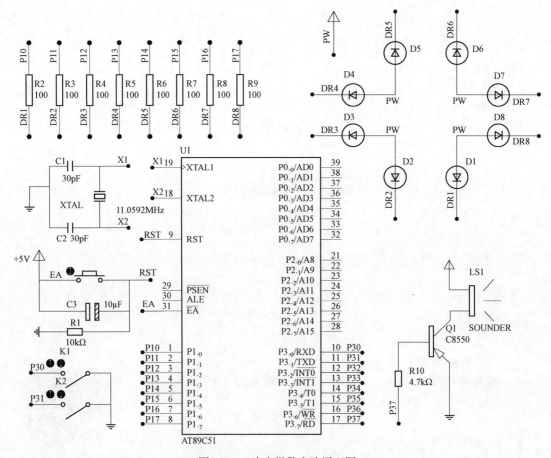

图 5-12　声光报警电路原理图

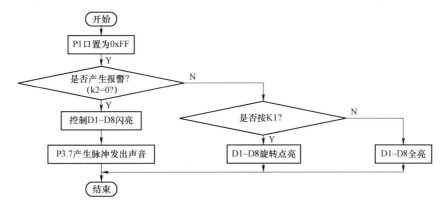

图 5-13　声光报警程序流程图

2. 编写 C51 程序

```
#include "reg51.h"
#define uint  unsigned int
#define uchar unsigned char
#define  LED    P1              //8 只发光二极管与 P1 端口连接
sbit  k1 = P3^0;                //开关 k1 与 P3.0 连接
sbit  k2 = P3^1;                //开关 k2 与 P3.1 连接
sbit  BEEP = P3^7;              //蜂鸣器与 P3.7 端口连接
void delay500(uint ms)          //0.5ms 延时函数，晶振频率为 11.0592MHz
{
  uint i;
  while(ms − −)
   {
       for(i = 0; i < 230; i + +);
   }
}
void LED_disp(void)             //显示函数
{
    uchar i,j;                  //定义 i 为循环次数，j 为暂存移位值
    j = 0x01;                   //设置左移初值
  for(i = 0;i<8;i + +)
   {
       LED = ~j;                //移位值取反后送 P1 端口进行显示
       delay500 (50);           //旋转灯的延时间隔不能太大
       j = j<<1;                //使用移位指令实现左移一位
   }
}
void sounder(void)              //发声控制函数
```

```
    {
        uint j;
      for(j = 200;j>0;j - -)          //输出一串频率为 1kHz 的脉冲
        {
            BEEP = ~BEEP;
            delay500(1);              //延时 0.5ms
        }
      for(j = 200;j>0;j - -)          //输出一串频率为 500Hz 的脉冲
        {
            BEEP = ~BEEP;
            delay500(2);              //延时 1ms
        }
    }
void main(void)
{
    P3 = 0xFF;
    while(1)
    {
        if(k2 = = 0)                 //k2 开关按下,进行声光报警操作
        {
            sounder();               //调用发声控制函数
            LED = ~LED;              //D1~D8 闪烁
            delay500(20);
        }
        else if(k1 = = 0)           //k1 开关按下,D1~D8 进行旋转显示
        {
            LED_disp();
        }
        else                        //k1、k2 均未按下，D1~D8 全亮
        {
            LED = 0x00;
            BEEP = 1;
        }
    }
}
```

LED 闪烁灯显示、LED 跑马灯显示、蜂鸣器间断发声控制和简单声光报警，从这些实例可以看出，它们都是采用了软件延时的方法而实现的，占用了 CPU 的宝贵时间，影响了应用系统的其他任务的完成。所以在工程应用中，常采用单片机内部的定时器进行硬件延时。

本章小结

单片机有 4 个并行 I/O 口。各口均由锁存器、输出驱动器和输入缓冲器组成。对于标准 80C51 单片机而言，P1 口是唯一的单功能口，仅能用作通用的数据输入/输出口。P3 口是双功能口，除具有数据输入/输出功能外，每一条口线还具有不同的第二功能。在需要外部程序存储器和数据存储器扩展时，P0 口为分时复用的低 8 位地址/数据总线，P2 口为高 8 位地址总线。

在单片机应用系统中，发光二极管通常使用并行 I/O 端口可以控制 LED 发光二极管的灯光显示。例如闪烁灯显示是单片机让发光二极管点亮一阵子，再熄灭一阵子，然后又点亮一阵子……；跑马灯是通过单片机控制 8 只 LED 发光二极管 D1~D8 循环点亮，即刚开始时 D1 点亮，延时片刻后，接着 D2 亮，然后依次点亮 D3→D4→D5→D6→D7→D8。进行跑马灯控制时，在 C51 中可以采用移位指令（如"<<"或">>"）、移位函数（如"_crol_"或"_cror_"）或一维数组的方式来实现。

蜂鸣器是一种一体化的电子讯响器，广泛应用于电子产品中作发声器件。在单片机应用系统中，通过程序控制某个单片机引脚上的电平来使蜂鸣器是否发出声音。在程序中如果改变单片机某引脚输出波形的频率，就可以调整控制蜂鸣器音调，产生各种不同音色、音调的声音。

习　题　5

1. 80C51 单片机的 P0~P3 口在结构和功能上有何异同？
2. 改变跑马灯延时间隔时间，观察跑马灯的显示效果。
3. 编写程序，实现 LED 发光二极管两边向中间流水，然后再向两边流水的显示效果。
4. 改变蜂鸣器间断发声控制的延时时间，在 Proteus 中使用虚拟示波器，观察其输出的方波。
5. 编写程序，要求跑马灯每循环显示一次，蜂鸣器发出简单的报警声音，然后再执行下次的跑马灯显示操作。

第 6 章　单片机中断系统与按键控制

中断是 CPU 与 I/O 设备之间数据传送的一种控制方式。80C51 单片机具有一套完整的中断系统，含有 5 个中断源、2 个中断优先级。

6.1　单片机的中断系统

6.1.1　中断的概念

所谓中断，是指当计算机执行正常程序时，系统中出现某些急需处理的异常情况和特殊请求，CPU 暂时中止现行程序，转去对随机发生的更为紧迫事件进行处理，处理完毕后，CPU 自动返回原来的程序继续执行，此过程称为中断。

单片机的中断系统

实现中断功能的硬件和软件系统称为中断系统。能向 CPU 发出请求的事件称为中断源。计算机系统中，一般有多个中断源，80C51 单片机可直接处理的有 5 个中断源。

若有多个中断源同时请求时，或 CPU 正在处理某外部事件时，又有另一外部事件申请中断，CPU 通常根据中断源的紧急程度，将其进行排列，规定每个中断源都有一个中断优先级，中断优先级可由硬件排队或软件排队来设定，CPU 按其优先顺序处理中断源的请求。80C51 单片机有 2 个中断优先级。

当 CPU 正在处理某一中断源的请求时，若有优先级比它更高的中断源发出中断申请，CPU 暂停正在进行的中断服务程序，并保留这个程序的断点，响应优先级高的中断，在高优先级中断处理完后，再回到原被中断源程序继续执行中断服务程序。这个过程称为中断嵌套。如图 6-1 所示。

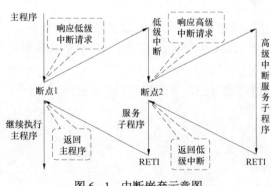

图 6-1　中断嵌套示意图

6.1.2　中断系统的结构

80C51 单片机有 5 个中断源、两个中断优先级，可以实现二级中断嵌套。80C51 的中断系统结构如图 6-2 所示。它由 5 个与中断有关的特殊功能寄存器（TCON、SCON 的相关位作中断源的标志位），中断允许控制寄存器 IE、中断优先级寄存器 IP 和中断优先顺序查询逻辑等组成。

中断顺序查询也称硬件查询逻辑，5 个中断源的中断请求是否会得到响应，要受中断允许寄存器 IE 各位控制，它们的优先级分别由 IP 各位来确定；同一优先级的各中断源同时请求中断时，就由内部的硬件查询逻辑来确定响应次序。

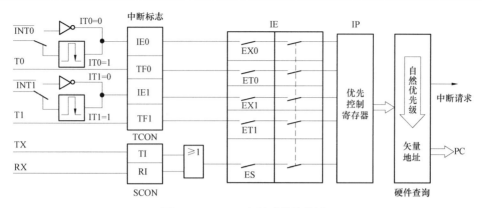

图 6-2　80C51 中断系统结构图

6.1.3　中断源与矢量地址

1. 中断源

80C51 单片机的 5 个中断源，可分为三类：外部中断、定时中断和串行口中断。其中，2 个外部输入中断源 $\overline{INT0}$（P3.2）、$\overline{INT1}$（P3.3）；2 个内部中断源 T0、T1 的溢出中断源 TF0（TCON.5）、TF1（TCON.7）；1 个串行口发送和接收中断源 TI（SCON.1）和 RI（SCON.0）。

（1）外部中断类。

外部中断是由外部原因引起的（单片机的输入/输出设备，如：键盘等），通过单片机四个固定引脚 $\overline{INT0}$（P3.2）和 $\overline{INT1}$（P3.3）输入中断信号。

$\overline{INT0}$：外部中断 0，由 P3.2 脚输入中断请求信号，通过 IT0（TCON.0）决定请求信号是电平触发还是边沿触发。一旦输入信号有效，则将 TCON 中的 IE0 标志位置 1，可向 CPU 申请中断。

$\overline{INT1}$：外部中断 1，由 P3.3 脚输入中断请求信号，通过 IT1（TCON.2）决定请求信号是电平触发还是边沿触发。一旦输入信号有效，则将 TCON 中的 IE1 标志位置 1，可向 CPU 申请中断。

（2）定时中断类。

定时中断由内部定时器计数产生计数溢出时所引起的中断，属于内部中断。当定时器计数溢出时，表明定时时间到或计数值已满，此时 TCON 中的 TF0/TF1 置位，向 CPU 申请中断。定时器的定时时间或计数值由用户通过程序设定。

（3）串行口中断类。

串行口中断是为串行数据的传送需要而设置的。串行口发送/接收数据也是在单片机内部发生的，所以它也是一种内部中断。当串行口接收或发送完一帧数据时，将 SCON 中的 RI 或 TI 位置"1"，向 CPU 申请中断。

2. 矢量地址

当某中断源的中断请求被 CPU 响应之后，CPU 将自动把此中断源的中断入口地址（又称中断矢量地址）装入 PC，从中断矢量地址处获取中断服务程序的入口地址。因此一般在此地址单元中存放一条绝对跳转指令，可以跳至用户安排的任意地址空间。单片机中断源的矢量地址是固定的，如表 6-1 所示。

表 6-1　　　　　　　　　　　　　**80C51 单片机中断源的矢量地址**

中断源	优先顺序	请求标志位	汇编入口地址	C51 中断编号	所属寄存器	优先级
外部中断 0	1	IE0	0x0003	0	TCON.1	最高级
定时器 0	2	TF0	0x000B	1	TCON.5	
外部中断 1	3	IE1	0x0013	2	TCON.3	
定时器 1	4	TF1	0x001B	3	TCON.7	
串行口接收/发送	5	RI/TI	0x0023	4	SCON.0/SCON.1	最低级

6.1.4　中断的处理过程

由于各计算机系统的中断系统硬件结构不同，中断响应的方式就有所不同。但是一般中断处理过程可分为四个阶段：中断请求、中断响应、中断处理和中断返回。

1. 中断请求

中断过程是从中断源向 CPU 发出中断请求而开始的，其中断请求信号应该至少保持到 CPU 作出响应为止。

2. 中断响应

CPU 检测到中断请求后，在一定的条件和情况下进行响应。

（1）中断响应条件。

1）有中断源发出中断请求；

2）中断总允许位 EA=1，即 CPU 开中断；

3）该中断源的中断允许位为 1，即没有被屏蔽；

以上条件满足，一般 CPU 会响应中断，但在中断受阻断的情况下，本次的中断请求 CPU 不会响应。待中断阻断条件撤销后，CPU 才响应。若中断标志已消失，该中断也不会再响应。

（2）中断响应的过程。如果中断响应条件满足，而且不存在中断受阻的情况下，则 CPU 将响应中断。响应中断时，单片机中断系统先把该中断请求保存到各自的中断标志位，并置位相应的中断"优先激活"寄存器（该寄存器指出 CPU 当前处理的中断优先级别），以阻断同级和低级的中断。然后，根据中断源的类别，硬件自动形成长调用指令至相应中断源的服务子程序，同时 CPU 自动清除该段的中断标志（TI 或 RI 除外）。硬件形成的长调用指令会将程序计数器 PC 的内容压入堆栈（但不能自动保存 PSW、累加器 A 等寄存的内容）。最后，将其中断矢量地址装入程序计数器 PC 中，此中断矢量地址即为中断服务子程序的入口地址。CPU 接受中断时，即转向该中断的入口地址开始执行，直到碰到中断返回指令为止。

（3）中断响应的时间。中断响应时间是指从查询中断请求标志位到转向中断服务程序的矢量入口地址所需的机器周期数。在实时控制中，CPU 不是对任何情况下的中断请求都予以响应，且不同的情况下对中断响应的时间也不相同。若系统中只有一个中断源，则响应时间在 3~8 个机器周期之间。现以外部中断 $\overline{INT0}$ 和 $\overline{INT1}$ 为例，说明中断响应的最短时间。

在每个机器周期的 S5P2 期间，$\overline{INT0}$ 和 $\overline{INT1}$ 引脚的电平被锁存到 TCON 的 IE0 和 IE1 标志位中，其值在下一个机器周期才被 CPU 检测到。这时如果一个中断请求发生了，且满足中断响应条件，则下一条要执行的指令将是一条硬件长调用指令。长调用指令使程序转至中断源矢量地址入口，执行这条指令时，CPU 要花费 2 个机器周期。这样，从外部中断请求有效到开始执行中断服务程序之间共经历了1个查询机器周期和2个长调用指令执行机器周期，总计3个机器周期，这是最短的响应时间。

若遇到中断受阻的情况时，就需要较长的中断响应时间。如果有一个同级或更高优先级的中断正在进行；则附加的等待时间将由执行该中断服务子程序的时间而定。如果正在执行的一条指令还没有进行到最后一个机器周期，则附加的等待时间不会超过3个机器周期，因为一条最长的指令（乘法和除法）的执行时间只有4个机器周期，如果正在执行的是中断返回指令或者是存取IE或IP的指令，则附加的时间不会超过5个机器周期。

因此，在单中断系统中，响应时间为3~8个机器周期数。在一般情况下，中断响应的时间无需考虑，只有在某些精确定时控制场合，才需仔细计算系统的中断响应时间。

3. 中断处理

CPU响应中断结束后，返回原先被中断的程序并继续执行。从中断服务程序的第一条指令开始到返回执行程序的指令为止，这个过程称为中断处理或中断服务。不同的中断源，其中断服务的内容及要求也不相同，所以中断处理过程也不相同。虽然中断处理过程不同，但中断处理通常都包括保护现场和为中断源服务等两部分内容。现场一般有PSW、工作寄存器、专用寄存器等。如果在中断服务程序中要用到这些寄存器，则在进入中断服务之前应将它们的内容压入堆栈保护起来，即保护现场；同时在中断结束、执行中断返回RETI指令之前，需把保存的现场内容从堆栈中弹出来，恢复寄存器或存储单元的原有内容，即恢复现场。中断服务是针对中断源的具体要求进行处理，用户在编写中断服务程序时应注意三点：

其一：各中断源的入口矢量地址之间，只相隔8个单元，一般中断服务程序是容纳不下的，因而最常用的方法是在中断入口矢量地址单元存放一条无条件转移指令，而转至存储器其他的任何空间去。

其二：若要在执行当前中断程序时禁止更高优先级中断，应用软件关闭CPU中断，或屏蔽更高级中断源的中断，在中断返回前再开放中断。

其三：保护现场和恢复现场时，为了不使现场信息受到破坏或造成混乱，一般在此情况下，应关CPU中断，使CPU暂不响应新的中断请求。这样就要求在编写中断服务程序时，应注意在保护现场之前要关中断，在保护现场之后若允许高优先级中断打断它，则应开中断。同样在恢复现场之前应关中断，恢复之后再开中断。中断处理流程见图6-3。

4. 中断返回

中断返回是把运行程序从中断服务程序转回到被中断的主程序中。中断处理程序的最后一条指令是中断返回指令RETI。

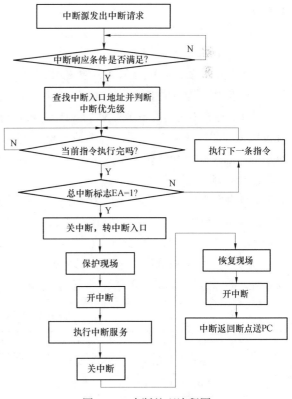

图6-3 中断处理流程图

它的功能是将断点弹出送回 PC 中，使程序能返回到原来被中断的程序继续执行。

6.1.5 中断控制相关寄存器

在 80C51 系列单片机中，IE、TCON、SCON、IP 这 4 个专用寄存器与中断控制有关。它们控制中断请求、中断允许、中断优先级。与外部中断有关是 IE、TCON 和 IP，在此讲述这 3 个寄存器。

1. 中断允许控制寄存器 IE（Interrupt Enable Register）

在 80C51 系列单片机中没有专门用来开中断和关中断的指令，是通过向 IE 写入中断控制字，控制 CPU 对中断的开放或屏蔽，以及每个中断源是否允许中断。IE 寄存器字节地址为 0xA8，可进行字节寻址和位寻址，位地址为 0xAF～0xA8，各位定义如表 6-2 所示。

表 6-2   IE 各 位 定 义

IE	IE.7	IE.6	IE.5	IE.4	IE.3	IE.2	IE.1	IE.0
	0xAF	0xAE	0xAD	0xAC	0xAB	0xAA	0xA9	0xA8
位符号名	EA	—	—	ES	ET1	EX1	ET0	EX0

（1）EA（IE.7 Enable All Control bit）：CPU 中断允许总控制位。当 EA 为"0"时，CPU 关中断，禁止一切中断；当 EA 为"1"时，CPU 开放中断，而每个中断源是开放还是屏蔽分别由各自的中断允许位确定。

（2）ET1 和 ET0（IE.3、IE.1 Enable Timer1 or Timer0 Control bit）：定时器 1/定时器 0 中断允许控制位。当该位为"0"时，禁止该定时器中断；当该位为"1"时，允许该定时器中断。

（3）ES（IE.4 Enable Serial Port Control bit）：串行口中断允许控制位。当 ES 为"0"时，禁止串行口中断；当 ES 为"1"时，允许串行口的接收和发送中断。

（4）EX1、EX0（IE.2、IE.0）：外部中断 1、外部中断 0 的中断允许控制位。当该位为"0"时，该外部中断禁止中断；当该位为"1"时，允许该外部中断进行中断。

从 IE 格式中可看出，80C51 系列单片机通过 IE 中断允许控制寄存器对中断的允许实行两级控制，即以 EA 为中断允许总控制位，配合各中断源的中断允许位共同实现对中断请求的控制。当中断总允许位 EA 为"0"时，不管各中断源的中断允许位状态如何，整个中断系统都被屏蔽了。

系统复位后，IE 各位均为"0"，即禁止所有中断。

2. 定时/计数器控制寄存器 TCON（Timer/Counter Control Register）

T0 和 T1 的控制寄存器 TCON，也是 1 种 8 位的特殊功能寄存器，用于控制定时器的启动、停止及定时器的溢出标志和外部中断触发方式等。TCON 的字节地址为 0x88，可以进行位寻址，位地址为 0x88～0x8F，各位定义如表 6-3 所示。

表 6-3   TCON 各 位 定 义

TCON	TCON.7	TCON.6	TCON.5	TCON.4	TCON.3	TCON.2	TCON.1	TCON.0
	0x8F	0x8E	0x8D	0x8C	0x8B	0x8A	0x89	0x88
位符号名	TF1	TR1	TF0	TR0	IE1	IT1	IE0	IT0

TCON 中的高 4 位是定时器控制位，低 4 位与外部中断有关，在此仅介绍与外部中断相关的位，TCON 中的高 4 位将在第 7 章中讲解。

（1）IE1 和 IE0（TCON.3 和 TCON.1　Interrupt1 or Interrupt0 Edge flag）：外部中断 1（$\overline{INT1}$）和外部中断 0（$\overline{INT0}$）的中断请求标志位。当外部中断源有中断请求时其对应的中断标志位置"1"。

（2）IT1 和 IT0（TCON.2 和 TCON.0　Interrupt1 or Interrupt0 Type control bit）：外部中断 1 和外部中断 0 的触发方式选择位。ITi = 0 时，为低电平触发方式；ITi = 1 时，为边沿触发方式。

3. 中断优先级控制寄存器 IP（Interrupt Priority Register）

80C51 系列单片机的中断优先级控制比较简单，定义了高、低两个中断优先级。用户由软件将每个中断源设置为高优先级中断或低优先级中断，并可实现两级中断嵌套。

高优先级中断源可以中断正在执行的低优先级中断服务程序，同级或低优先级中断源不能中断正在执行的中断服务程序。中断优先级寄存器 IP 字节地址为 0xB8，位地址为 0xB8～0xBF，各位定义如表 6 - 4 所示。

表 6 - 4　　　　　　　　　　　　　IP 各 位 定 义

IP	IP.7	IP.6	IP.5	IP.4	IP.3	IP.2	IP.1	IP.0
	0xBF	0xBE	0xBD	0xBC	0xBB	0xBA	0xB9	0xB8
位符号名	—	—	—	PS	PT1	PX1	PT0	PX0

（1）PS（IP.4　Serial Port Priority Control bit）：串行口中断优先级设定位。当 PS 为"0"时，串行口中断设为低优先级；当 PS 为"1"时，为高优先级。

（2）PT1（IP.3　Time1 Priority Control bit）：定时器 1 中断优先级设定位。当 PT1 为"0"时，定时器 1 的中断设为低优先级；PT1 为"1"时，设定为高优先级。

（3）PX1（IP.2　External Interrupt1 Priority Control bit）：外部中断 1 中断优先级设定位。当 PX1 为"0"时，外部中断 1 设为低优先级；当 PX1 为"1"时，外部中断 1 设为高优先级。

（4）PT0（IP.1　External Interrupt0 Priority Control bit）：定时器 0 中断优先级设定位。当 PT0 为"0"时，定时器 0 的中断设为低优先级；PT0 为"1"时，设定为高优先级。

（5）PX0（IP.0　External Interrupt0 Priority Control bit）：外部中断 0 中断优先级设定位。当 PX0 为"0"时，外部中断 0 设为低优先级；当 PX0 为"1"时，外部中断 0 设为高优先级。

当系统复位后，IP 各位均为"0"，所有中断源设置为低优先级中断。对 IP 寄存器编程，可以将 5 个中断源设定为高优先级或低优先级。在设定优先级时应遵循 2 条基本原则：其一是 1 个正在执行的低优先级中断，可以被高优先级中断所中断，但不能被同级的中断所中断；其二是 1 个正在执行的高优先级中断，不能被任何同优先级或低优先级的中断所中断，这样可实现中断嵌套。返回主程序后，再执行一条指令才能响应新的中断请求。

为了实现这 2 条规则，中断系统内部包含 2 个不可寻址的"优先级激活"触发器。其中高优先级触发器为"1"时，表示某高优先级的中断正在得到服务，所有后来的中断都被阻断。只有在高优先级中断服务执行中断返回指令后，触发器被清"0"，才能响应其他中断。另一个低优先级触发器为"1"时，表示某低优先级的中断正在服务，所有同级的中断都被阻断，但不阻断高优先级的中断。在中断服务执行中断返回指令后，触发器被清"0"。

如果同等优先级的多个中断请求同时出现时，哪一个的请求得到服务，将取决于内部的硬件查询顺序，CPU 按自然优先级的查询顺序来确定该响应哪个中断请求。其自然优先级由硬件形成，其查询顺序为：外部中断 0（最高级）→定时器 0 中断→外部中断 1 中断→定时器 1 中断→串行口中断（最低级）。

在每一个机器周期中，CPU 在 S5P2 对所有中断源都按顺序检查一遍，这样到任一机器周期的 S6 状态，可找到所有已被激活的中断请求，并排好了优先权。在下一个机器周期的 S1 状态，只要不受阻断就开始响应其中最高优先级的中断请求。但发生下列情况时，中断响应受到阻断。

（1）有相同或较高优先权的中断正在处理。

（2）当前的机器周期还不是执行指令的最后一个机器周期，即现行指令还没有执行完。

（3）正在执行中断返回指令或是任何写入专用寄存器 IE 或 IP 的指令。

若出现上述任一种情况，中断查询结果就被取消。否则，在紧接着的下一个机器周期，中断查询结果变为有效。

6.1.6　中断函数的编写

在 80C51 系列单片机中，中断控制实际上是对 TCON、SCON、IE、IP 等功能寄存器进行管理和控制。按实际的应用控制要求，用户对这些功能寄存器的相应位进行预置，CPU 则会按要求对中断源进行管理和控制。

1. 中断服务函数的编写格式

在 C51 中规定，中断服务函数中，必须指定对应的中断号，用中断号确定该中断服务程序是哪个中断所对应的中断服务程序。中断函数的格式为：

```
void 函数名（参数）  interrupt n using m
{
   函数体语句；
}
```

其中，interrupt 后面的 n 是中断号；关键字 using 后面的 m 是所选择的工作寄存器组，取值范围为 0～3，默认为 0，即选择第 0 组工作寄存器组。定义中断函数时，using 是一个可选项，可以省略不用。

例如：void int0 interrupt 0　　//INT0 中断，int0 为函数名，由用户自定义

80C51 系列单片机的中断过程通过使用 interrupt 关键字的中断号来实现，中断号告诉编译器中断程序的入口地址。入口地址和中断编号请参照表 6-1。

2. 编写中断函数时要注意的问题

（1）在设计中断时，要注意哪些功能应该放在中断服务函数中，哪些功能应放在主函数中。一般来说，中断服务函数应该做最少量的工作，这样做有很多好处。首先，系统对中断的反应面更宽了，有些系统如果丢失中断或中断反应太慢将产生十分严重的后果，这时有充足的时间等待中断是十分重要的。其次，它可使中断服务函数的结构简单，不容易出错。中断函数中放入的东西越多，它们之间越容易起冲突。简化中断服务函数意味着软件中将有更多的代码段，但可把这些都放入主函数中。中断服务函数的设计对系统的成败有至关重要的

作用，要仔细考虑各中断之间的关系和每个中断执行的时间，特别要注意那些对同一个数据进行操作的 ISR（Interrupt Service Routine，中断服务函数）。

（2）中断函数不能传递参数，没有返回值。

（3）中断函数调用其他函数，则要保证使用相同的寄存器组，否则将出错。

（4）中断函数使用浮点运算，要保证浮点寄存器的状态。

6.2　按　键　控　制

按键主要是用于进行某项工作的开始或结束命令，其外形及符号如图 6-4 所示。按键的闭合与断开通常是在系统已经上电并开始工作后进行操作的。按键在闭合和断开时，触点会存在抖动现象。

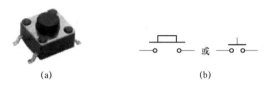

（a）　　　　　　（b）

图 6-4　按键的外形及符号

（a）按键外形；（b）按键符号

6.2.1　按键的识别与消抖

1. 按键的识别

按键工作处于两种状态：按下与释放。一般按下为接通，释放为断开，这两种状态要被 CPU 识别，通常将该两种状态转换为与之对应的低电平与高电平。这可以通过图 6-5 所示电路实现，CPU 通过对按键信号电平的低与高来判别按键是否被按下与释放。

按键的识别与消抖

由于按键的按下与释放是随机的，如何捕捉按键的状态变化是需要考虑的问题。主要有定时查询和外部中断捕捉两种方法，其示意图如图 6-6 所示。

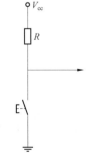

图 6-5　按键信号的产生

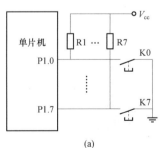

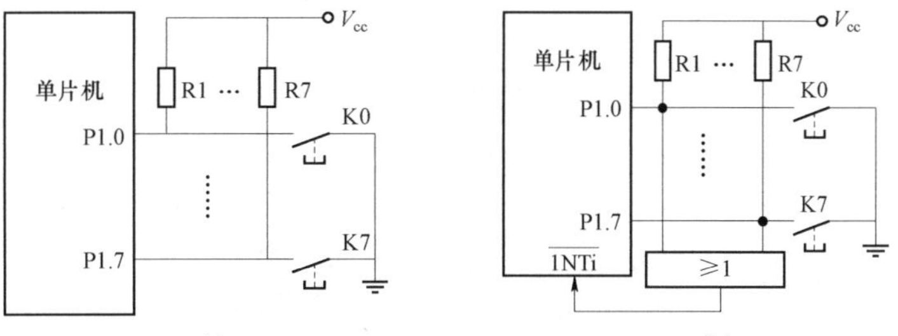

（a）

（b）

图 6-6　按键的识别

（a）定时查询；（b）外部中断捕捉

（1）定时查询。图 6-6（a）是通过定时查询的方式来识别按键。通常单片机系统用户按一次按键（从按下到释放）或释放一次按键（从释放到再次按下），最快也需要 50ms 以上，在此期间，CPU 只要有一次查询键盘，则该次按键和释放就不会丢失。所以，利用这点就可以编制键盘程序，即每隔不大于 50ms 的时间（典型为 20ms）CPU 就查询一次键盘，查询各键的按下与释放的状态，就能正确地识别用户对键盘的操作。各次查询键盘的间隔时间的定时，可用定时器中断来实现，也可以用软件定时来实现。

定时查询键盘方法的电路，其优点是电路简洁、节省硬件、抗干扰能力强、应用灵活。缺点是占用较多的 CPU 时间资源，但这对大多数单片机应用系统来说不是个问题。一般情况下推荐使用此方法。

（2）外部中断捕捉。图 6-6（b）是通过外部中断捕捉的方式来识别按键，此图中 8 个按键的信号是接单片机的 P1.0～P1.7 端口，这 8 根接线是通过"与门"进行逻辑"与"操作后和 $\overline{INTi}$ 端口相连。没有按下按键时，P1.0～P1.7 端口全为高电平，经过相"与"后的 $\overline{INTi}$ 端口也为高电平。当有任意键按下时，$\overline{INTi}$ 端口由高变为低，向 CPU 发出中断请求，若 CPU 开放外部中断，则响应中断，执行中断服务程序，扫描键盘。

用外部中断捕捉按键方法的优点是无须定时查询键盘，节省 CPU 的时间资源。缺点是容易受到干扰，已有键按下未释放时再有其他键按下时，则无法识别，另外，还需要额外增加一个"与门"。

2. 按键的消抖

理想的按键信号如图 6-7（a）所示，是一个标准的负脉冲，但实际情况如图 6-7（b）所示。按下和释放需要经过一个过程才能达到稳定，这一过程是处于高低电平之间的一种不稳定状态，称之为抖动。抖动持续时间的长短、频率的高低与按键的机械特性、人的操作有关，一般在 5～10ms 之间。这就有可能造成 CPU 对一次按键过程做多次处理。为了避免这种情况发生，需采取措施消除抖动。

去抖动的方法有硬件和软件两种方法。比如采用滤波电路防抖、RS 触发器构成的双稳态去抖动电路，这些是硬件去抖法。如图 6-8 所示是一种比较简单、实用、可靠的方法，图中 RC 常数选择在 5～10ms 之间比较适宜。此方法的另一好处是增强了电路抗干扰能力。软件去抖法就是检测到有键按下时，执行一个 10～20ms 的延时子程序后，再确认该键是否仍保持闭合状态，若仍闭合则确认为此键按下，消除了抖动影响。

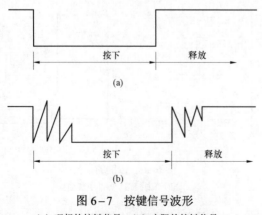

图 6-7　按键信号波形

（a）理想的按键信号；（b）实际的按键信号

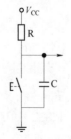

图 6-8　一种消抖电路

6.2.2　单个按键的外部中断控制

在某单片机应用系统中，P1 口作为输出端口，外接 8 只 LED 发光二极管 D1～D8；P3.2 外接按键 key，P3.7 外接蜂鸣器驱动电路。在正常情况下，8 只 LED 发光二极管 D1～D8 进行拉幕式与闭幕式显示；key 按下一次后，进行 1 次声音报警操作，要求使用外部中断 0 控制实现。

单个按键的外部中断控制

1. 任务分析

所谓拉幕式是指 D1～D8 全灭时，延时片刻后首先 D4、D5 亮，其次是 D3、D4 亮，再次是 D2、D7 亮，最后是 D1、D8 亮，从视觉效果上看，好像拉开幕布一样。闭幕式是指 D1～D8 全亮时，延时片刻后首先 D1、D8 灭，其次是 D2、D7 灭，再次是 D3、D6 灭，最后是 D4、D5 灭，其效果就像关闭幕布一样。

从显示规律可以看出，拉幕式时，可分为右移控制和左移控制，即 D4→D3→D2→D1（右移）、D5→D6→D7→D8（左移）；闭幕式时，可分为左移控制和右移控制，即 D1→D2→D3→D4（左移）、D8→D7→D6→D5（右移）。

按键 key 与 P3.2（$\overline{\text{INT0}}$）连接，在 C51 中外部中断 0（$\overline{\text{INT0}}$）的中断号为 0。编写程序时，首先要进行中断初始化的设置，并开启中断，然后若有中断请求时，响应中断执行 1 次声音报警操作，否则执行正常的拉幕式与闭幕式显示操作，程序流程如图 6-9 所示。响应中断时，为防误操作或干扰，应执行延时去抖操作。

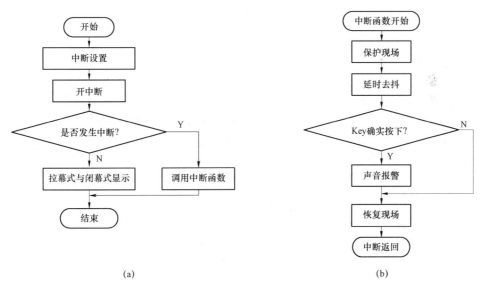

(a)　　　　　　　　　　　　　　　　　(b)

图 6-9　单个按键的外部中断控制程序流程图

在拉幕式控制中，右移初值设为 0x10，左移初值设为 0x08，然后将左移数值与右移数值整合在一起并取反后送给 P1 端口，不过在送给 P1 端口前判断移位次数不再是 8，而应该为 5；闭幕式控制中，左移初值可设为 0x01，右移初值可设为 0x80，然后将左移数值与右移数值整合在一起不需取反而送给 P1 端口，同时左移数值应该加上 0x01，右移数值应该加上 0x80。

2. 编写 C51 程序

```c
#include "reg51.h"
#define uint  unsigned int
#define uchar unsigned char
#define LED    P1                  //8 只发光二极管与 P1 端口连接
sbit  key = P3^2;                  //按键与 P3.2 连接
sbit  BEEP = P3^7;                 //蜂鸣器与 P3.7 端口连接
void delay500 (uint ms)            //0.5ms 延时函数，晶振频率为 11.0592MHz
{
  uint i;
  while(ms - - )
    {
        for(i = 0; i < 230; i + + );
    }
}
void LED_disp(void)                //LED 显示函数
{
    uchar i,j,k;                   //定义 i 为循环次数，j,k 为暂存移位值
    j = 0x08;                      //设置左移初值
    k = 0x10;                      //设置右移初值
    for(i = 0;i<5;i + + )          //拉幕式
    {
        LED = ~(j|k);              //移位值取反后送 P1 端口进行显示
        delay500 (1000);
        j = j<<1;                  //使用移位指令实现左移一位
        k = k>>1;                  //使用移位指令实现右移一位
    }
        LED = 0x00;                //全部点亮
        delay500(1000);
        j = 0x01;
        k = 0x80;
    for(i = 0;i<4;i + + )          //闭幕式
    {
        LED = j|k;
        delay500(1000);
        j = (j<<1) + 0x01;
        k = (k>>1) + 0x80;
    }
}
```

```
void sounder(void)                      //声音报警控制函数
{
    uint i,j;
    for(i = 0;i<10;i − −)
    {
        for(j = 200;j>0;j − −)          //输出一串频率为 1kHz 的脉冲
        {
            BEEP = ~BEEP;
            delay500(1);                //延时 0.5ms
        }
        for(j = 200;j>0;j − −)          //输出一串频率为 500Hz 的脉冲
        {
            BEEP = ~BEEP;
            delay500(2);                //延时 1ms
        }
    }
}
void int0() interrupt 0                 // INT0 中断函数
{
    delay500(20);                       //软件去抖
    if(key = = 0)                       //再次确认中断
    {
        sounder();                      //声音报警
    }
}
void int0_INT(void)                     // INT0 中断初始化
{
EA = 1;                                 //开启总中断
  EX0 = 1;                              //允许 INT0 中断
  IT0 = 1;                              // INT0 边沿触发方式
}
void main(void)                         //主函数
{
    int0_INT();                         //调用 INT0 中断初始化函数
    while(1)
    {
        LED_disp();                     //调用 LED 显示函数
    }
}
```

6.2.3 两个按键的外部中断控制

在某单片机应用系统中，P1 口作为输出端口，外接 8 只 LED 发光二极管 D1~D8；$\overline{INT0}$（P3.2）、$\overline{INT1}$（P3.3）分别外接按键 key1 和 key2，P3.7 外接蜂鸣器驱动电路。未按下 key1 或 key2 时，D1~D8 闪烁。当奇数次按下按键 key1 时，D1~D8 每次同时点亮 4 只，点亮 3 次，即 D1~D4 与 D5~D8 交替点亮 3 次。偶数次按下按键 key1 时，则 D1~D8 进行左移和右移 2 次。当按下按键 key2 时，产生报警。按键 key2 的中断优先于按键 key1 的中断。

两个按键的外部中断控制

1. 任务分析

本系统中采用了两个外部中断 $\overline{INT0}$ 和 $\overline{INT1}$，需考虑这两个中断的优先级等问题。$\overline{INT1}$ 与开关 K2 相连，作为报警信号的输入端，因此应将 $\overline{INT1}$ 设为高优先级。$\overline{INT0}$ 控制灯 D1~D8 显示方式，因此需要判断 $\overline{INT0}$ 按下的次数为奇数还是偶数。程序流程如图 6 - 10 所示。

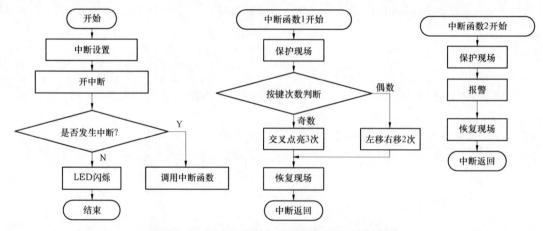

图 6 - 10　两个按键的外部中断控制程序流程图

2. 编写 C51 程序

```
#include "reg51.h"
#define uint  unsigned int
#define uchar unsigned char
#define LED    P1                        //8 只发光二极管与 P1 端口连接
sbit  key1 = P3^2;                       //按键 key1 与 P3.2 连接
sbit  key2 = P3^3;                       //按键 key2 与 P3.3 连接
sbit  BEEP = P3^7;                       //蜂鸣器与 P3.7 端口连接
const tab1[] = {0xf0,0x0f0,0xf0,0x0f0,0xf0,0x0f0,   //同时点亮 4 个灯
         0xaa,0x55,0xaa,0x55,0xaa,0x55,0xff};
const tab2[] = {0xfe,0xfd,0xfb,0xf7,0xef,0xdf,0xbf,0x7f,   //正向流水灯
         0xbf,0xdf,0xef,0xf7,0xfb,0xfd,0xfe,0xff,   //反向流水灯
         0xfe,0xfd,0xfb,0xf7,0xef,0xdf,0xbf,0x7f,   //正向流水灯
         0xbf,0xdf,0xef,0xf7,0xfb,0xfd,0xfe,0xff};   //反向流水灯
```

```
uchar a;                                //用于统计 key1 按下次数
void delay500 (uint ms)                 //0.5ms 延时函数，晶振频率为 11.0592MHz
{
  uint i;
  while(ms − −)
   {
        for(i = 0; i < 230; i + +);
   }
}
void LED_disp1(void)                     //LED 显示函数 1
{
uchar i;
  for(i = 0;i<13;i + +)
   {
        LED = tab1[i];
        delay500(1000);
  }
}
void LED_disp2(void)                     //LED 显示函数 2
{
uchar i;
  for(i = 0;i<32;i + +)
   {
        LED = tab2[i];
        delay500(1000);
  }
}
void sounder(void)                       //声音报警控制函数
{
    uint i,j;
    for(i = 0;i<10;i − −)
    {
      for(j = 200;j>0;j − −)            //输出一串频率为 1kHz 的脉冲
       {
         BEEP = ~BEEP;
         delay500(1);                    //延时 0.5ms
       }
      for(j = 200;j>0;j − −)            //输出一串频率为 500Hz 的脉冲
       {
         BEEP = ~BEEP;
```

```
        delay500(2);                    //延时 1ms
        }
    }
}
void int0() interrupt 0
{
    delay500(20);                       //软件去抖
    if(key1 = = 0)                      //再次确认中断
    {
        a + + ;
        if(a = = 1)
        {
            LED_disp1();
        }
        else if(a = = 2)
        {
            LED_disp2();
            a = 0;
        }
    }
}
void int1() interrupt 2
{
    delay500(20);                       //软件去抖
    if(key2 = = 0)                      //再次确认中断
    {
        sounder();                      //声音报警
    }
}
void int01_INT(void)                    //两个外部中断初始化函数
{
  EA = 1;                               //开启总中断
  EX0 = 1;                              //允许 INT0 中断
  EX1 = 1;                              //允许 INT1 中断
  IT0 = 1;                              // INT0 边沿触发方式
  IT1 = 1;                              // INT1 边沿触发方式
  PX1 = 1;                              // INT1 中断优先
}
void main(void)
{
```

```
    int01_INT();                        //调用两个外部中断初始化函数
    while(1)
    {
        LED = ~LED;                     //D1~D8 闪烁控制
        delay500(1000);
    }
}
```

中断系统是单片机控制的重要部分，在许多应用系统中都应用到了中断控制技术，它能进行分时操作、实时处理及故障处理等。中断处理分为四个阶段：中断请求、中断响应、中断处理和中断返回。

80C51 单片机有 5 个中断源，即外部中断 0 和外部中断 1、定时/计数器 T0 和 T1 的溢出中断，串行接口的接收和发送中断。这 5 个中断源可分为 2 个优先级，由中断优先级寄存器 IP 设置它们的优先级。同一优先级别的中断优先权，由系统硬件确定自然优先级。

与外部中断有关的寄存器是中断允许控制寄存器 IE、定时/计数器控制寄存器 TCON 和中断优先级控制寄存器 IP。在外部中断控制中，IE 是对所有中断源（EA）、外部中断 1（EX1）、外部中断 0（EX0）的开启或禁止；TCON 是对外部中断 1（IT1）、外部中断 0（IT0）的触发方式进行选择；IP 是对外部中断 1（PX1）、外部中断 0（PX0）的优先级设置。

80C51 的 5 个中断源都有固定的矢量地址或中断号，在编写中断服务函数时，不能将矢量地址或中断号写错，外部中断 0 的中断号为 0，外部中断 1 的中断号为 2。

按键主要是用于进行某项工作的开始或结束命令，其工作处于按下与释放这两种状态。为防止按键的误判断，需要对其进行防抖动操作。在单片机系统中，通常采用软件延时的方法进行按键去抖动操作。

1. 什么是中断？什么是中断源？
2. 什么是中断优先级？什么是中断嵌套？
3. 中断处理过程一般有哪几个阶段？
4. 80C51 系列单片机允许有哪几个中断源？各中断源的矢量地址与中断号分别是什么？
5. 外部中断源有电平触发和边沿触发两种触发方式，这两种触发方式怎样设定？
6. 按键消抖有哪些方法？怎样进行软件延时消抖？
7. 在 6.2.2 节中，发光二极管的拉幕式与闭幕式显示是使用移位指令实现的，修改程序，要求用数组的方式实现此操作。
8. 在 6.2.3 中按键 key1（$\overline{INT0}$）实质上是进行了多功能复用，试讲述其多功能复用的原理。

第7章　单片机定时/计数器与数码管显示控制

在单片机应用系统中，常需要实时时钟和计数器，以实现硬件定时（或延时）控制及对外界事件进行计数。80C51 单片机内部有 2 个可编程的定时/计数器：T0 和 T1。它们既可以工作于定时模式，也可以工作于外部事件计数模式。此外，T1 还可以作为串行口的波特率发生器。

7.1　定时/计数器控制

T0 和 T1 为可编程定时/计数器，可编程是指其功能（如工作方式、定时时间、量程、启动方式等）均可通过指令来确定或改变。

7.1.1　定时/计数器的结构和工作原理

1. 定时/计数器的结构

80C51 系列单片机内部定时/计数器的逻辑结构如图 7-1 所示。从图中可以看出，2 个 16 位的可编程定时/计数器 T0、T1，分别由 8 位计数器 TH0、TL0 和 TH1、TL1 构成。它们都是以加"1"的方式计数。TMOD 为方式控制寄存器，主要用来设置定时器/计数器的工作方式；TCON 为控制寄存器，主要用来控制定时器的启动与停止。

定时/计数器控制

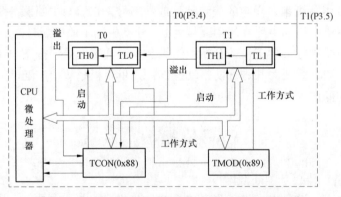

图 7-1　80C51 系列单片机内部定时/计数器逻辑结构

2. 定时/计数器的工作原理

80C51 系列单片机的定时/计数器均有定时和计数两种功能。T0、T1 由 TMOD 的 D6 位和 D2 位选择，其中 D6 位选择 T1 的功能方式，D2 位选择 T0 的功能方式。

（1）定时功能。TMOD 的 D6 或 D2 为"0"时，定时/计数器选择为定时功能。定时功能时通过计数器的计数来实现的。计数脉冲来自单片机内部，每个机器周期产生 1 个计数脉冲，即每个机器周期使计数器加 1。由于 1 个机器周期等于 12 个振荡脉冲周期，所以计数器的计数频率为振荡器频率的 1/12。假如晶振的频率 $f_{osc}=12MHz$ 时，则计数器的计数频率 $f_{cont}=f_{osc}×1/12$ 为 1MHz，即每微秒计数器加 1。这样，单片机的定时功能，就是对单片机的

机器周期数进行计数。由此可知计数器的计数脉冲周期为

$$T = 1/f_{cont} = 1/(f_{osc} \times 1/12) = 12/f_{osc}$$

式中：f_{osc} 为单片机振荡器的频率；f_{cont} 为计数脉冲的频率，f_{cont} 等于 $f_{osc}/12$。

在实际中，可以根据计数值计算出定时时间，也可以反过来按定时时间的要求计算出计数器的初值。

单片机的定时器用于定时，其定时的时间由计数初值和选择的计数器的长度（如 8 位、13 位或 16 位）来确定。

（2）计数功能。TMOD 的 D6 或 D2 为 "1" 时，定时/计数器选择为计数功能。计数功能就是对外部事件进行计数。外部事件的发生以输入脉冲表示，即计数功能实质上就是对外部输入脉冲进行计数。80C51 系列单片机的 T0（P3.4）或 T1（P3.5）信号引脚，作为计数器的外部计数输入端。当外部输入脉冲信号产生由 1 至 0 的负跳变时，计数器的值加 1。

在计数方式下，计数器在每个机器周期的 S5P2 期间，对外部脉冲输入进行 1 次采样。如果在第 1 个机器周期中采样到高电平 "1"，而在第 2 个机器周期中采样到 1 个有效负跳变脉冲，即低电平 "0"，则在第 3 个机器周期的 S3P1 期间计数器加 1。由此可见，采样 1 次由 "1" 至 "0" 的负跳变计数脉冲需要花 2 个机器周期，即 24 个振荡器周期，故计数器的最高计数频率为 $f_{cont} = f_{osc} \times 1/24$。例如单片机的工作频率 f_{osc} 为 12MHz，则最高的采样频率为 $12 \times 1/24$ 等于 0.5MHz。对外部脉冲的占空比并没有什么限制，但外部计数脉冲的高电平和低电平保持时间均必须在 1 个机器周期以上，方可确保某一给定的电平在变化之前至少采样 1 次。

7.1.2　定时/计数器的控制寄存器

80C51 单片机定时/计数器的工作由两个特殊功能寄存器控制：TMOD 用于设置其工作方式；TCON 用于控制其启动和中断申请。

1. T0 和 T1 的方式控制寄存器 TMOD（Timer/Counter Control Register）

T0 和 T1 的方式控制寄存器 TMOD，是 1 种可编程的特殊功能寄存器。用于设定 T1 和 T0 的工作方式，其中高 4 位 D7～D4 控制 T1，低 4 位 D3～D0 控制 T0，各位定义如表 7–1 所示。

表 7–1　　　　　　　　　　TMOD 各 位 定 义

TMOD	D7	D6	D5	D4	D3	D2	D1	D0
位符号名	GATE	C/$\overline{T}$	M1	M0	GATE	C/$\overline{T}$	M1	M0

（1）GATE（Gating control bit）：门控位，用来控制定时器启停操作方式。

当 GATE = 0 时，外部中断信号 $\overline{INTi}$（i = 0 或 1，$\overline{INT0}$ 控制 T0 计数；$\overline{INT1}$ 控制 T1 计数）不参与控制，定时器只由 TR0 或 TR1 位软件控制启动和停止。TR1 或 TR0 位为 "1"，定时器启动开始工作；为 "0" 时，定时器停止工作。

当 GATE = 1 时，定时器的启动要由外部中断信号 $\overline{INTi}$ 和 TR0（或 TR1）位共同控制。只有当外部中断引脚 $\overline{INTi}$ = 1 为高，且 TR0（或 TR1）置 "1" 时才能启动定时器工作。

（2）C/$\overline{T}$（Time or Counter selector bit）：功能选择位。当 C/$\overline{T}$ = 0 时选择定时器为定时功能，计数脉冲由内部提供，计数周期等于机器周期。当 C/$\overline{T}$ = 1 时选择计数器为计数功能，计

数脉冲为外部引脚 T0（P3.4）或 T1（P3.5）引入的外部脉冲信号。

（3）M1 和 M0：T0 和 T1 操作方式控制位。定时器的操作方式由 M1、M0 状态决定，这两位有 4 种编码，对应于 4 种工作方式。4 种方式定义如表 7-2 所示。

表 7-2　　　　　　　　　　　T0 和 T1 工作方式选择

M1　M0	工作方式	功　能　简　述
0　0	方式 0	13 位计数器，只用 TLi 低 5 位和 THi 的 8 位
0　1	方式 1	16 位计数器
1　0	方式 2	8 位自动重装初值的计数器，THi 的值在计数中保持不变，TLi 溢出时，THi 中的值自动装入 TLi 中
1　1	方式 3	T0 分成 2 个独立的 8 位计数器

2. T0 和 T1 的控制寄存器 TCON（Timer/Counter Mode Register）

T0 和 T1 的控制寄存器 TCON，也是 1 种 8 位的特殊功能寄存器。用于控制定时器的启动、停止及定时器的溢出标志和外部中断触发方式等，各位定义如表 7-3 所示。

表 7-3　　　　　　　　　　　TCON 各 位 定 义

TCON	TCON.7	TCON.6	TCON.5	TCON.4	TCON.3	TCON.2	TCON.1	TCON.0
	0x8F	0x8E	0x8D	0x8C	0x8B	0x8A	0x89	0x88
位符号名	TF1	TR1	TF0	TR0	IE1	IT1	IE0	IT0

TCON 中的高 4 位是定时器控制位，低 4 位与外部中断有关，在此仅介绍与定时/计数器相关的位，TCON 中的低 4 位在第 6 章中已讲解。

（1）TF1 和 TF0（TCON.7 和 TCON.5　Time1 or Time0 Overflow flag）：定时器 1 和定时器 0 的溢出标志。当定时器计数溢出时，由硬件置"1"，向 CPU 发出中断请求。中断响应后，由硬件自动清"0"。在查询方式下这两位作为程序的查询标志位，由软件将其清"0"。

（2）TR1 和 TR0（TCON.6 和 TCON.4　Time1 or Time0 Run control bit）：定时器 1 和定时器 0 的启动/停止控制位。当要停止定时器工作时 TRi 由软件清"0"；若要启动定时器工作时 TRi 由软件置"1"。

GATE 门控位和外部中断引脚 $\overline{INTi}$ 影响定时器的启动，当 GATE 为"0"时，TRi 为"1"控制定时器的启动；当 GATE 为"1"时，除 TRi 为"1"外，还需外部中断引脚 $\overline{INTi}$ 为"1"才能启动定时器工作。

7.1.3　定时/计数器的工作方式

定时/计数器 T0 和 T1 有 4 种工作方式，即方式 0、方式 1、方式 2、方式 3。通过对定时器的 TMOD 中 M1 M0 位的设置，可以选择这 4 种工作方式。当 T0 和 T1 工作于方式 0、方式 1 时，其功能相同，工作于方式 3 时，T0 和 T1 的功能有所不同。

（1）工作方式 0。当 TMOD 设置 M1 M0 为 00 时，T0 和 T1 定时/计数器工作于方式 0。方式 0 是一个 13 位的定时/计数器，16 位的寄存器只用了高 8 位（THi）和低 5 位（TLi 的 D4～D0 位），TLi 的高 3 位未用。定时器方式 0 的逻辑结构见图 7-2。

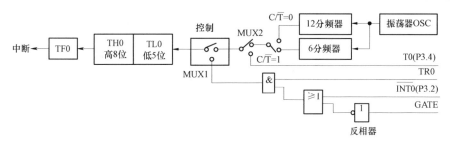

图 7-2　定时/计数器 T0（或 T1）方式 0 的逻辑结构图

图 7-2 中，C/$\overline{\text{T}}$ 是 TMOD 中的控制位；TR0 是定时/计数器的启停控制位；GATE 是门控制位，用来释放或封锁 $\overline{\text{INT0}}$ 信号；$\overline{\text{INT0}}$ 是外部中断 0 的输入端；TF0 是溢出标志。

当 C/$\overline{\text{T}}$＝0 时，选择为定时器方式。多路开关 MUX1 与连接振荡器的 12 分频器或 6 分频器输出连通，此时 T0 对机器周期进行计数。其定时时间 t 为

$$t＝（2^{13}-X）×12（或6）/f_{osc}＝（2^{13}-X）×计数周期或$$
$$（2^{13}-X）×振荡器周期×12（或6）$$

计数初值 $X＝2^{13}-t×f_{osc}/12（或6）$

计算 t 时，公式中的 12 表示 MUX1 连接 12 分频器；6 表示 MUX1 连接 6 分频器。若采用 12 分频器，晶振频率为 12MHz 时，最小的定时时间为

$$T_{min}＝[2^{13}-（2^{13}-1）]×12/（12×10^6）＝1μs$$

最大的定时时间为

$$T_{max}＝（2^{13}-0）×12/（12×10^6）＝8192μs$$

式中，t 为定时时间。

当 C/$\overline{\text{T}}$＝1 时，选择计数方式。多路开关 MUX2 与定时器的外部引脚连通，外部计数脉冲由 T0 引脚输入。当外部信号电平发生由 1 至 0 的跳变时，计数器加 1，这时 T0 成为外部事件的计数器。

计数范围为 1～8192（2^{13}）；计数初值 $X_0＝2^{13}-$计数值。

定时/计数器的启停，主要由 GATE 和 TR0 控制。定时/计数器的启动过程如下：

当 GATE＝0 时，反相为 1，"或门"输出为"1"，"与门"打开，使定时器的启动只受 TRi 的控制。此情况下 $\overline{\text{INTi}}$ 引脚的电平变化对"或门"不起作用。TRi 为"1"时接通控制开关 MUX1，计数脉冲加到计数器上，每来 1 个计数脉冲，计数器加 1，当加到 0 时产生溢出使 TFi 置位，并申请中断。而定时器仍可以从 0 开始计数，只有当 TRi 置 0 时，断开控制开关 MUX2，计数停止。

当 GATE＝1 时，反相为"0"，"或门"输入 1 个"0"，只有 $\overline{\text{INTi}}$ 引脚为"1"时，"或门"才能输出"1"，打开"与门"。当 TRi＝1 时，"与门"打开，计数脉冲才能加到计数器上，利用此特性可以对外部信号的脉冲宽度进行测试。

（2）工作方式 1。通过设置 M1 M0＝01 时，定时器工作于方式 1。当 Ti 工作于方式 1 时，被设置为 16 位的计数/定时器，由 THi 和 TLi 两个 8 位寄存器组成。逻辑结构如图 7-3 所示。

从图 7-3 可以看出，方式 1 是 16 位定时/计数器，其结构和工作过程与方式 0 基本相同。

定时时间 t 为

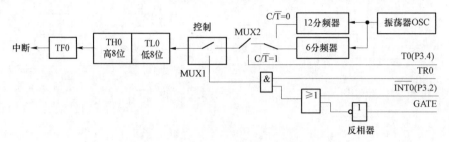

图 7-3　定时/计数器 T0（或 T1）方式 1 的逻辑结构

$$t = (2^{16} - X_0) \times 12(\text{或 } 6)/f_{\text{osc}}$$

计数初值 X 为

$$X = 2^{16} - t \times f_{\text{osc}}/12(\text{或 } 6)$$

若采用 12 分频器，晶振频率为 12MHz 时，最小的定时时间为

$$T_{\min} = [2^{16} - (2^{16} - 1)] \times 12/(12 \times 10^6) = 1 \text{（μs）}$$

最大的定时时间为

$$T_{\max} = (2^{16} - 0) \times 12/(12 \times 10^6) = 65536 \text{（μs）}$$

计数范围为 1~65536（2^{16}）

（3）工作方式 2。当方式 0、方式 1 用于循环重复定时计数时，每次计满溢出，寄存器全部为 0，第二次计数还得重新装入计数初值。这样编程麻烦，而且影响定时时间精度，而方式 2 解决了这种缺陷。方式 2 是能自动重装计数初值的 8 位计数器。

当编程使方式寄存器 TMOD 设置 M1 M0＝10 时，T0 和 T1 定时/计数器工作于方式 2。在方式 2 中，把 16 位的计数器拆成两个 8 位计数器，低 8 位作计数器用，高 8 位用以保存计数初值。方式 2 的逻辑结构如图 7-4 所示。

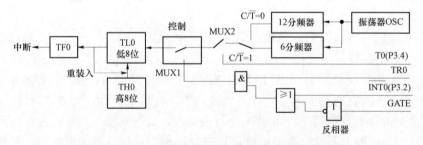

图 7-4　定时/计数器 T0（或 T1）方式 2 的逻辑结构

初始化时，8 位计数初值同时装入 TL0 和 TH0 中。当低 8 位计数产生溢出时，将 TFi 位置 1，同时又将保存在高 8 位中的计数初值重新自动装入低 8 位计数器中，然后 TL0 重新计数，循环重复不止。这样不但省去了用户程序中的重装指令，而且也有利于提高定时精度。但由于方式 2 采用 8 位计数，所以定时/计数长度有限。

计数初值　$X = 2^8 - $ 计数值 $= 2^8 - t \times f_{\text{osc}}/12$（或 6）

式中 t 为定时时间。初始化编程时，THi 和 TLi 都装入此 X_0 值。

方式 2 适用于作较精确的脉冲信号发生器，特别适用于串行口波特率发生器。

（4）工作方式 3。前 3 种工作方式，对定时/计数器 T0 和 T1 的设置和使用完成相同，但是在方式 3 中，T0 和 T1 的使用差别很大。

1）T0 工作于方式 3。T0 工作于方式 3 时，T0 的逻辑结构如图 7-5 所示。T0 在该方式下被拆成两个独立的 8 位计数器 TH0 和 TL0，其中 TL0 使用计数器 T0 的一些控制位和引脚：$C/\overline{T}$、GATE、TR0、TF0 和 T0（P3.4）引脚及 $\overline{INT0}$（P3.2）引脚。此方式下 TL0 的其功能和操作与方式 0、方式 1 完全相同，既可作定时也可作计数用，其内部结构如图 7-5（a）所示。

该方式下 TH0 与 TL0 的情况相反，只可用作简单的内部定时器功能。由于 T0 的控制位被 TL0 占用了，它只好借用定时器 T1 的控制位和溢出标志位 TR1 和 TF1，同时占用了 T1 的中断源。TH0 的启动和关闭受 TR1 的控制，TR1=1，TH0 启动定时；TR1=0，TH0 停止定时工作。该方式下 TH0 的内部结构如图 7-5（b）所示。

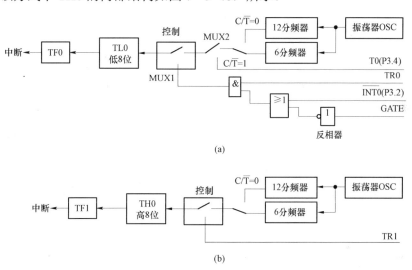

图 7-5　方式 3 下 T0 的内部逻辑结构

（a）方式 3 下 TL0 结构；（b）方式 3 下 TH0 结构

由于 TL0 既能作定时又能作计数器使用，而 TH0 只能作定时器使用，所以在方式 3 下，T0 可构成两个定时器和一个计数器。

2）方式 3 下的 T1。T0 工作于方式 3 时，由于 TH0 借用了 T1 的运行控制位 TR1 和溢出标志位 TF1，所以 T1 此时不能工作于方式 3，而只能工作于方式 0、方式 1 和方式 2 状态下，如图 7-6 所示。

T0 工作于方式 3 时，T1 一般用作串行口波特率发生器，以确定波特率发生器的速率。由于计数溢出标志被 TH0 占用，因此只能将计数溢出直接送入串行口。T1 作串行口波特率发生器使用时，设置好工作方式后，定时器 T1 自动开始运行。若要停止操作，只需送入 1 个设置定时器 1 为方式 3 的方式控制字。

7.1.4　定时/计数器的使用方法

1. 定时/计数器初始化函数的编写

由于定时器的功能是由软件来设置的，所以一般在使用定时器/计数器前均要对其进行初始化。

（1）初始化步骤。

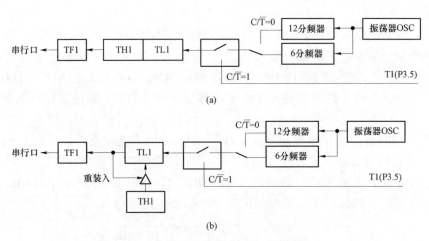

图 7-6　T0 在方式 3 时 T1 的结构

(a) T1 方式 1（或方式 0）；(b) T1 方式 2

1）确定工作方式、操作模式及启动控制方式——写入 TMOD、TCON 寄存器。

2）预置定时器/计数器的初值——直接初值写入 TH0、TL0 或 TH1、TL1。

3）根据要求是否采用中断方式——直接对 IE 位赋值。开放中断时，对应位置 1；采用程序查询方式时，IE 相应位清 0，进行中断屏蔽。

4）启动或禁止定时器工作——将 TR0 或 TR1 置 1 或清 0。

（2）计数初值的计算。定时器/计数器在不同的工作方式下，其计数初值是不相同的。若设最大计数值为 2^n，n 为计数器位数，各操作方式下的 2^n 值为

方式 0：$2^n = 8192$；$n = 13$

方式 1：$2^n = 65536$；$n = 16$

方式 2：$2^n = 256$；$n = 8$

方式 3：$2^n = 256$；$n = 8$，定时器 T0 分成 2 个独立的 8 位计数器，所以 TH0 和 TL0 的最大计数值均为 256。

单片机中的 T0、T1 定时器均为加 1 计数器，当加到最大值（0x00 或 0x0000）时产生溢出，将 TFi 位置 1，可以出溢出中断，所以计数器初值 X 的计算式为

$$X = 2^n - 计数值$$

式中的 2^n 由工作方式确定，不同的工作方式计数器的长度不相同，所以 2^n 值也不相同。而式中的计数值与定时器的工作方式有关。

1）计数方式时。计数方式时，计数脉冲由外部引入，是对外部脉冲进行计数，所以计数值应根据要求计数的次数来确定。其计数初值为 $X = 2^n - 计数值$。

例如，某工序要求对外部信号计 150 次，计数值即为 150，计数初值为 $X = 2^n - 150$。

2）定时方式时。定时方式时，因为计数脉冲由内部供给，是对机器周期进行计数，所以计数脉冲频率为 $f_{count} = f_{osc} \times 1/12$（12 时钟模式）或等于 $f_{osc} \times 1/6$（6 时钟模式），计数周期 $T = 1/f_{count}$。定时方式的计数初值为

$$X = 2^n - 计数值 = 2^n - t/T = 2^n - (f_{osc} \times t) / (12 \text{ 或 } 6)$$

式中：f_{osc} 为振荡器的振荡频率；t 为要求定时的时间。标准 80C51 系列单片机中 f_{osc} 只

有 12 分频，即只工作在 12 时钟模式（每机器周期为 12 时钟），而增强型单片机（例如 AT89S51/S52）还可以工作在 6 时钟模式（每机器周期为 6 时钟），即具有 12 分频和 6 分频两种模式。

单片机的主频为 6MHz，要求产生 1ms 的定时，试计算计数初值 X。若设置定时器在方式 1 下，定时 1ms，选用 12 分频，则计数初值 X 为

$$X = 65536 - [(6 \times 10^6) \times (1 \times 10^{-3})]/12 = 65536 - (6 \times 1 \times 10^3)/12$$
$$= 65536 - 500 = 65036 = 0xFE0C$$

[例 7-1] 设置 T1 作为定时器使用，工作在方式 1 下，定时 50ms，允许中断，软启动；T0 作为计数器使用，工作在方式 2，对外部脉冲进行计数 10 次，硬启动，禁止中断。编写其初始化函数，设 f_{osc} 为 6MHz。

解　T0 作为计数器使用，工作在方式 2，硬启动，所以计数初值 X_0 为

$$X_0 = 256 - 10 = 246 = 0xF6$$

T1 作为定时器使用，工作方式 1，定时 50ms，软启动，所以其计数初值 X_1 为

$$X_1 = 65536 - [(6 \times 10^6) \times (50 \times 10^{-3})]/12 = 65536 - 6 \times 10 \times 10^{-3}/12$$
$$= 65536 - 25000 = 40536 = 0x9E58$$

TMOD 设置为：00011110（0x1E）

初始化函数编写如下：

```
void timer_INT(void)
{
    TMOD = 0x1E;        //设置方式控制字
    TH0 = 0xF6;          //定时器 T0 计数初值
    TL0 = 0xF6;
    TH1 = 0x9E;          //定时器 T1 计数初值
    TL1 = 0x58;
    EA = 1;             //开启总中断
    ET1 = 1;            //允许 T1 中断
    TR0 = 1;            //启动 T0
    TR1 = 1;            //启动 T1
}
```

2. 定时/计数器服务函数的编写

定时/计数器可以使用查询或中断的方式进行服务函数的编写。

（1）查询方式。使用查询方式编写服务函数时，主要是通过判断 TCON 中的 TFi 位的状态来进行。如果 TFi 这位为 1，表示 THi 和 TLi 已产生溢出，定时或计数次数已达到设定值。如：

```
void  Timer1 (void)
 {
    if (TF1 = = 1)
     {
```

```
        函数体语句 ；
      }
   }
```

（2）中断方式。使用中断方式编写服务函数时，不需要判断 TFi 位的状态，但在定时/计数器初始化时，还需将 EA 置 1，开启总中断。使用中断方式编写服务函数的格式：

```
void 函数名（参数） interrupt n using m
{
   函数体语句；
}
```

其中，interrupt 后面的 n 是中断号；关键字 using 后面的 m 是所选择的工作寄存器组，取值范围为 0～3，定义中断函数时，using 是一个可选项，可以省略不用。

例如：void　Timer1()interrupt　3　　//定时器 1 中断

80C51 单片机的中断过程通过使用 interrupt 关键字的中断号来实现，中断号告诉编译器中断程序的入口地址。入口地址和中断编号请参照第 6 章中的表 6－1。

7.2　数码管显示控制

LED 数码管由多个发光二极管构成，能显示数字、特殊字形的显示器件。它具有结构简单、价格便宜等特点，广泛应用于单片机应用系统中。

数码管的显示原理

7.2.1　数码管的显示原理

1. 数码管的结构及字型代码

通常 7 段 LED 数码管，它是由 8 个发光二极管组成，其中 7 个 LED 呈"日"字形排列，另外 1 个 LED 用于表示小数点（dp），其结构及连接如图 7－7 所示。由于小数点 dp 通常不显示，LED 数码管又称为 7 段 LED 数码管。当某一发光二极管导通时，相应地点亮某一点或某一段笔画，通过二极管不同的亮暗组合形成不同的数字、字母及其他符号。

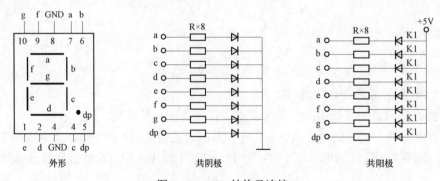

图 7－7　LED 结构及连接

LED 数码管中发光二极管有两种接法：① 所有发光二极管的阳极连接在一起，这种连接方法称为共阳极接法；② 所有二极管的阴极连接在一起，这种连接方法称为共阴极接法。共阴极的 LED 高电平时对应的段码被点亮，共阳极的 LED 低电平时对应段码被点亮。一般共阴极可以不外接电阻，但共阳极中的发光二极管一定要外接电阻。

LED 数码管的发光二极管亮暗组合实质上就是不同电平的组合，也就是为 LED 显示器提供不同的代码，这些代码称为字形代码，即段码。7 段发光二极管加上 1 个小数点 dp 共计 8 段，字形代码与这 8 段的关系如下：

数据字	D7	D6	D5	D4	D3	D2	D1	D0
LED 段	dp	g	f	e	d	c	b	a

字形代码与十六进制数的对应关系如表 7-4 所示。从表中可以看出，共阴极与共阳极的字形代码互为补数。

表 7-4　　　　　　　　字形代码与十六进制数的对应关系

字符	dp	g	f	e	d	c	b	a	段码（共阴）	段码（共阳）
0	0	0	1	1	1	1	1	1	0x3F	0xC0
1	0	0	0	0	0	1	1	0	0x06	0xF9
2	0	1	0	1	1	0	1	1	0x5B	0xA4
3	0	1	0	0	1	1	1	1	0x4F	0xB0
4	0	1	1	0	0	1	1	0	0x66	0x99
5	0	1	1	0	1	1	0	1	0x6D	0x92
6	0	1	1	1	1	1	0	1	0x7D	0x82
7	0	0	0	0	0	1	1	1	0x07	0xF8
8	0	1	1	1	1	1	1	1	0x7F	0x80
9	0	1	1	0	1	1	1	1	0x6F	0x90
A	0	1	1	1	0	1	1	1	0x77	0x88
B	0	1	1	1	1	1	0	0	0x7C	0x83
C	0	0	1	1	1	0	0	0	0x39	0xC6
D	0	1	0	1	1	1	1	0	0x5E	0xA1
E	0	1	1	1	1	0	0	1	0x79	0x86
F	0	1	1	1	0	0	0	1	0x71	0x8E
—	0	1	0	0	0	0	0	0	0x40	0xBF
.	1	0	0	0	0	0	0	0	0x80	0x7F
熄灭	0	0	0	0	0	0	0	0	0x00	0xFF

2. LED 数码管的显示方式

在单片机应用系统中一般需使用多个 LED 显示器，这些显示器是由 n 根位选线和 $8 \times n$ 根段选线连接在一起的，根据显示方式不同，位选线与段选线的连接方法也不相同。段选线控制字符选择，位选线控制显示位的亮或暗。其连接方法如图 7-8 所示，连接方法的不同，使得 LED 显示器有静态显示和动态显示两种方式。

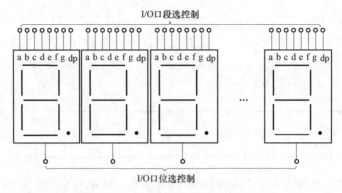

图7-8　　*n* 个 LED 显示器的连接方法

（1）静态显示。在静态显示方式下，每位数码管的 a~g 和 dp 端与一个 8 位的 I/O 端口连接，其电路如图 7-9 所示。当 LED 显示器要显示某一个字符时，相应的发光二极管恒定地导通或截止即可。例如 LED 显示器要显示"0"时，a、b、c、d、e、f 导通，g、dp 截止。单片机将所要显示的数据送出去后就不需再管，直到下一次显示数据需更新时再传送一次数据，显示数据稳定，占用 CPU 时间少。但这种显示方式，每一位都需要一个 8 位输出口控制，所以占用硬件多，如果单片机系统中有 *n* 个 LED 显示器时，需 8×*n* 根 I/O 口线，所占用的 I/O 资源较多，需进行扩展。

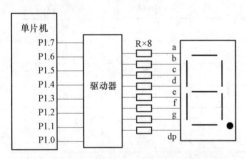

图7-9　数码管静态显示接口电路

图 7-9 中，"驱动器"可以是 1413、7406、7407、74HC240、74HC245、普通三极管等。值得一提的是：大多数驱动器输出采用集电极开路形式，也就是输出电流为灌电流，适合选用共阳极数码管。

（2）动态显示。动态显示方式的工作原理是：逐个地循环点亮各个显示器，也就是说在任一时刻只有 1 位显示器在显示。为了使人看到所有显示器都是在显示，就得加快循环点亮各位显示器的速度（提高扫描频率），利用人眼的视觉残留效应，给人感觉到与全部显示器持续点亮的效果一样。一般地，每秒循环扫描不低于 50 次。在这里需要指出的是，由于每位显示器只有部分时间点亮，因此看上去亮度有所下降，为了达到与持续点亮一样的亮度效果，必须加大显示器的驱动电流。一般有几位显示器，电流就加大几倍。

图 7-10 所示是 8 位数码管动态显示的电路原理图，图中数码管为共阳极数码管。从图中可以看出，各位数码管的段码（a~g、dp）端并联在一起，通过驱动器与单片机系统的 P1 口相连，每只数码管的共阳极通过电子开关（三极管）与 Vcc 相连，电子开关受控于 P3 口。要点亮某一位数码管时先将该位显示代码送 P1 口，再选通该电子开关。

7.2.2　单个数码管定时循环显示

使用 P0 端口控制 1 位共阳极 LED 数码管循环显示数字 0~9、字符"A~F"，要求使用定时器在查询方式下进行 1s 的硬件延时。

单个数码管定时循环显示

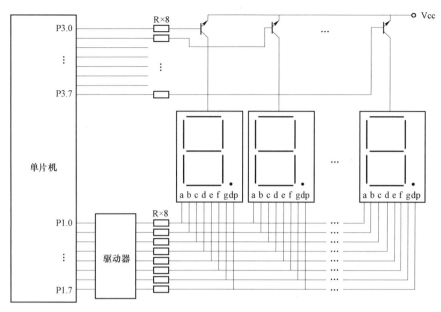

图 7－10　动态显示电路原理图

1. 任务分析

单个数码管定时循环显示电路原理如图 7－11 所示，图中 LED 为 7 段共阳极数码管，不含 dp 段。数码管的 A～G 段由 P0 输出控制，P0 外接上拉电阻（PR1）；数码管的片选端由 C8550 进行驱动。编写程序时，首先将显示数字 0～9、字符 "A～F" 及 " － " 的段码值存入 LED_tab 中，然后每隔 1s 的时间将 LED_tab 中的内容送给 P0 端口即可完成显示操作。

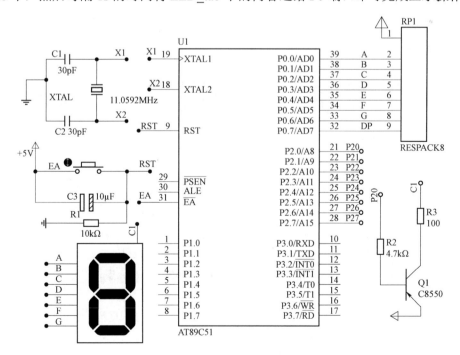

图 7－11　单个数码管定时循环显示电路原理图

单片机晶振频率为 11.0592MHz，T0 的直接延时最大时间为 $2^{16}\mu s$（即 65536μs），直接延时时间不能达到 1s，因此需变量 count。通过每次延时 50ms，count 加 1，当 count 为 20 时，延时 $20\times50=1000ms=1s$，这样就达到延时 1s 的目的。使用 T0 延时 50ms，计数初值 $X_0=0x4C00$，即 TH0＝0x4C，TL0＝0x00。

2. 编写 C51 程序

```c
#include "reg51.h"
#define uint  unsigned int
#define uchar unsigned char
#define  LED    P0                      //8 只发光二极管与 P0 端口连接
sbit  LED_CS = P2^0;
uchar count;                            //统计 50ms 的计时次数
uchar LED_tab[] = {0xC0,0xF9,0xA4,0xB0,0x99,0x92,        //共阳极 LED0～F 的段码
                0x82,0xF8,0x80,0x90,0x88,0x83,
                0xC6,0xA1,0x86,0x8E};
void timer0(void)                       //T0 定时 50ms 函数，查询方式
{
    if(TF0 = = 1)                       //定时溢出标志 TF = 1?
    {
        count + + ;                     //是，表示已延时 50ms,计时次数加 1
        TH0 = 0x4C;                     //重新装载定时初值
        TL0 = 0x00;
        TF0 = 0;                        //定时溢出标志 TF = 0，为下次定时做好准备
    }
}
void LED_disp(void)                     //数码管显示函数
{
    uchar i;
    if(count = = 20)                    //50ms 计时达 20 次?
    {
        count = 0;                      //50ms 计时次数清 0
        if(i<16)                        //数组中的显示段码是否没取完?
        {
            LED = LED_tab[i];           //未取完,取相应段码送给 P0 端口进行显示
            i + +;                      //指向数组中下一个元素
        }
        else                            //已取完,将 i 复位，重新开始下一轮循环
        { i = 0; }
    }
}
```

```
void timer0_INT(void)              //T0 初始化函数
{
    TMOD = 0x01;                   //T0 用于定时，工作方式 1
    TH0 = 0x4C;                    //晶振频率为 11.0592MHz，50ms 定时初值
    TL0 = 0x00;
    ET0 = 0;                       //禁止 T0 中断
    TR0 = 1;                       //启动 T0
    EA = 0;                        //关闭所有中断
}
void main(void)
{
    LED_CS = 0;                    //使数码管 CS 端有效
    timer0_INT();                  //调用 T0 初始化函数
    while(1)
    {
        timer0();                  //调用 T0 定时 50ms 函数
        LED_disp();                //调用数码管显示函数
    }
}
```

7.2.3　两位数码管 99s 倒计时显示

两位数码管 99s 倒计时显示

单片机的 P3.2、P3.3 分别外接启动/暂停按键 key1 和复位按键 key2；P0 端口外接进行秒表显示的共阳极数码管的段码，P2.0～P2.1 外接数码管的片选端；P3.7 外接蜂鸣器驱动电路。要求两个按键采用外部中断方式，秒表计时使用单片机的硬件延时方式，倒计时为 0s 时，数码管显示"00"，同时蜂鸣器发出持续声音。

1. 任务分析

根据任务要求，其电路原理如图 7-12 所示，在此电路图中，使用了两位一体的共阳极数码管，即将数码管的相应段码并联在一起，两位数码管采用动态循环扫描的方式进行显示。

使用单片机的硬件延时，可采用 T0 中断方式实现；两个按键采用外部中断方式进行控制，则需要编写两个外部中断服务函数，所以本任务需要 3 个中断服务函数。

外部中断 0 服务函数，主要任务是启动或暂停定时器 T0。在此函数中，首先使蜂鸣器不发声，然后根据 key1 按下的次数执行相应操作。如果 key1 奇数次按下，则启动定时器 T0 工作；如果 key1 偶数次按下，则定时器 T0 暂停工作。

外部中断 1 服务函数，主要任务是将秒表复位。在此函数中，如果 key2 按下，则恢复倒计时初值、蜂鸣器不发声、定时器 T0 暂停工作、统计 key1 值复位。

99s 倒计要求使用内部定时器完成，所以在此使用定时器 T0 来进行硬件延时。由于定时器在方式 1 下，直接延时的时间最长，可达 65ms。为了计算方便，在此取 50ms，那么累计 20 次的 50ms 即可达 1s。晶振频率为 11.0592MHz，T0 在方式 1 下，延时 50ms 时预置值 TH0＝0x4C，TL0＝0x00。定时器工作方式 1 下，每次溢出中断后，TH0 和 TL0 的预置值要

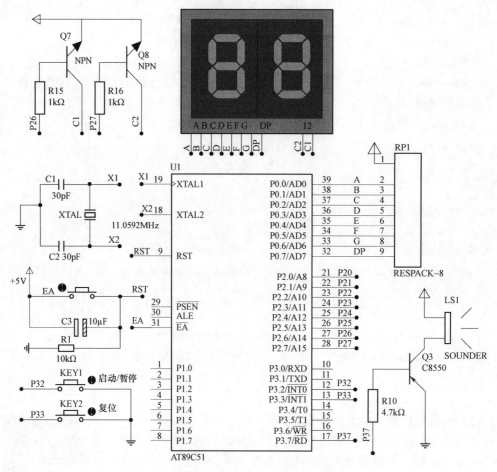

图 7-12   两位数码管 99s 倒计时显示电路原理图

重新装载。定时器 T0 中断服务函数的任务是每隔 50ms，count 加 1，并且对 TH0 和 TL0 重装定时预置值。

为控制两个外部中断服务函数和定时器 T0 中断服务函数，需要由相应的外部中断初始化函数和定时器 T0 初始化函数进行设置与管理。在外部中断初始化函数中，开启总中断（EA=1）、允许外部中断 0（EX0=1）和外部中断 1（EX1=1）中断、设置两个外部中断为边沿触发方式（IT0=1，IT1=1）。在定时器 T0 初始化函数中，设置 T0 用于定时，即TMOD=0x01，50ms 的定时预置值（TH0=0x4C，TL0=0x00），允许 T0 溢出中断（ET0=1），注意在此函数中不能启动 T0 定时，即不能书写 TR0=1。因为 T0 的启动与停止由外部中断 0服务函数进行控制。

为完成倒计时操作，可书写秒数据处理函数。在此函数中，count 为 20 时，表示已延时1s，那么 count 清 0，为下次 1s 计数做好准备。同时，判断倒计时值 dat 是否大于 0，若大于0，表示还未倒计时到 0s，dat 要减 1；否则，dat 等于 0，蜂鸣器低电平持续发声。

要进行时间显示，应完成两个任务，即显示数据的分离与数码管显示控制，在此可使用两个函数来实现。显示数据分离是将倒计时值 dat 分离成十位数据（data_H）与个位数据（data_L），十位数据是 dat 除以 10 的商，个位数据是 dat 除以 10 的余数。数码管显示控制是首先将片选位（CS）置为 0x00 进行消隐操作，再将 CS 设置为 0x80，并将 data_H 对应的段码值送给 P0 端口，以显示秒表的十位数据，延时片刻后，将 CS 设置为 0x40，并将 data_L 对应的段码值送给 P0 端口，以显示秒表的个位数据。

在主函数中，首先调用外部中断初始化函数和定时器 T0 初始化函数，然后调用秒数据处理函数、显示数据分离函数和数码管显示函数，并对这 3 个函数进行循环执行调用即可。

2. 编写 C51 程序

```c
#include <reg51.h>
#define uint  unsigned int
#define uchar unsigned char
#define LED    P0                   //8 位数码管段码与 P0 端口连接
#define CS     P2                   //8 位数码管位选与 P2 端口连接
sbit SPK = P3^7;                    //蜂鸣器与 P3.7 连接
uchar LED_code[] = {0xC0,0xF9,0xA4,0xB0,0x99,0x92,0x82,0xF8,
                                    //共阳极 LED0~F 的段码
          0x80,0x90,0x88,0x83,0xC6,0xA1,0x86,0x8E,0xBF};
                                    //"0xBF"表示" － "
uchar dis_buff[2];
uint dat = 99;                     //预置倒计时初值
uint count;                        //统计 50ms 的计时次数
uint cnt;                          //统计 key1 按下次数
uint data_H,data_L;
void delay500 (uint ms)            //0.5ms 延时函数，晶振频率为 11.0592MHz
{
  uint i;
  while(ms - - )
   {
    for(i = 0; i < 230; i + +);
   }
}
void int00(void) interrupt 0       //外部中断 0(key1)函数
{
  delay500(20);                    //延时去抖
  if(INT0 = = 0)
   {
    cnt + + ;
    SPK = 1;                       //蜂鸣器不发声
    if(cnt = = 1)                  //key1 奇数次按下
      { TR0 = 1;}                  //开启 T0
    else                           //key1 偶数次按下
```

```
      {
        TR0 = 0;                           //暂停 T0
        cnt = 0;
      }
    }
}
void int01(void) interrupt 2             //外部中断 1(key2)函数
{
  delay500(20);                          //延时去抖
  if(INT1 = = 0)                         //外部中断 1(key2)函数
    {
      dat = 99;                          //恢复倒计时初值
      SPK = 1;                           //蜂鸣器不发声
      TR0 = 0;                           //暂停 T0
      cnt = 0;                           //统计 key1 值清 0
    }
}
void timer0() interrupt 1                //定时器 0 中断函数
{
  count + + ;                           //统计 50ms 值加 1
  TH0 = 0x4C;                            //晶振为 11.0592MHz 时 50ms 定时预置值
  TL0 = 0x00;
}
void data_timer(void)                    //秒数据处理函数
{
  if(count = = 20)                       //1s 时间到
    {
      count = 0;                         //统计 50ms 的计时次数复位
      if(dat>0)                          //倒计时大于 0s
      {    dat - - ; }                   //倒计时值减 1
      else                               //倒计时等于或小于 0s
        {
          dat = 0;                       //倒计时值清零
          SPK = 0;                       //蜂鸣器持续发声
        }
    }
}
void timer0_INT(void)                    //定时器 0 初始化函数
{
  TMOD = 0x01;                           //定时器 0 工作方式 1，用于定时功能
```

```
    TH0 = 0x4C;                        //晶振为 11.0592MHz 时 50ms 定时预置值
    TL0 = 0x00;
    ET0 = 1;                           //允许 T0 中断
}
void int01_INT(void)                   //外部中断初始化函数
{
    EA = 1;                            //开启总中断
    EX0 = 1;                           //允许外部中断 0 中断
    EX1 = 1;                           //允许外部中断 1 中断
    IT0 = 1;                           //外部中断 0 为边沿触发方式
    IT1 = 1;                           //外部中断 1 为边沿触发方式
}
void data_int()                        //显示数据分离函数
{
    data_H = dat/10;                   //获取秒十位数据
    data_L = dat%10;                   //获取秒个位数据
    dis_buff[1] = data_H;
    dis_buff[0] = data_L;
}
void display()                         //数码管显示函数
{
    CS = 0x00;                         //数码管消隐
    CS = 0x80;                         //选择显示秒十位
    LED = LED_code[dis_buff[1]];
    delay500(2);
    CS = 0x40;                         //选择显示秒个位
    LED = LED_code[dis_buff[0]];
    delay500(2);
}
void main(void)
{
    int01_INT();                       //调用外部中断初始化函数
    timer0_INT();                      //调用定时器 0 初始化函数
    while(1)
    {
        data_timer();                  //调用秒数据处理函数
        data_int();                    //调用显示数据分离函数
        display();                     //调用数码管显示函数
    }
}
```

7.2.4　八位数码管游客流量计数显示

单片机的 P3.2~P3.5 分别外接 KEY1~KEY4；P0 端口外接游
客流量计数显示的 8 位共阳极数码管的段码，P2.0~P2.7 外接数码
管的片选端。KEY1~KEY4 分别采用外部中断和计数器溢出中断进
行控制，启动按键 KEY1 按下时，进入人数键 KEY3 和出去人数键
KEY4 按下才有效，此时 KEY3 按下一次，进入人数加 1，KEY4 按
下一次，出去人数加 1，而滞留人数等于进入人数减去出去人数。
启动按键 KEY1 未按下，KEY3 和 KEY4 输入无效，数码管显示为

八位数码管游客流量计数显示

"00-00=00"。复位按键 KEY2 按下后，KEY3 和 KEY4 输入无效，数码管显示为"00-00=00"。

1. 任务分析

根据任务要求，其电路原理图如图 7-13 所示，在此电路图中，使用了八位一体的共阳极
数码管，即将数码管的相应段码并联在一起，八位数码管采用动态循环扫描的方式进行显示。

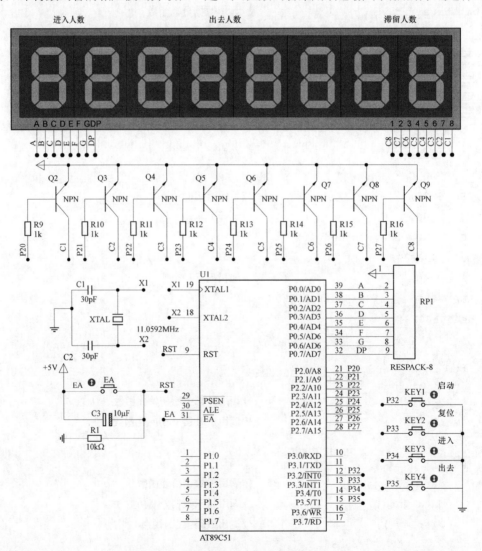

图 7-13　八位数码管游客流量计数显示

　　key1 和 key2 采用外部中断方式实现控制；key3 和 key4 采用 T0 和 T1 的计数中断方式实现控制，所以本任务需要 4 个中断服务函数。

　　外部中断 0 服务函数，主要任务是启动 T0 和 T1 进行计数，即 key1 按下后，TR0＝1、TR1＝1。外部中断 1 服务函数，主要任务是对系统的复位，即 key2 按下后，TR0＝0、TR1＝0，进入人数值清 0，出去人数值清 0，滞留人数值清 0。

　　T0 计数中断服务函数的任务是对进入的人数进行统计，若 TR0 有效，则每进入一个游客 in_data 加 1。in_data 加 1 前，还需判断当前值是否为 99，若为 99，则 in_data 保持为 99，否则执行 in_data 加 1 操作。T1 计数中断服务函数的任务是对出去的人数进行统计，若 TR1 有效，则每出去一个游客 out_data 加 1。out_data 加 1 前，还需判断 out_data 当前值是否小于 in_data，若小于，则允许 out_data 加 1，否则不执行 out_data 加 1 操作。由于 T0 和 T1 使用方式 1 进行计数，因此在这两个中断服务函数中分别要对计数初值重新赋值，THi 和 TLi 分别赋值为 0xFF。

　　为控制两个外部中断服务函数和 T0、T1 中断服务函数，需要由相应的外部中断初始化函数和计数器初始化函数进行设置与管理。在外部中断初始化函数中，开启总中断（EA＝1）、允许外部中断 0（EX0＝1）和外部中断 1（EX1＝1）中断、设置两个外部中断为边沿触发方式（IT0＝1，IT1＝1）。在计数器 T0 和 T1 初始化函数中，设置 T0 和 T1 在方式 1 下用于计数，即 TMOD＝0x55，THi 和 TLi 分别赋值为 0xFF，允许 T0 和 T1 中断。

　　为完成游客流量计数显示，应完成显示数据的处理及分离以及数码管显示控制，在此可使用两个函数来实现。在数据的处理及分离中，先计算滞留人数 inout_data，然后分别对 in_data、out_data、inout_data 这三个数据进行十位及个位数据的分离及暂存。滞留人数等于进入人数减去出去人数。数码管显示控制是采用动态循环扫描的方式实现，即在 t0 时刻将 CS 置为 0x01，P0 送入第 1 位数码管要显示的段码值，t1 时刻将 CS 置为 0x02，P0 送入第 2 位数码管要显示的段码值，依此类推。由于是使用八位数码管进行显示，所以要循环执行 8 次。

　　在主函数中，首先调用外部中断初始化函数和计数器初始化函数，然后调用数据处理、显示数据分离函数和数码管显示函数，并对这 2 个函数进行循环执行调用即可。

　　2. 编写 C51 程序

```
#include <reg51.h>
#define uint  unsigned int
#define uchar unsigned char
#define LED   P0                  //8 只发光二极管段码与 P0 端口连接
#define CS    P2                  //8 只发光二极管位选与 P2 端口连接
uchar LED_code[] = {0xC0,0xF9,0xA4,0xB0,0x99,0x92,0x82,0xF8,
                                  //共阳极 LED0~F 的段码
          0x80,0x90,0x88,0x83,0xC6,0xA1,0x86,0x8E,0xBF,0xB7};
                                  //"0xBF"表示" - ",0xB7 表示" = "
uchar dis_buff[8];                //暂存 8 位显示段码值
uint in_data,out_data,inout_data; //定义进入人数值、出去人数值、滞留人数值 uint
                                  //in_H,in_L;
```

```
uint out_H,out_L;
uint inout_H,inout_L;
void delay500 (uint ms)              //0.5ms 延时函数, 晶振频率为 11.0592MHz
{
  uint i;
  while(ms - - )
   {
       for(i = 0; i < 230; i + +);
   }
}
void int0(void) interrupt 0         //外部中断 0 控制定时器启动
{
  delay500(20);
  if(INT0 = = 0)
   {
     TR0 = 1;                       //启动 T0 计数
     TR1 = 1;                       //启动 T1 计数
   }
}
void int1(void) interrupt 2         //外部中断 1 控制定时器停止
{
  delay500(20);
  if(INT1 = = 0)
   {
     TR0 = 0;                       //停止 T0 计数
     TR1 = 0;                       //停止 T1 计数
     in_data = 0;                   //进入人数清 0
     out_data = 0;                  //出去人数清 0
     inout_data = 0;                //滞留人数清 0
   }
}
void timer0(void) interrupt 1       //T0 进入游客人数统计
{
  TH0 = 0xFF;                       //T0 重新装载初始值
  TL0 = 0xFF;
  delay500(20);
  if(T0 = = 0)
   {
       if (in_data> = 99)           //进入人数达 99?
```

```
        { in_data = 99; }              //是 99，则显示 99，不允许进入
      else
        { in_data + +;      }          //否则，进入人数值加 1
    }
}
void timer1(void) interrupt 3    //T1 出去游客人数统计
{
  TH1 = 0xFF;
  TL1 = 0xFF;
  delay500(20);
  if(T1 = = 0)
    {
        if(out_data<in_data)           //出去人数小于进入人数？
        { out_data + +; }              //是，出去人数值加 1
    }
}
void data_int()                        //数据处理、分离函数
{
  inout_data = in_data - out_data;     //统计滞留人数
  in_H = in_data/10;                   //获取进入人数十位数据
  in_L = in_data%10;                   //获取进入人数个位数据
  out_H = out_data/10;                 //获取出去人数十位数据
  out_L = out_data%10;                 //获取出去人数个位数据
  inout_H = inout_data/10;             //获取滞留人数十位数据
  inout_L = inout_data%10;             //获取滞留人数个位数据
  dis_buff[7] = in_H;                  //显示进入人数
  dis_buff[6] = in_L;
  dis_buff[5] = 16;                    //显示 " – "
  dis_buff[4] = out_H;                 //显示出去人数
  dis_buff[3] = out_L;
  dis_buff[2] = 17;                    //显示 " = "
  dis_buff[1] = inout_H;               //显示滞留人数
  dis_buff[0] = inout_L;
}
void display()                         //数码管动态显示函数
{
  uint i,j;
  j = 0x01;                            //设置移位初值
  for(i = 0;i<8;i + +)                 //8 位数码管显示，需移位 8 次
  {
```

```
        CS = 0x00;                          //消隐
        LED = LED_code[dis_buff[i]];        //显示段码送 P0 端口
        CS = j;                             //送相应片选位给 P2 端口
        delay500(1);
        j = j<<1;                           //指向下一片选位
    }
}
void int01_INT(void)                        //外部中断初始化函数
{
    EA = 1;                                 //开启总中断
    EX0 = 1;                                //允许外部中断 0 中断
    EX1 = 1;                                //允许外部中断 1 中断
    IT0 = 1;                                //外部中断 0 为边沿触发方式
    IT1 = 1;                                //外部中断 1 为边沿触发方式
}
void timer_INT(void)                        //Timer 初始化函数
{
    TMOD = 0x55;                            //T0 和 T1 用于计数, 均为方式 1
    ET0 = 1;                                //允许 T0 中断
    TH0 = 0xFF;                             //设置 T0 初始值
    TL0 = 0xFF;
    ET1 = 1;                                //允许 T1 中断
    TH1 = 0xFF;                             //设置 T1 初始值
    TL1 = 0xFF;
}
void main(void)
{
    int01_INT();                            //调用外部中断初始化函数
    timer_INT();                            //调用定时器初始化函数
    while(1)
    {
        data_int();                         //调用数据处理、分离函数
        display();                          //调用数码管动态显示函数
    }
}
```

本章小结

　　当需要对外部事件进行计数或定时及对外部事件进行控制时，使用单片机的定时/计数器可以很方便地解决这些问题。

本章介绍了定时/计数器的结构、工作原理、工作方式及其应用。80C51 单片机有 2 个定时/计数器 T0、T1。T0、T1 通过 TMOD 的控制，选择 4 种不同的工作方式，即方式 0、方式 1、方式 2、方式 3。TMOD 还可选择 T0、T1 的定时功能和计数功能。TCON 和 TMOD 的配合使用，控制 T0、T1 启动、停止及其溢出标志和外部中断触发方式等。

LED 数码管是目前单片机系统最常用的输出显示器，它使用方便，显示醒目，价格低廉。按接法不同分为共阴极和共阳极两种，按显示方式不同分为静态显示和动态显示，一般情况下，采用动态扫描显示。

习 题 7

1. 80C51 单片机内部有哪几个定时/计数器？

2. 80C51 单片机在什么情况下是定时器？什么情况下是计数器？

3. 80C51 单片机定时/计数器的 4 种工作方式各有何特点？

4. 方式控制寄存器 TMOD 各位控制功能如何？

5. 控制寄存器 TCON 的高 4 位控制功能如何？

6. 在晶振频率为 11.0592MHz，采用 12 分频，使用定时器 0 作为延时控制，要求在两灯 P1.0 和 P1.1 之间按 1s 互相闪烁。试编写程序。

7. 假设系统晶振频率为 11.0592MHz，采用 12 分频。按下 K0 时（K0 与 $\overline{INT0}$ 连接，低电平有效）启动 T1，由 T1 控制在 P1.0 上产生频率为 100Hz 的等宽方波。T1 工作在方式 1 状态下，定时器溢出时采用中断方式处理。试编写程序。

8. 设单片机的晶振频率为 11.0592MHz，T0 在方式 1 下，作为硬件延时，使用中断方式实现 P1 端口 LED 的流水灯控制。试编写程序。

9. 在晶振频率为 11.0592MHz，采用 12 分频，使用 T0 作为计数，T1 作为定时。要求 T0 工作方式 2；T1 工作方式 1。当 T0 每计满 100 次时，暂停计数，启动 T1 由 P1.0 输出 1 个 50ms 的方波后，T0 又重新计数。试编写程序。

10. 设单片机的晶振频率为 11.0592MHz，T0 工作在方式 2 下，对外界脉冲计数，T1 工作在方式 1 下进行硬件延时，使用中断方式实现 P1 端口 LED 的流水灯控制。要求 T0（与 K2 连接）计数达 5 次，开启流水灯控制，INT0（与 K1 连接）每按下一次，流水灯暂停移位，当 T0 计数又达 5 次后，流水灯继续移位显示。试编写程序。

第8章 单片机串行通信控制

随着单片机的发展，其应用已经从单机逐渐转向多机或联网，而多机应用的关键在于单片机之间的相互通信、互相传送数据信息。80C51 单片机除具有 4 个 8 位并行口外，还具有串行接口。此串行接口是一个全双工串行通信接口，即能同时进行串行发送和接收。它可以作 UART（Universal Asynchronous Receiver/Transmitter，通用异步接收和发送器）用，也可以作为同步位移寄存器用。应用串行接口可以实现 80C51 单片机系统之间点对点的双机通信、80C51 单片机系统与 PC 机之间的通信。

8.1 串行数据通信基础

串行数据通信基础

8.1.1 数据通信的基本方式

在计算机系统中，CPU 与外部数据的传送方式有两种：并行数据传送和串行数据传送。

并行数据传送方式，即多个数据的各位同时传送，它的特点是传送速度快，效率高，但占用的数据线较多，成本高，仅适用于短距离的数据传送。

串行数据传送方式，即每个数据是一位一位地按顺序传送，它的特点是数据传送的速度受到限制，但成本较低，只需一根数据线就可传送数据。主要用于传送距离较远，数据传送速度要求不高的场合。

通常将 CPU 与外部数据的传送称为通信。因此，通信方式分为并行通信和串行通信，如图 8-1 所示。

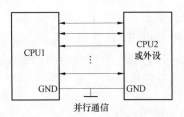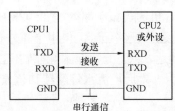

图 8-1 两种通信方式

并行通信是被传送数据信息的各位同时出现在数据传送端口上，信息的各位同时进行传送；串行通信是把被传送的数据按组成数据各位的相对位置一位一位顺序传送，而接收时再把顺序传送的数据位按原数据形式恢复。

8.1.2 异步通信和同步通信

按照串行数据的时钟控制方式，将串行通信分为异步通信和同步通信两种方式。

1. 异步通信（Asynchronous Communication）

异步通信中的数据是以字符（或字节）为单位组成字符帧（Character Frame）进行传送

的。这些字符帧在发送端是一帧一帧地发送，在接收端通过数据线一帧一帧地接收字符或字节。发送端和接收端可以由各自的时钟控制数据的发送和接收，这两个时钟彼此独立，互不同步。

在异步串行数据通信中，有两个重要的指标：字符帧和波特率。

（1）字符帧（Character Frame）：在异步串行数据通信中，字符帧也称为数据帧，它具有一定的格式，如图 8-2 所示。

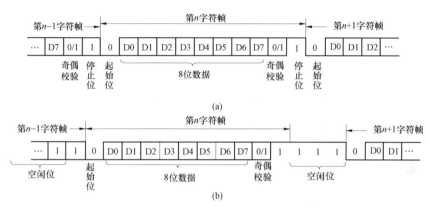

图 8-2　串行异步通信字符帧格式
(a) 无空闲位字符帧；(b) 有空闲位字符帧

从图 8-2 中可以看出，字符帧由起始位、数据位、奇偶校验位、停止位等 4 部分组成。

1）起始位：位于字符帧的开头，只占一位，始终为逻辑低电平，发送器通过发送起始位表示一个字符传送的开始。

2）数据位：起始位之后紧跟着的是数据位。在数据位中规定，低位在前（左），高位在后（右）。由于字符编码方式不同，用户根据需要，数据位可取 5 位、6 位、7 位或 8 位。若传送的数据为 ASCII 字符，则数据位常取 7 位。

3）奇偶校验位：在数据位之后，就是奇偶校验位，只占一位。用于检查传送字符的正确性。它有 3 种可能：奇校验、偶校验或无校验，用户根据需要进行设定。

4）停止位：奇偶校验位之后，为停止位。它位于字符帧的末尾，用来表示一个字符传送的结束，为逻辑高电平。通常停止位可取 1 位、1.5 位或 2 位，根据需要确定。

5）位时间：一个格式位的时间宽度。

6）帧（Frame）：从起始位开始到结束位为止的全部内容称为一帧。帧是一个字符的完整通信格式。因此也把串行通信的字符格式称为帧格式。

在串行通信中，发送端一帧一帧发送信息，接收端一帧一帧地接收信息，两相邻字符帧之间可以无空闲位，也可以有空闲位。图 8-2（a）为无空闲位，图 8-2（b）为 3 个空闲位的字符帧格式。两相邻字符帧之间是否有空闲位，由用户根据需要而决定。

（2）波特率（Band Rate）：数据传送的速率称为波特率，即每秒钟传送二进制代码的位数，也称为比特数，单位为 bit/s（bit per second）即位/秒。波特率是串行通信中的一个重要性能指标，用来表示数据传输的速度。波特率越高，数据传输速度越快。波特率和字符实际的传输速率不同，字符的实际传输速率是指每秒钟内，所传字符帧的帧数，它和字符帧格式有关。

例如，波特率为 1200bit/s，若采用 10 个代码位的字符帧（1 个起始位，1 个停止位，8 个数据位），则字符的实际传送速率为：$1200 \div 10 = 120$ 帧/s；采用图 8–2（a）的字符帧，则字符的实际传送速率为：$1200 \div 11 = 109.09$ 帧/s；采用图 8–2（b）的字符帧，则字符的实际传送速率为：$1200 \div 14 = 85.71$ 帧/s；

每一位代码的传送时间 T_d 为波特率的倒数。例如波特率为 2400bit/s 的通信系统，每位的传送时间为

$$T_d = \frac{1}{2400} = 0.4167 \, (\text{ms})$$

波特率与信道的频带有关，波特率越高，信道频带越宽。因此，波特率也是衡量通道频宽的重要指标。

在串行通信中，可以使用的标准波特率在 RS–232C 标准中已有规定，使用时应根据速度需要、线路质量等因素选定。

2. 同步通信（Synchronous Communication）

同步通信是一种连续串行传送数据的通信方式，一次通信可传送若干个字符信息。同步通信的信息帧与异步通信中的字符帧不同，它通常含有若干个数据字符，如图 8–3 所示。

在图 8–3 中（a）为单同步字符帧结构，（b）为双同步字符帧结构。从图中可以看出，同步通信的字符帧由同步字符、数据字符、校验字符 CRC 等三部分组成。同步字符位于字符帧的开头，用于确认数据字符的开始（接收端不断对传输线采样，并把采样的字符和双方约定的同步字符比较，比较成功后才把后面接收到的字符加以存储）；校验字符位于字符帧的末尾，用于接收端对接收到的数据字符进行正确性的校验。数据字符长度由所需传输的数据块长度决定。

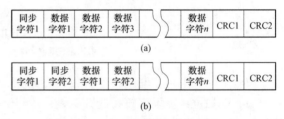

图 8–3   串行同步通信字符帧格式
（a）单同步字符帧结构；（b）双同步字符帧结构

在同步通信中，同步字符采用统一的标准格式，也可由用户约定。通常单同步字符帧中的同步字符采用 ASCII 码中规定的 SYN（即 0x16）代码，双同步字符帧中的同步字符采用国际通用标准代码 0xEB90。

同步通信的数据传输速率较高，通常可达 56000bit/s 或更高。但是，同步通信要求发送时钟和接收时钟必须保持严格同步，且发送时钟频率应和接收时钟频率一致。

8.1.3   串行数据的通路形式

在串行通信中，数据的传输是在两个站之间进行的，按照数据传送方向的不同，串行通信的数据通路有单工、半双工和全双工等三种形式。

（1）单工（Simplex）。在单工形式下数据传送是单向的。通信双方中一方固定为发送端，另一方固定为接收端，数据只能从发送端传送到接收端，因此只需一根数据线，如图 8–4 所示。

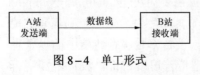

图 8–4   单工形式

（2）半双工（Half Duplex）。在半双工形式下数据传送是双向的，但任何时刻只能由其

中的一方发送数据，另一方接收数据。即数据从 A 站发送到 B 站时，B 站只能接收数据；数据从 B 站发送到 A 站时，A 站只能接收数据，如图 8-5 所示。

（3）全双工（Full Duplex）。在全双工形式下数据传送也是双向的，允许双方同时进行数据双向传送，即可以同时发送和接收数据，如图 8-6 所示。

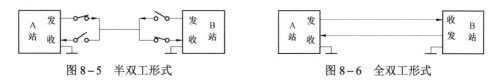

图 8-5　半双工形式　　　　　　　　　　图 8-6　全双工形式

8.1.4　RS-232C 总线标准

在单片机应用系统中，数据通信主要采用串行异步通信。异步串行通信接口主要有三类：RS-232 接口；RS-449、RS-422 和 RS485 接口。在单片机中，通常采用 RS-232 接口。因此本书只讲述 RS-232 接口标准。

RS-232C 是使用最早、应用最广的一种串行异步通信总线标准，是美国电子工业协会 EIA（Electronic Industry Association）的推荐标准。RS 表示 Recommended Standard，232 为该标准的标识号，C 表示修订次数。

该标准定义了数据终端设备 DTE（Data Terminal Equipment）和数据通信设备 DCE（Data Communication　Equipment）间按位串行传输的接口信息，合理安排了接口的电气信号和机械要求。DTE 是所传送数据的源或宿主，它可以是一台计算机或一个数据终端或一个外围设备；DCE 是一种数据通信设备，它可以是一台计算机或一个外围设备。例如打印机与 CPU 之间的通信采用 RS-232C 接口。由于 80C51 系列单片机本身有一个全双工的串行接口，因此该系列的单片机可采用 RS-232C 接口标准与 PC 进行通信。

RS-232C 标准规定的数据传输速率为每秒 50、75、100、150、300、600、1200、2400、4800、9600、19200 波特。由于它采用单端驱动非差分接收电路，因此传输距离不太远（最大传输距离 15m），传送速率不太高（最大位速率为 20kbit/s）的问题。

1. RS-232C 引线功能

RS-232C 标准总线有 25 根和 9 根两种"D"型插头，25 芯插头座（DB-25）的引脚排列如图 8-7 所示。9 芯 232C 引脚图如图 8-8 所示。

图 8-7　25 芯 232C 引脚图　　　　　　图 8-8　9 芯 232C 引脚图

RS-232C 标准总线的 25 根信号线是为了各设备或器件之间进行联系或信息控制而定义的。各引脚的定义如表 8-1 所示。

表 8-1 RS-232C 信号引脚定义

引脚	名称	定义	引脚	名称	定义
*1	GND	保护地	14	STXD	辅助通道发送数据
*2	TXD	发送数据	*15	TXC	发送时钟
*3	RXD	接收数据	16	SRXD	辅助通道接收数据
*4	RTS	请求发送	17	RXC	接收时钟
*5	CTS	允许发送	18		未定义
*6	DSR	数据准备就绪	19	SRTS	辅助通道请求发送
*7	GND	信号地	*20	DTR	数据终端准备就绪
*8	DCD	接收线路信号检测	*21		信号质量检测
*9		接收线路建立检测	*22	RI	振铃指示
10		线路建立检测	*23		数据信号速率选择
11		未定义	*24		发送时钟
12	SDCD	辅助通道接收线信号检测	25		未定义
13	SCTS	辅助通道清除发送			

注 表中带 "*" 号的 15 根引线组成主信道通信,除了 11、18 及 25 三个引脚未定义外,其余的可作为辅信道进行通信,但是其传输速率比主信道要低,一般不使用。若使用,则主要用来传送通信线路两端所接的调制解调器的控制信号。

2. RS-232C 接口电路

在微型计算机中,信号电平是 TTL 型的,即规定信号电压 ≥ 2.4V 时,为逻辑电平 "1";信号电压 ≤ 0.5V 时,为逻辑电平 "0"。在串行通信中若 DTE 和 DCE 之间采用 TTL 信号电平传送数据时,如果两者的传送距离较大,很可能使源点的逻辑电平 "1" 在到达目的点时,就衰减到 0.5V 以下,使通信失败,所以 RS-232C 有其自己的电气标准。RS-232C 标准规定:在信号源点,信号电压在 +5~+15V 时,为逻辑电平 "0",信号电压在 -5~-15V 时,为逻辑电平 "1";在信号目的点,信号电压在 +3~+15V 时,为逻辑电平 "0",信号电压在 -3~-15V 时,为逻辑电平 "1",噪声容限为 2V。通常,RS-232C 总线电压为 +12V 时表示逻辑电平 "0";-12V 时表示逻辑电平 "1"。

由于 RS-232C 的电气标准不是 TTL 型的,在使用时不能直接与 TTL 型的设备相连,必须进行电平转换,否则会使 TTL 电路烧坏。

为实现电平转换,RS-232C 一般采用运算放大器、晶体管和光电管隔离器等电路来完成。早期的电平转换集成电路有传输线驱动器 MC1488 和传输线接收器 MC1489。MC1488 把 TTL电平转换成 RS-232C 电平,其内部有 3 个与非门和一个反相器,供电电压为 ±12V,输入为 TTL 电平,输出为 RS-232C 电平。MC1489 把 RS-232C 电平转换成 TTL 电平,其内部有 4个反相器,供电电压为 ±5V,输入为 RS-232C 电平,输出为 TTL 电平。由 MC1488 和 MC1489组成的电平转换电路需要 ±12V 电压,并且功耗较大,不适用于低功耗的系统。

另一种常用的电平转换芯片是 MAX232,它是包含两路驱动器和接收器的 RS232 转换芯片,如图 8-9 所示。从图中可以看出,MAX232 芯片内部有一个电压转换器,可以把输入的 +5V 电压转换为 RS-232 接口所需的 ±10V 电压,尤其适用于没有 ±12V 的单电源系统。

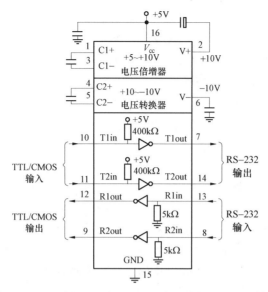

图 8-9　MAX232 内部结构

8.2　80C51 单片机串行端口

在单片机中，UART 集成在芯片内，构成一个串行口。80C51 系列单片机有一个全双工的串行通信接口，它能同时进行发送和接收数据，既可以作 UART 用，也可作同步移位寄存器用，其帧格式和波特率可通过软件编程设置，在使用上非常灵活方便。

80C51 单片机串行端口

8.2.1　80C51 串行通信端口的内部结构

80C51 系列单片机的串行口主要由 2 个独立的接收、发送缓冲器 SBUF、1 个输入移位寄存器、接收/发送控制寄存器 SCON、电源控制寄存器 PCON 的 D7、D6 两位和一个波特率发生器等组成。其结构如图 8-10 所示。

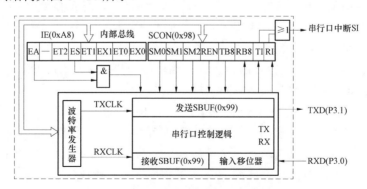

图 8-10　80C51 系列单片机串行口结构图

串行口数据缓冲器 SBUF 是两个物理上独立的接收、发送 8 位缓冲寄存器。接收缓冲器用于存放接收到的数据；发送缓冲器用于存放欲发送的数据。SBUF 可同时进行接收和发送数据，两个缓冲器共用一个口地址 0x99，通过对 SBUF 的读、写指令对接收缓冲器或发送缓冲器进行操作。CPU 写 SBUF 时为发送缓冲器；读 SBUF 时为接收缓冲器。接收或发送数据是通过串行口对外的两条独立收发信号线 RXD（P3.0）、TXD（P3.1）来实现的。为了避免在接收下一帧数据之前，CPU 未能及时响应接收器的中断，把上一帧数据读走，而产生两帧数据重叠，因此将接收缓冲器设置成双缓冲器结构。由于发送时 CPU 是主动的，不会产生写重叠的问题，为了保持最大传输速率，发送缓冲器一般不设置成双缓冲结构。

特殊功能寄存器 SCON 用来存放串行口的控制和状态信息。波特率发生器主要由定时/计数器 T1 及内部的一些控制开关和分频器等组成，由特殊寄存器 PCON 的最高位来控制其波特率是否倍增。

发送数据时，CPU 将数据并行写入发送缓冲器 SBUF 中，同时启动数据由 TXD（P3.1）引脚串行输出，当一帧数据发送完后即发送缓冲器空时，由硬件自动将 SCON 寄存器的发送中断标志位 TI 置 1，告诉 CPU 可以发送下一帧数据。

接收数据时，SCON 的 REN 位置 1，外界数据通过引脚 RXD（P3.0）串行输入，数据的最低位首先进入输入移位器，一帧接收完毕再并行送入接收缓冲器 SBUF 中，同时将接收中断标志位 RI 置 1，向 CPU 发出中断请求。CPU 响应中断后，并用软件将 RI 位清除，同时读走输入的数据。接着又准备下一帧数据的接收。

8.2.2 80C51 串行通信控制寄存器

单片机串行接口是可编程的，对它初始化编程只需将两个控制字分别写入特殊功能寄存器 PCON 和 SCON 中即可。

1. 电源和波特率控制寄存器 PCON（Power Control Register）

PCON 主要是为 HCMOS 型单片机的电源控制而设置的专用寄存器，字节地址为 0x87，各位定义如表 8-2 所示。在 PCON 中有两位与串行口通信有关，即 SMOD 和 SMOD0。

表 8-2   PCON 的各位定义

PCON	D7	D6	D5	D4	D3	D2	D1	D0
位符号名	SMOD	SMOD0	—	POF	GF1	GF0	PD	IDL

SMOD：波特率倍增位。在串行口工作方式 1、2、3 下，SMOD 置 "1"，使波特率提高 1 倍。例如在工作方式 2 下，若 SMOD=0 时，则波特率为 $f_{osc}/64$；当 SMOD=1 时，波特率为 $f_{osc}/32$，恰好增大一倍。系统复位时，SMOD 位为 0。

SMOD0：决定串行口控制寄存器 SCON 最高位的功能。若 SMOD0 清 "0" 时，SCON.7 是 SM0 位，当 SMOD0 置 "1" 时，SCON.7 是 FE 标志。

2. 串行口控制寄存器 SCON（Serial Port Control Register）

SCON 是 80C51 系列单片机的一个可位寻址的专用寄存器，用来设定串行口的工作方式、接收/发送控制以及设置状态标志。字节地址为 0x98，位地址 0x9F～0x98，各位定义如表 8-3 所示。

表 8-3   SCON 各位定义

SCON	SCON.7	SCON.6	SCON.5	SCON.4	SCON.3	SCON.2	SCON.1	SCON.0
	0x9F	0x9E	0x9D	0x9C	0x9B	0x9A	0x99	0x98
位符号名	SM0/FE	SM1	SM2	REN	TB8	RB8	TI	RI

（1）SM0/FE（SCON.7）：该位与 PCON 中的 SMOD0 位组合有两种功能，当 PCON.6（SM0D0）= 0 时，SCON.7 位为 SM0 功能，与 SM1 位决定串行口的工作方式；当 PCON.6 置 1 时，SCON.7 位为 FE 功能，作帧错误位（帧错误位 Frame Error，是指 UART 检测到帧的停止位不是"1"，而是"0"时，FE 被置位），丢失的数据位将会置位 SCON 中的 FE 位，作 FE 功能位时必须由软件清 0。

（2）SM1（SCON.6）：串行口工作方式选择位，与 SM0 组合，可选择 4 种不同的工作方式，如表 8-4 所示。

表 8-4　　　　　　　　　　　　　　串 行 口 工 作 方 式

SM0	SM1	工作方式	功能	波特率
0	0	方式 0	8 位同步移位寄存器	$f_{osc}/12$ 或 $f_{osc}/6$
0	1	方式 1	10 位 UART	可变
1	0	方式 2	11 位 UART	$f_{osc}/64$ 或 $f_{osc}/32$
1	1	方式 3	11 位 UART	可变

（3）SM2（SCON.5）：主–从式多机通信控制位。多机通信主要是在方式 2 和方式 3 下进行，因此 SM2 主要用在方式 2 和方式 3 中，作为主–从式多机通信的控制位。在方式 0 中，SM2 不用，应设置为"0"状态；在方式 1 下，SM2 也应设置为"0"，若 SM2 为"1"，则只有接收到有效停止位时中断标志 RI 才能置"1"，以便接收下一帧数据。

多机通信规定：第 9 位数据（D8）为"1"，说明本帧为地址；第 9 位数据为"0"，则本帧为数据。当一个 80C51 系列单片机（主机）与多个 80C51 系列单片机（从机）通信时，在方式 2 或方式 3 下，所有从机的 SM2 都要置"1"。主机首先发送一帧地址，即某从机地址编号，其中第 9 位为 1，寻址的某个从机收到地址信息后，将其中的第 9 位装入 RB8。从机依据 RB8 的值来决定是否再接收主机的信息。若 RB8 为"0"，说明是数据帧，则使接收中断标志位 RI 为"0"，信息丢失；若 RB8 为"1"，说明是地址帧，数据装入接收/发送缓冲器，并置中断标志 RI 为"1"，被寻址的目标从机使 SM2 为"0"，以接收主机发来的一帧数据，其他从机仍然保持 SM2 为"1"。

若 SM2 为"0"，则不属于多机通信情况，接收到一帧数据后，无论第 9 位是"1"还是"0"，都置中断标志 RI 为"1"，接收到的数据装入接收/发送缓冲器中。

（4）REN（SCON.4）：允许接收控制位。REN 为"1"，表示允许串行口接收数据；REN 为"0"，表示禁止串行口接收数据。REN 由软件置"1"或清"0"。

（5）TB8（SCON.3）：在工作方式 2 或工作方式 3 中，它是存放发送的第 9 位（D8）数据。根据需要可由软件置"1"或清"0"。TB8 可作为数据的奇偶校验位，或在多机通信中作为地址或数据帧的标志。

（6）RB8（SCON.2）在工作方式 2 或工作方式 3 中，它是存放接收的第 9 位（D8）数据。RB8 既可作为约定好的奇偶校验位，也可作为多机通信时的地址或数据帧标志。在工作方式 1 中，若 SM2 = "0"，则 RB8 是接收到停止位。在工作方式 0 中，不使用 RB8。

（7）TI（SCON.1）：发送中断标志位，用于指示一帧数据是否发送完。在工作方式 0 中，发送完 8 位数据后，由硬件置 1，向 CPU 申请发送中断，CPU 响应中断后，必须由软件清"0"；

在其他方式中，在发送前必须由软件复位，发送完一帧后，由硬件置 1，同样再由软件清"0"。因此，CPU 查询 TI 的状态即可知一帧数据是否发送完毕。

（8）RI（SCON.0）：接收中断标志位，用于指示一帧数据是否接收完。在工作方式 1 中，接收完 8 位数据后，由硬件置 1，向 CPU 申请接收中断，CPU 响应中断后，必须由软件清"0"；在其他方式中，RI 是在接收到停止位的中间位置时置 1。RI 也可供 CPU 查询，以决定 CPU 是否需要从接收缓冲器中提取接收到的信息。任何方式中 RI 都必须由软件来清"0"。

串行发送中断标志 TI 和接收中断标志 RI 共用一个中断矢量，在全双工通信时，必须由软件来判断是发送中断请求还是接收中断请求。

复位时，SCON 各位均被清"0"。

8.2.3　80C51 串行口的工作方式

根据实际需求，80C51 串行口可设置 4 种工作方式，它们是由 SCON 寄存器中的 SM0 和 SM1 这两位定义的。

1. 工作方式 0

在工作方式 0 状态下，串行口的 SBUF 作为同步移位寄存器使用，其波特率固定为 $f_{osc}/12$ 或 $f_{osc}/6$（取决于单片机时钟模式）。在串行口发送数据时，SBUF（发送）相当于一个并入串出的移位寄存器，由 80C51 系列单片机的内部总线并行接收数据，并从 TXD（P3.1）端输出；在接收数据时，SBUF（接收）相当于一个串入并出的移位寄存器，从 RXD（P3.0）端输入一帧串行数据，并把它并行地送入内部总线。发送、接收都是 8 位数据为一帧，没有起始位和停止位，低位在前。

2. 工作方式 1

在方式 1 状态下，串行口为 8 位异步通信接口，适用于点对点的异步通信。在该方式下，发送或接收的一帧信息为 10 位：1 个起始位、8 个数据位（低位在前）和 1 个停止位，波特率可以改变。

3. 工作方式 2 和工作方式 3

串行口工作在方式 2 或方式 3 状态时，发送或接收的一帧信息为 11 位，它包括 1 个起始位、8 个数据位（低位在先）、1 个可编程位 D8（第 9 数据位）和 1 个停止位。D8 位具有特别的用途，可以通过软件来控制它，再加特殊功能寄存器 SCON 中的 SM2 位的配合，可使80C51 系列单片机串行口适用于多机通信。

方式 2 和方式 3 的区别在于：方式 2 的波特率为 $f_{osc}/64$ 或 $f_{osc}/32$，即方式 2 的波特率由单片机主频 f_{osc} 经 64 或 32 分频后提供；方式 3 的波特率由定时器 T1 的溢出率经 32 分频后提供，波特率可变。

8.2.4　80C51 波特率确定与初始化步骤

1. 波特率的确定

为保障数据传输的准确，在串行通信中，收、发双方对发送或接收数据的速率（即波特率）要有一定的约定。从表 8-4 可看出，不同的工作方式，其波特率有所不同。其中，方式 0 和方式 2 的波特率固定不变；而方式 1 和方式 3 的波特率由定时器 T1 的溢出率控制，是可变的。

（1）方式 0 的波特率。方式 0 为移位寄存器方式，每个机器周期发送或接收一位数据，其波特率固定为振荡频率 f_{osc} 的 1/12 或 1/6。

（2）方式 2 的波特率。方式 2 为 9 位 UART，波特率与 PCON 中的 SMOD1 位有关，当 SMOD1 位为"0"时，波特率为振荡频率的 1/64 或 1/32 即等于 f_{osc}/64 或 f_{osc}/32；当 SMOD1 位置"1"时，则波特率等于 f_{osc}/32。方式 2 的波特率可表示为

$$方式 2 的波特率 = \frac{2^{SMOD1}}{64} \times f_{osc}$$

例如，单片机主频为 12MHz，SMOD1 = 0 时，则波特率为 187.5bit/s；若 SMOD1 = 1 时，波特率为 375bps。

（3）方式 1 和方式 3 的波特率。方式 1 或方式 3 的波特率可变，由定时器 T1 的溢出率及 PCON 中的 SMOD1 位同时控制。其波特率可表示为

$$方式 1 和方式 3 的波特率 = \frac{定时器 T1 的溢出率}{n}$$

其中 n = 32 或 16，受 PCON 的 SMOD1 位影响。当 SMOD1 = 0 时，n = 32；当 SMOD1 = 1 时，n = 16。因此其波特率也表示为

$$方式 1 和方式 3 的波特率 = \frac{2^{SMOD1}}{32} \times T1 的溢出率$$

（4）定时器 T1 作波特率发生器。T1 作波特率发生器时，主要取决于 T1 的溢出率，T1 的溢出率取决于计数速率和定时器的预置值。计数速率与 TMOD 寄存器 C/$\overline{T}$ 的设置有关。当 C/$\overline{T}$ = 0 时，为定时方式，计数速率 = f_{osc}/12（或 6）；当 C/$\overline{T}$ = 1 时，为计数方式，计数速率取决于外部输入时钟的频率，但不能超过 f_{osc}/24。

定时器的预置值等于 M－X，X 为计数初值，M 为定时器的最大计数值，与工作方式有关。在方式 0，M 可取 2^{13}；在方式 1，M 可取 2^{16}；在方式 2 或 3，M 可取 2^8。如果为了达到很低的波特率，则可以选择 16 位的工作方式，即方式 1，可以利用 T1 中断来实现重装计数初值。为能实现定时器计数初值重装，则通常选择方式 2。在方式 2 中，TL1 作计数用，TH1 用于保存计数初值，当 TL1 计满溢出时，TH1 的值自动重装到 TL1 中。因此一般选用 T1 工作于方式 2 作波特率发生器。设 T1 的计数初值为 X，C/$\overline{T}$ = 0 时，那么每过 256－X 个机器周期，定时器 T1 就会产生一次溢出。

则 T1 的溢出周期为

$$溢出周期 = 12/f_{osc} \times (256 - X)$$

溢出率为溢出周期之倒数，所以：

$$波特率 = \frac{2^{SMOD1}}{32} \times \frac{f_{osc}}{12 \times (256 - X)} = \frac{2^{SMOD1} \times f_{osc}}{384 \times (256 - X)}$$

定时器 T1 方式 2 的计数初值 X 由上式可得

$$X = 256 - \frac{2^{SMOD1} \times f_{osc}}{384 \times 波特率}$$

如果串行通信选用很低的波特率，设置定时器 T1 为方式 0 或方式 1 定时方式时，当 T1 产生溢出时需要重装计数初值，故对波特率会产生一定的误差。

方式 1 或方式 3 下所选波特率常常需要通过计算来确定初值，因为该初值是要在定时器 T1 初始化时使用的，为了避免一些繁杂的计算，表 8－5 列出了在 12 时钟模式下 T1 和波特

率的关系。

表 8-5　　　　　　　　　　　　　常用波特率和 T1 的初值关系

波特率（bit/s）	f_{osc}（MHz）	SMOD1	定时器 T1		
			C/T̄	所选方式	TH1 初始值
方式 0　1M	12	×	×	×	×
方式 2　375K	12	1	×	×	×
方式 1 或 3　62.5K	12	1	0	2	0xFF
4800	12	1	0	2	0xF3
2400	12	0	0	2	0xF3
1200	12	1	0	2	0xF6
19200	11.0592	1	0	2	0xFD
9600	11.0592	0	0	2	0xFD
4800	11.0592	0	0	2	0xFA
2400	11.0592	0	0	2	0xF4
1200	11.0592	0	0	2	0xE8
110	12	0	0	1	0xFEEB
110	6	0	0	2	0x72

2. 串行口初始化步骤

在使用串行口前，应对其进行初始化，主要内容如下：

（1）确定 T1 的工作方式（配置 TMOD 寄存器）；

（2）计算 T1 的初值，装载 TH1、TL1；

（3）启动 T1（TR＝1）；

（4）确定串行口工作方式（配置 SCON 寄存器）；

（5）串行口在中断方式工作时，要进行中断设置（编程 IE、IP 寄存器）。

8.3　单片机双机通信

80C51 的串行口是全双工，它能做通用异步接收/发送器（UART）用，也能作同步移位寄存器用。在作 UART 使用时，相关寄存器有 SBUF 和 SCON，还要设定 PCON 中的 SMOD 位。下面介绍使用 80C51 串行口进行单片机与单片机之间的双机通信的应用方法。

8.3.1　单工通信

在某单片机系统中，编程实现甲单片机和乙单片机的双机单工通信。假设甲单片机（U1）P1 口外接 8 位拨码开关；乙单片机（U2）P0 口外接 8 只 LED 发光二极管。要求在串行口通信下，使用乙单片机的 8 只 LED 发光二极管能够显示出甲单片机 8 位拨码开关的状态。

双机单工通信

1. 任务分析

　　两个单片机进行单工通信，可以将它们的 RXD 与 TXD 进行直接连接即可，其电路原理如图 8－11 所示。甲单片机只负责将拨码开关的状态发送出去，乙单片机只负责将开关状态接收过来并进行显示。本任务采用查询方式可以实现通信，甲单片机将 P1 口的状态通过 SBUF 发送出去，在发送的过程中判断 TI 是否为 1，若为 1，则表示数据帧发送完毕，否则继续发送；乙单片机通过 SBUF 接收数据，在接收过程中判断 RI 是否为 1，若为 1，则表示数据帧接收完毕，否则继续接收。程序流程如图 8－12 所示。

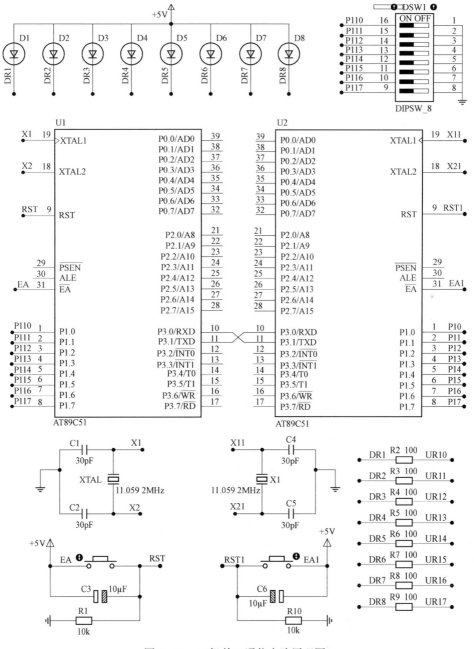

图 8－11　双机单工通信电路原理图

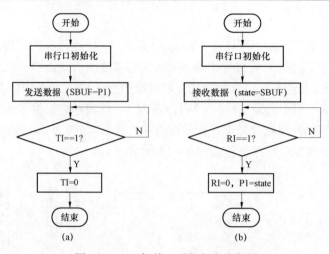

图 8−12　双机单工通信程序流程图

（a）甲单片机发送程序流程图；（b）乙单片机接收程序流程图

2. 编写 C51 程序

（1）甲单片机发送程序。

```c
#include "reg51.h"
#define uint unsigned int
#define uchar unsigned char
void send(uchar state)
 {
   SBUF = state;              //将内容串行发送
   while(TI = = 0);           //等待发送完
   TI = 0;                    //发送完将 TI 复位
 }
void SCON_init(void)          //串口初始化
 {
   SCON = 0x50;               //串口工作在方式 1
   TMOD = 0x20;               //T1 工作在模式 2
   PCON = 0x00;               //波特率不倍增
   TH1 = 0xFD;                //单片机晶振为 11.0592MHz,设置波特率为 9600bit/s
   TL1 = 0xFD;
   TI = 0;
   TR1 = 1;                   //启动 T1
   ES = 1;                    //允许串行中断
 }
void main(void)
{
  P1 = 0xFF;
  SCON_init();
```

```
    while(1)
      {
       send(P1);
      }
}
```

（2）乙单片机接收程序。

```
#include "reg51.h"
#define uchar unsigned char
#define uint unsigned int
uchar state;
void receive()
 {
   while(RI = = 0);            //等待接收完
   state = SBUF;              //将接收内容存 state
   RI = 0;                    //发送完将 TI 复位
 }
void SCON_init(void)
 {
   SCON = 0x50;              //串口工作在方式 1,允许接收
   TMOD = 0x20;              //T1 工作在模式 2,8 位自动装载
   PCON = 0x00;              //波特率不倍增
   TH1 = 0xFD;               //单片机晶振为 11.0592MHz,设置波特率为 9600bit/s
   TL1 = 0xFD;
   RI = 0;
   TR1 = 1;                  //启动 T1
 }
void  main(void)
 {
   SCON_init();
   while(1)
     {
       receive();
       P1 = state;
     }
 }
```

8.3.2　全双工通信

在某单片机系统中，编程实现甲单片机和乙单片机的双机全双工
通信。假设甲单片机（U1）的 P3.3 外接按键 U1_key，P0、P2 端口作
为输出口，外接一个 2 位共阳极 LED 数码管；乙单片机（U2）的 P3.2
外接按键 U2_key，P1 端口外接 8 只 LED 发光二极管。要求使用单片

双机全双工通信

机串行通信，甲单片机按键 U1_key 每按 1 次，乙单片机的 8 只 LED 发光二极管移位 1 次；乙单片机按键 U2_key 每按 1 次，甲单片机 LED 数码管加 1 显示。

1. 任务分析

本例是全双工单片机双机通信，甲单片机和乙单片机都能发送和接收数据，其电路原理如图 8-13 所示。甲单片机将 U1_key 按键产生的中断次数通过 SBUF 发送出去，如果乙单

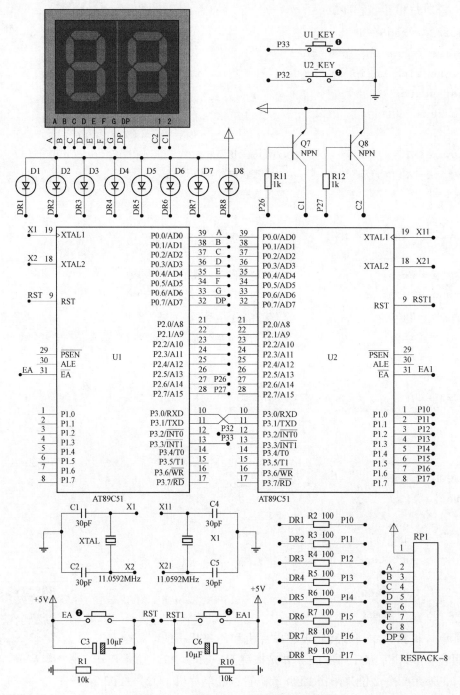

图 8-13　双机全双工通信电路原理图

片机有数据发送过来，则通过 SBUF 接收数据，并将该数据由 LED 数码管显示出来，所以甲单片机程序采用了两个中断：$\overline{\text{INT1}}$ 中断和 RI 串行口接收中断，而数据发送采用查询方式实现。乙单片机将 U2_key 按键产生的中断次数通过 SBUF 发送出去，如果甲单片机有数据发送过来，则通过 SBUF 接收数据，乙单片机程序只使用了 $\overline{\text{INT0}}$ 中断，而数据的发送和接收均采用查询方式实现。

2. 编写 C51 程序

（1）甲单片机收发程序。

```c
#include "reg51.h"
#define uchar unsigned char
#define uint unsigned int
#define LED    P0              //8 只发光二极管段码与 P0 端口连接
#define CS     P2              //8 只发光二极管位选与 P2 端口连接
uchar LED_code[] = {0xC0,0xF9,0xA4,0xB0,0x99,0x92,0x82,0xF8,
                                   //共阳极 LED0~F 的段码
                    0x80,0x90,0x88,0x83,0xC6,0xA1,0x86,0x8E};
uchar dis_buff[2];
uchar a,dat;                   //a 为按键按下的次数,dat 为接收数据内容
uint data_H,data_L;
void delay500(uint ms)         //0.5ms 延时函数，晶振频率为 11.0592MHz
  {
    uint i;
    while(ms − − )
      {
       for(i = 0; i < 230; i + +);
      }
  }
void data_int()                //显示数据分离函数
{
  data_H = dat/10;             //获取十位数据
  data_L = dat%10;             //获取个位数据
  dis_buff[1] = data_H;
  dis_buff[0] = data_L;
}
void display()                 //数码管显示函数
{
CS = 0x00;                     //数码管消隐
CS = 0x80;                     //选择显示十位
LED = LED_code[dis_buff[1]];
  delay500(2);
```

```
    CS = 0x40;                      //选择显示个位
    LED = LED_code[dis_buff[0]];
    delay500(2);
}
void send(uchar state)          //串行口发送函数
 {
    SBUF = state;                   //将内容串行发送
    while(TI = = 0);                //等待发送完
    TI = 0;                         //发送完将 TI 复位
 }
void  int1() interrupt 2        //外部中断 1 函数
{
    delay500(20);
    if(INT1 = = 0)
     {
        a + +;
        if(a = = 9)
            {a = 0;}
     }
}
void receive() interrupt 4      //串行口接收中断函数
{
 if(RI)
   {
      RI = 0;
      dat = SBUF;                   //将串行接收到的数据送 dat
   }
}
void INT_init(void)             // INT1 中断初始化
{
    EX1 = 1;                        //打开外部中断 1
    IT1 = 1;                        //下降沿触发中断 INT1
    EA = 1;                         //全局中断允许
    PX1 = 1;                        //INT1 中断优先
}
void SCON_init(void)            //串口初始化
 {
    SCON = 0x50;                    //串口工作在方式 1
    TMOD = 0x20;                    //T1 工作在模式 2
```

```
    PCON = 0x00;                    //波特率不倍增
    TH1 = 0xFD;                     //单片机晶振为11.0592MHz,设置波特率为9600bit/s
    TL1 = 0xFD;
    TI = 0;
    TR1 = 1;                        //启动 T1
    ES = 1;                         //允许串行中断
}
void  main(void)
{
  SCON_init();
  INT_init();
  while(1)
    {
        send(a);
        data_int();
        display();
    }
}
```

（2）乙单片机收发程序。

```
#include "reg51.h"
#define uchar unsigned char
#define uint unsigned int
#define  LED    P1                  //8 只发光二极管与P1 端口连接
uchar a,dat;                        //a 为按键按下的次数,dat 为接收数据内容
uchar discode1[] = {0x00,0x01,0x02,0x04,0x08,0x10,0x20,0x40,0x80};
void delay500 (uint ms)             //0.5ms 延时函数,晶振频率为11.0592MHz
{
  uint i;
  while(ms − − )
    {
        for(i = 0; i < 230; i + +);
    }
}
void  int0() interrupt 0
{
  delay500(20);
  if(INT0 = = 0)
    {
      if(a = = 15)
        {
          a = 0;
```

```
        }
        else
        {
         a + +;
        }
    }
}
void  int1() interrupt 2
{ }
void  LED_disp(void)              //LED 发光二极管显示函数
{
  LED = ~discode1[dat];
}
void send(uchar state)            //串行口发送函数
 {
   SBUF = state;                  //将内容串行发送
   while(TI = = 0);               //等待发送完
   TI = 0;                        //发送完将 TI 复位
 }
void serival(void)                //串行口接收函数
{
  dat = SBUF;                     //将串行接收到的数据送 dat
  while(RI = = 0);
  RI = 0;
}
void INT_init(void)               // INT0 中断初始化
{
  EX0 = 1;                        //打开外部中断 0
  IT0 = 1;                        //下降沿触发中断 INT0
  EA = 1;                         //全局中断允许
}
void SCON_init(void)               //串口初始化
 {
   SCON = 0x50;                   //串口工作在方式 1
   TMOD = 0x20;                   //T1 工作在模式 2
   PCON = 0x00;                   //波特率不倍增
   TH1 = 0xFD;                    //单片机晶振为 11.0592MHz,设置波特率为 9600bit/s
   TL1 = 0xFD;
   TI = 0;
   TR1 = 1;                       //启动 T1
   ES = 1;                        //允许串行中断
```

```
}
void  main(void)
{
  SCON_init();
  INT_init();
  while(1)
    {
       send(a);
       serival();
       LED_disp();
    }
}
```

8.4 单 片 机 与 PC 机 通 信

在计算机分布式测控系统中，经常会遇到单片机与计算机（PC）之间使用串行通信方式进行数据传输。PC 机（个人计算机）的串行通信口是借助异步收发器 8250（或 16C550）实现的，在 Turbo C 等环境下，都提供了相应的函数或软件接口，使用时只要调用这些软件即可。

单片机与 PC 机通信时，应将两者的串行通信方式、波特率等设置一致。由于 PC 机的串行通信口是标准的 RS－232 电平，而 80C51 使用的是 CMOS 电平，所以在连接时应有必要的电平转换，如采用 MAX232 芯片进行电平的转换。

8.4.1 单片机向 PC 机发送数据

使用单片机串行口，实现单片机与 PC 机之间的串行通信。要求单片机以 9600bit/s 的波特率循环向串口发送字符 '0'～'9'，并利用 USB 转 232 串口线和计算机串口调试助手软件，在计算机上显示接收数据，或在 Proteus 中使用串行通信虚拟终端显示单片机发送出去的数据。

1. 任务分析

本任务的单片机只负责向 PC 机发送字符串，属于单工通信，其电路原理如图 8－14 所示。图中 COMPIM 属于 Proteus ISIS 中物理接口模型 PIM，它是一种串行接口组件，当由 CPU 或 UART 软件生成的数字信号出现在 PC 物理 COM 端口时，它能缓冲所接收的数据，并将它们以数字信号的形式发送给 Proteus 仿真电路。VT1 为 Proteus ISIS 内置的串行通信虚拟终端 "VIRTUAL TERMINAL"。VT1 虚拟终端可以观察单片机向 PC 机发送的数据，它有 4 个引脚：RXD、TXD、RTS 和 CTS。其中 RXD 为数据接收引脚；TXD 为数据发送引脚；RTS 为请求发送信号；CTS 为清除传送，是对 RTS 的响应信号。

注意，不要将虚拟终端连接 MAX232 的 T1OUT 引脚，否则显示的是乱码。另外，还要注意将单片机晶振设为 11.0592MHz，COMPIM 的波特率为 9600bit/s，虚拟终端的波特率设置要与程序中的设置相同。

单片机向 PC 机发送数据

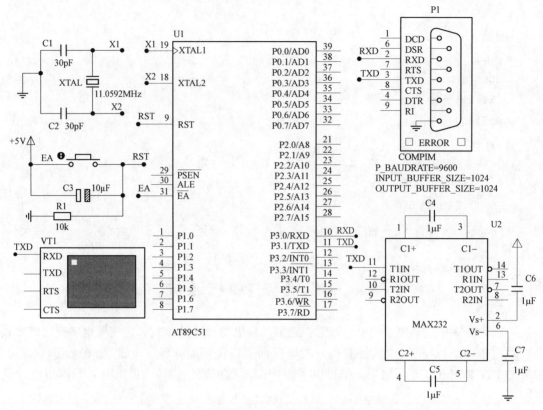

图 8-14　单片机向 PC 机发送数据电路原理图

由于单片机只负责向 PC 机发送字符串,所以在程序中需要编写字符串发送函数。在虚拟终端中要实现空格、换行显示,则程序中要输出特殊命令"\t""\r""\n"。其中"\t"表示横向跳到下一制表符位置;"\r"表示回车;"\n"表示回车换行。

2. 编写 C51 程序

```c
#include <reg51.h>
#define uchar unsigned char
#define uint unsigned int
uchar code str[] = " 0\t 1\t 2\t 3\t 4\t 5\t 6\t 7\t 8\t 9\r\n";
                                //定义换行输出显示内容
void delay500(uint ms)
  {
    uint i;
    while(ms - -)
      {
        for(i = 0; i < 230; i + +);
      }
  }
void send_str()                 //字符串发送函数
```

```
{
    uchar i  =  0;
    while(str[i] ! =  '\0')
    {
        SBUF  =  str[i];
        while(!TI);            //等待数据传送
        TI  =  0;              //清除数据传送标志
        i + +;                 //下一个字符
    }
}
void SCON_init(void)           //串口初始化
{
    SCON = 0x50;               //串口工作在方式 1,允许接收
    TMOD = 0x20;               //T1 工作在模式 2
    PCON = 0x00;               //波特率不倍增
    TH1 = 0xFD;                //单片机晶振为 11.0592MHz,设置波特率为 9600
    TL1 = 0xFD;
    TR1 = 1;                   //启动 T1
}
void  main(void)
{
    uchar i = 0;
    SCON_init();
    while(1)
    {
        send_str();
        delay500(2000);        //等待片刻,继续输出
    }
}
```

程序运行后,可以在 Proteus ISIS 中通过 VT1 虚拟终端观看单片机向 PC 机发送的数据内容,也可以通过串口调试软件(如"串口调试助手")在 PC 机上观看单片机发送的数据。

通过串口调试软件实现操作方法的是:① 使用 232 串口线将单片机串口和 PC 机的 COM 口直接连接,如果 PC 机没有 COM 口时,应使用 USB 转 232 串口线将单片机串口和 PC 机的 USB 端口连接;② 连接好后,在串口调试软件中进行串口设置,如使用的串口号、波特率、数据位等;③ 串口设置完后,点击"打开"按钮,在串口数据接收窗口即可显示 PC 机所接收的数据,如图 8-15 所示。

8.4.2 单片机与 PC 机的收发数据

使用单片机串行口,实现单片机与 PC 机之间的串行通信。要求:① 单片机每按 1 次按键,通过串口能以 9600bit/s 的波特率向 PC 机

单片机与 PC 机的收发数据

图 8-15　串口调试助手显示 PC 机接收的数据

发送字符串；② 接收由 PC 机发送过来的数字 '0'～'9'，并通过 1 位数码管将该字符进行显示；③ 利用 USB 转 232 串口线和计算机串口调试助手软件，在计算机上显示接收数据；④ 在 Proteus 中使用串行通信虚拟终端显示单片机收发的数据。

1. 任务分析

本任务中单片机不但要向 PC 机发送字符串，还要接收 PC 发送过来的数据并进行显示，所以属于全双工通信，其电路原理如图 8-16 所示。图中 K1 按下时产生一个外部中断，使单片机向 PC 机发送字符串，所以可以编写一个外部中断函数。CPU 响应该中断时，调用 1 次 send_str()子函数，执行单片机发送字符串操作。单片机接收数据也可以使用串行中断方式实现。在串行中断函数中，当 PC 机发送数据时，产生接收中断，并将接收的字符通过 SBUF 送入 C，然后对 C 的内容进行判断。如果 C 的内容为 0～9，则将相应值送 LED_Buffer，并将接收标志 a 置为 1。在主函数中，首先调用相应的中断初始化函数，然后通过判断 a 的值为 1，则将相应的段码值送给 LED 数码管进行显示即可。

2. 编写 C51 程序

```c
#include <reg51.h>
#define uchar unsigned char
#define uint unsigned int
#define CS P2
#define LED P0
uchar a;                          //用于标识是否接收到有效数字
uchar LED_Buffer[1];              //串口接收的数据
char code str[] = "欢迎光临中国电力出版社,thanks\r\n";
                                  //设置虚拟终端上显示内容
```

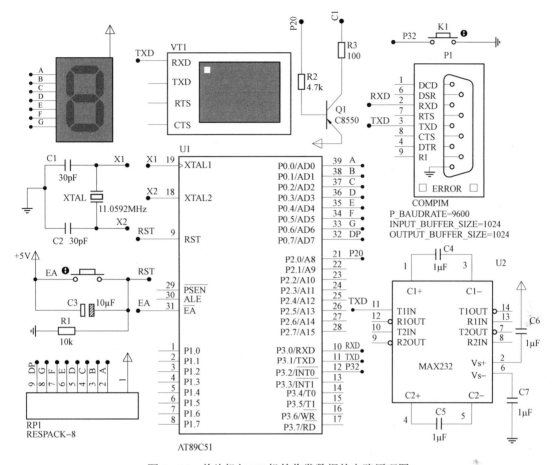

图 8-16　单片机与 PC 机的收发数据的电路原理图

```
uchar tab[] = {0xC0,0xF9,0xA4,0xB0,0x99,0x92,0x82,0xF8,
                                //共阳极 LED 0～9 的段码
          0x80,0x90};
void delay500(uint ms)
  {
    uint i;
    while(ms - - )
      {
          for(i = 0; i < 230; i + +);
      }
  }
void send_str()                 //字符串发送函数
{
    uchar i = 0;
    while(str[i] ! = '\0')
      {
```

```
        SBUF = str[i];
        while(!TI);                    //等待数据传送
        TI = 0;                        //清除数据传送标志
        i + +;                         //下一个字符
    }
}
void  int0() interrupt 0              //外部中断函数
{
  delay500(20);
  if(INT0 = = 0)
    {
      send_str();                     //K1 按 1 次,发送 1 次字符串
    }
}
void serial_INT() interrupt 4         //串口接收数据中断函数
{
  uchar  c;
  if(RI)                              //判断是否接收到新的字符
  ES = 0;                             //是,关闭串口中断
  RI = 0;
  c = SBUF;                           //读取字符
  if(c> = '0' && c< = '9')           //如果接收到字符"0"~"9"
    {
      LED_Buffer[0] = c - '0';        //将相应值送 LED_Buffer[0]
      a = 1;
    }
  ES = 1;                             //打开串口
}
void INT_init()                       //外中断初始化
{
  EX0 = 1;                            //打开外部中断 0
  IT0 = 1;                            //下降沿触发中断 INT0
  EA = 1;                             //全局中断允许
  IP = 0x01;
}
void SCON_init(void)                  //串口初始化
  {
    SCON = 0x50;                      //串口工作在方式 1,允许接收
    TMOD = 0x20;                      //T1 工作在模式 2
```

```
    PCON = 0x00;                    //波特率不倍增
    TH1 = 0xFD;                     //波特率为 9600、
    TL1 = 0xFD;
    TI = 0;
    TR1 = 1;                        //启动 T1
    ES = 1;                         //允许串口中断
}
void  main(void)
{
  uchar i = 0;
  INT_init();
  SCON_init();
  while(1)
    {
      if(a = = 1)
      {
        CS = 0x7F;                  //数码管显示接收到的数字
        LED = tab[LED_Buffer[0]];
      }
      else
      {  CS = 0xFF;  }              //数码管不显示
    }
}
```

　　程序运行后，可以在 Proteus ISIS 中仿真单片机与 PC 机收发数据的内容，也可以通过串口调试软件（如"串口调试助手"）实现单片机与 PC 机收发数据控制。这两者都是通过串口进行的，串口分为虚拟串口和物理串口两种，其中在 Proteus ISIS 中仿真实现与 PC 机通信是使用虚拟串口方式实现，而使用串口线通过串口调试软件实现单片机与 PC 机通信是使用物理串口，其操作方法在 8.4.1 节中已讲述。

　　虚拟串口是 PC 机通过软件模拟的串口，当其他设计软件使用到串口的时候，可以通过虚拟串口仿真模拟，以查看所设计的正确性。

　　虚拟串口软件较多，在此以 Virtual Serial Port Driver（VSPD）为例讲述其操作方法。首先在计算机中安装 VSPD 软件，安装完成后运行该程序，如图 8－17 所示。在图中右侧点击"Add pair"按钮后将会左侧的 Virtual ports 中添加了两个虚拟串口 COM1 和 COM2，且有蓝色的虚线将他们连接起来，如图 8－18 所示。注意，在图 8－17 的 First port 和 Second port 中，用户可以选择其他的虚拟串口，只不过在 First port 和 Second port 中不能选择同一个串口，且不能与左侧 Physical ports 中的串口发生冲突。

　　设置好虚拟串口后，用户如果打开计算机的设备管理器，会在端口下发现多了两个串口，如图 8－19 所示。这样，COM1 和 COM2 就作为虚拟串口。

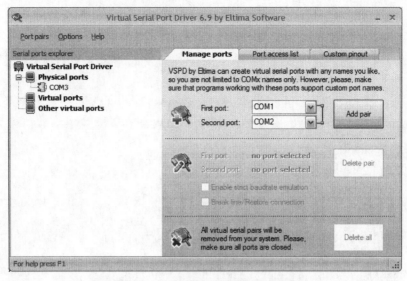

图 8-17　首次运行 VSPD 时的界面

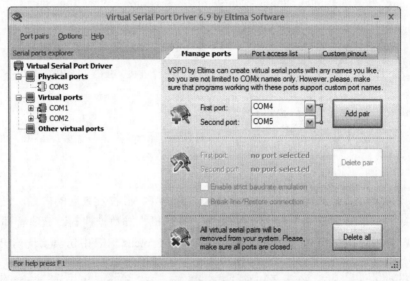

图 8-18　添加虚拟串口

　　虚拟串口设置好后,可以使用 COM1 和 COM2 进行串行通信虚拟仿真。在进行虚拟仿真时,用户可以将 COM1 口分配给 PC(在此为 COMPIM 组件),COM2 分配给串口调试助手,这样用户像使用物理串口连接一样,在一台计算机中完成虚拟串口仿真实现。

　　在 Proteus ISIS 中,分别双击虚拟终端和 COMPIM,在弹出的"Edit Component"对话框中对波特率、数据位等进行设置,且将 COM1 分配给 COMPIM 组件。在串口调试助手中,将串口号设置为 COM2,然后点击"打开"按钮。

　　单击 Proteus ISIS 模拟调试按钮 ▶ ,单片机进入运行状态。运行状态下,在串口调试助手的数据发送窗口中输入数字,并点击"发送"按钮时,Proteus ISIS 中的 LED 数码管将轮流输出发送过来的数字,同时虚拟终端界面也输出这些数字;在 Proteus ISIS 中每次按下按键 K1 时,串口调试助手的串口数据窗口中将显示发送过来的字符串。

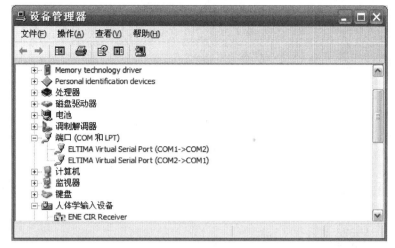

图 8-19　计算机设备管理器

8.5　方式 0 下的应用

串行口在方式 0 下有两种不同用途：在发送数据时，是把串行口设置成"串入并出"的输出口；在接收数据时，把串行口设置成"并入串出"的输入口。

串行口设置成"串入并出"的输出口时，将 80C51 单片机的 RXD 和 TXD 引脚与 8 位串行输入和并行输出的同步移位寄存器（如 74LS164）连接，可实现单片机的串入并出扩展。

串行口设置成"并入串出"的输入口时，将 80C51 单片机的 RXD 和 TXD 引脚与并行输入和串行输出的移位寄存器（如 74LS165）连接，可实现单片机的并入串出扩展。

8.5.1　串入并出扩展

使用单片机的串行口控制 1 位 LED 数码管，要求 K1 每按下一次，LED 数码管加 1 显示。当 LED 数码管显示为 F 时，若 K1 再次按下时，LED 数码管显示为 0，如此循环。

串入并出扩展

1. 任务分析

此示例通过单片机的串行口控制 1 位 LED 数码管显示，实质上是在方式 0 下，将串行口设置成"串入并出"的输出端口，通过 TXD 端口向 74LS164 发送显示数据而实现的。将单片机串行口设置为"串入并出"端口时，其电路原理如图 8-20 所示。串行口 TXD 引脚连接到 74LS164 的数据输入端（74LS164 的 1、2 脚）；串行口 RXD 引脚连接到 74LS164 的时钟输入端（74LS164 的 8 脚）；74LS164 的复位端（74LS164 的 9 脚）接高电平。

当一个数据写入串行口发送缓冲器 SBUF 时，串行口将 8 位数据以 f_{osc}/12 或 f_{osc}/6 的波特率从 RXD 脚输出，发送完后，TI 置 1。再次发送数据之前，必须由软件将 TI 清 0。

2. 编写 C51 程序

```
#include <reg51.h>
#define uint unsigned int
```

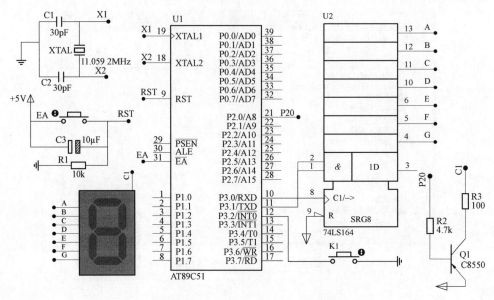

图 8-20　串入并出扩展电路原理图

```c
#define uchar unsigned char
uchar i;
sbit  CS = P2^0;
const  uchar tab[] = {0xC0,0xF9,0xA4,0xB0,0x99,0x92,0x82,0xF8,
                      0x80,0x90,0x88,0x83,0xC6,0xA1,0x86,0x8E};
                             //共阳极 LED0～F 的段码
void delay500(uint ms)
  {
    uint i;
    while(ms - - )
     {
        for(i = 0; i < 230; i + +);
     }
  }
void  int0() interrupt 0         //外部中断 0
{
  delay500(10);
  if(INT0 = = 0)
    {
    if(i = = 16)
     {  i = 0;  }
    else                         //K1 按下次数统计
     {
       CS = 0;
```

```
        SBUF = tab[i];
        i + +;
      }
    }
  }
  void send(void)                        //串口数据发送
  {
    while(TI = = 0);
      {  TI = 0;      }
  }
  void INT_init()                        //外中断初始化
  {
    EX0 = 1;                             //打开外部中断 0
    IT0 = 1;                             //下降沿触发中断 INT0
    EA = 1;                              //全局中断允许
  }
  void SCON_init(void)
   {
     SCON = 0X00;                        //串口工作在方式 0
     SBUF = 0xFF;                        //运行之后 LED 数码管不显示
   }
  void main(void)
  {
    CS = 1;
INT_init();
    SCON_init();
    while(1)
      {
        send();
      }
  }
```

8.5.2　并入串出扩展

8 位拨码开关状态由单片机的串行口输入，然后通过 4 位 LED 数码管显示拨码开关状态所对应的十进制数据。

1. 任务分析

并入串出扩展

此示例通过单片机的串行口输入 8 位拨码开关的状态，实质上是在方式 0 下，将串行口设置成"并入串出"的输入端口，并通过 RXD 端口接收 74LS165 串行发送过来拨码开关（DSW1）的状态值而实现的。将单片机串行口设置为"并入串出"端口时，其电路原理如图 8-21 所示。串行口的接收数据通过 RXD 引脚连接到 74LS165 的数据输出端 SO（74LS165

的 9 脚）；串行口 TXD 引脚连接到 74LS165 的时钟输入端（74LS165 的 2 脚）；将 74LS164 的移位/置入控制端 SH/$\overline{\text{LD}}$（74LS165 的 1 脚）接单片机的 P1.0。当 SH/$\overline{\text{LD}}$ = 0 时，允许 74LS165 置入并行数据，SH/$\overline{\text{LD}}$ = 1 时允许 74LS165 串行移位输出数据。

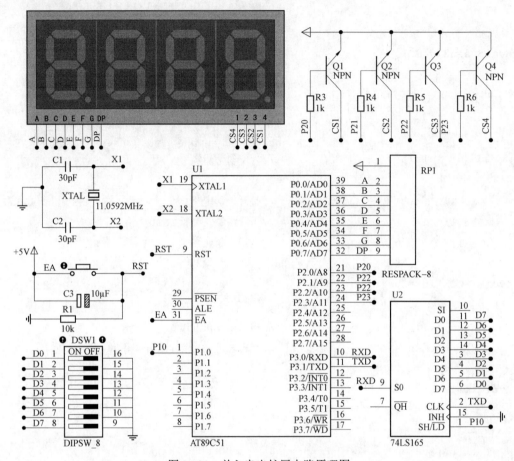

图 8-21　并入串出扩展电路原理图

当编程选择串行口方式 0，REN = 1、RI = 0 时，串行口开始从 RXD 端以 f_{osc}/12 或 f_{osc}/6 的波特率输入数据，当接收完 8 位数据后，中断标志 RI 置位，请求中断。再次接收数据之前，必须由软件将 RI 清 0。

2. 编写 C51 程序

```c
#include <reg51.h>
#define  uint unsigned int
#define  uchar unsigned char
#define  CS  P2
#define  LED P0
sbit   P10 = P1^0;
uchar  num;
uchar  data_L,data_M,data_H;
const  uchar tab[] = {0xC0,0xF9,0xA4,0xB0,0x99,0x92,0x82,0xF8,
```

```
                       0x80,0x90,0x88,0x83,0xC6,0xA1,0x86,0x8E};
                                   //共阳极 LED0~F 的段码
void delay500(uint ms)
  {
    uint i;
    while(ms - - )
     {
         for(i = 0; i < 230; i + +);
     }
  }
void display(void)
{
  CS = 0x04;
  LED = tab[data_H];
  delay500(1);
  CS = 0x02;
  LED = tab[data_M];
  delay500(1);
  CS = 0x01;
  LED = tab[data_L];
  delay500(1);
}
void receive(void)               //串口数据接收
{
  P10 = 0;                       //置数(load),读入并行输入口的 8 位数据
  P10 = 1;                       //移位(shift),并口输入被封锁,串行转换开始
  while(RI = = 0);
    {
      RI = 0;
      num = SBUF;
    }
}
void  data_in(void)              //数据分离
{
  data_L = num%10;
  data_M = num/10%10;
  data_H = num/100;
}
void main(void)
{
  SCON = 0x10;                   //串口工作在方式 0,并允许串口接收
  while(1)
```

```
    {
        receive();
        data_in();
        display();
    }
}
```

本章小结

　　串行通信是单片机与外部设备进行数据交换的重要手段，由于串行通信具有占用线路少、硬件成本低、传送距离远等特点，所以在许多应用系统中都使用了单片机串行通信技术。

　　串行通信分为异步串行通信和同步串行通信，通信时又分为单工、半双工及全双工3种传送方式。单片机一般采用异步串行通信，使用 RS–232C 总线标准。在单片机中，主要由 SCON、PCON 和 IE 控制串行通信。单片机串行通信有 4 种工作方式，由 SCON 进行选择；波特率是否倍频，由 PCON 控制。

　　80C51 单片机之间可以进行双机通信、可以与 PC 机实现通信。通信软件可采用软件查询与中断两种方式编程。80C51 单片机在方式 0 下，通过连接 74LS164 或 74LS165 可实现串入并出或并入串出的扩展。

习题 8

1. 串行通信有什么特点？

2. 异步通信有什么特点，其字符帧格式如何？

3. 异步通信与同步通信的主要区别是什么？

4. 在单片机中通常采用哪种串行总线接口标准？该总线标准有哪些内容？

5. 80C51 系列单片机的串行口内部结构如何？

6. 简述 80C51 系列单片机的串行通信过程。

7. 串行通信主要由哪几个功能寄存器控制？

8. 80C51 系列单片机串行口有哪几种工作方式？对应的帧格式如何？

9. 80C51 系列单片机串行口在不同的工作方式下，波特率是如何确定？

10. 在某单片机系统中，编程实现甲单片机和乙单片机的双机单工通信。假设甲单片机（U1）P3.2、P3.3 外接按键 K1 和 K2；乙单片机（U2）P0 口外接 8 只 LED 发光二极管。要求在串行口通信下，甲单片机 K1 按下时，乙单片机外接的 8 只 LED 发光二极管进行跑水灯显示；甲单片机 K2 按下时，乙单片机外接的 8 只 LED 发光二极管熄灭。

11. 编写程序实现单片机与 PC 机之间的串行通信。要求单片机每按 1 次按键 K1（与 P3.2 连接）时，以 9600bit/s 的波特率循环向串口发送字符串"单片机串行通信，请使用串口调试助手"，并利用 USB 转 232 串口线和计算机串口调试助手软件，在计算机上显示接收数据。

12. 编写程序实现单片机与 PC 机之间的串行通信。要求 PC 机发送数据给单片机，单片机接收到数据后，再发送给 PC 机。

第9章 80C51单片机的串行总线扩展

单片机结构紧凑、设计简单灵活，对于简单场合，直接使用单片机内部一些资源及外加简单电路就能进行控制，但对于一些较复杂的场合单片机的内部资源不能满足应用系统的要求，需进行系统扩展。系统扩展可采用并行扩展技术或串行扩展技术，扩展对象主要包括存储器扩展、I/O端口扩展等。

9.1 串行总线扩展技术

单片机系统的扩展采用两种技术：并行总线扩展技术和串行总线扩展技术。并行总线扩展技术是采用三总线方式或并行口扩展芯片的方式来进行；串行总线扩展技术是采用串行接口电路进行扩展。

串行总线扩展技术

相比并行扩展而言，采用串行总线进行扩展时其连接的单片机I/O引脚线根数减少，通常省去了专门的母板和插座而直接用导线进行连接，使系统的硬件设计简化、体积减小、可靠性提高。近年来，由于集成电路芯片技术的进步，单片机应用系统越来越多采用串行总线扩展技术。

目前常见的串行总线扩展方式有Motorola公司推出的SPI（Serial Peripheral Interface）总线方式、Philips公司推出的I^2C（Inter-Integrated Circuit，即I^2C）总线方式、Dallas Semiconductor Corporation（达拉斯半导体公司）推出的单总线（1 – Wire Chips）方式等。

9.1.1 SPI串行总线

SPI（Serial Peripheral Interface）总线是Motorola公司最先推出的一种串行总线技术，它是在芯片之间通过串行数据线（MISO、MOSI）和串行时钟线（SCLK）实现同步串行数据传输的技术。SPI提供访问一个4线、全双工串行总线的能力，支持在同一总线上将多个从器件连接到一个主器件上，可以工作在主方式或从方式中。

1. SPI串行总线的特点

SPI串行总线具有以下几个特点：

（1）三线同步。

（2）全双工操作。

（3）主从方式。

当SPI被设置为主器件时，最大数据传输率（bit/s）是系统时钟频率的1/2，当SPI被设置为从器件时，如果主器件与系统时钟同步发出SCK、$\overline{SS}$和串行输入数据，则全双工操作时的最大数据传输率是系统时钟频率的1/10。如果不同步，则最大数据传输率必须小于系统时钟频率的1/10。在半双工操作时，从器件的最大数据传输率是系统时钟频率的1/4。

（4）有4种可编程时钟速率，主方式频率最大可达1.05MHz，从方式频率最大为2.1MHz，当SPI被设置为主器件时，最大数据传输速率（bit/s）是系统时钟频率的1/2。

（5）具有可编程极性和相位的串行时钟。

（6）有传送结束中断标志、写冲突出错标志、总线冲突出错标志。

2．SPI 串行总线的接口电路及工作原理

（1）引脚。SPI 总线主要使用 4 个 I/O 引脚，分别是串行时钟 SCK、主机输入/从机输出数据线 MISO、主机输出/从机输入数据线 MOSI 和从选择线 $\overline{SS}$。在不使用 SPI 系统时，这 4 根线可用作一普通的输入/输出口线。

1）串行数据线（MISO、MOSI）：MISO 和 MOSI 用于串行同步数据的接收和发送，数据的接收或发送是先 MSB（高位），后 LSB（低位）。若 SPI 设置为主方式时，即 SPI 控制寄存器（SPCR）中的主/从工作选择方式位 MSTR 置 1，MISO 是主机数据的输入线，MOSI 是主机数据的输出线。若 MSTR 置 0 时，工作在从方式下，MISO 为从机数据输出线，而 MOSI 为从机数据输入线。

2）串行时钟（SCK）：SCK 用于同步数据从 MOSI 和 MISO 的输入和输出的传送。当 SPI 设置为主方式时，SCK 为同步时钟输出；设置为从机方式时，SCK 脚为同步时钟输入。在主方式下，SCK 信号由内部 MCU 总线时钟得出。在主设备启动一次传送时，自动在 SCK 引脚产生 8 个时钟。在主设备和从设备 SPI 器件中，SCK 信号的一个跳变进行数据移位，在数据稳定后的另一个跳变进行采样。SCK 是由主设备 SPCR 寄存器的 SPI 波特率选择位 SPR1、SPR0 来选择时钟速率。

3）从选择线 $\overline{SS}$：在从机方式中，$\overline{SS}$ 脚用于使能 SPI 从机进行数据传送。在主机方式中，$\overline{SS}$ 用来保护在主方式下 SPI 同步操作所引起的冲突，逻辑 0 禁止 SPI，清除 MSTR 位。在此方式下，若是"禁止方式检测"时，$\overline{SS}$ 可用作 I/O 口；若是"允许方式检测"时，$\overline{SS}$ 为输入口。在从方式下，$\overline{SS}$ 作为 SPI 的数据和串行时钟接收使能端。

当 SPI 的时钟相位 CPHA 为 1 时，某从器件要进行数据传输，则相应的 $\overline{SS}$ 为低电平；当 CPHA 为 0 时，$\overline{SS}$ 必须在 SPI 信息中的两个有效字符之间为高电平。

（2）接口电路。SPI 总线接口的典型电路如图 9-1 所示。采用 1 个主器件和 n 个从器件构成。主器件控制数据，并向 1 个或 n 个从器件传送该数据，从器件在主机发命令时才能接收或发送数据。这些从器件可以只接收或只发送信息给主器件，在这种情况下从器件可以省略 MISO 或 MOSI 线。

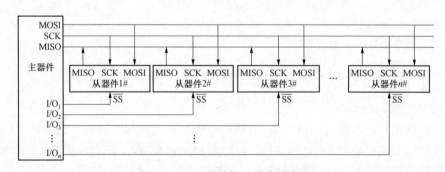

图 9-1　SPI 总线接口的典型电路

（3）工作原理。主/从式 SPI 允许在主机与外围设备之间进行串行通信。只有 SPI 主器件才能启动数据的传输。通过 SPI 控制寄存器 SPCR 将 MSTR 置 1 的方法设置主 SPI 传送数据（即处于主方式）。当处于主方式时，向 SPI 数据寄存器 SPDR 写入字节，启动数据的传输。

SPI 主设备立即在 MOSI 线上串行移出数据，同时在 SCK 上提供串行时钟。在 SPI 传送过程中，SPDR 不能缓冲数据，写到 SPI 的数据直接进入移位寄存器，在串行时钟 SCK 下 MOSI 线上串行移出数据。当经过 8 个串行时钟脉冲后，SPI 状态寄存器 SPSR 的 SPIF 开始置位时，传送结束。同时 SPIF 置 1，产生一个中断请求，从接收设备移位到主 SPI 的数据被传送到 SPI 数据寄存器 SPDR。因此 SPDR 所缓冲的数据是 SPI 所接收的数据。在主 SPI 传送下一个数据之前软件必须通过读 SPDR 清除 SPIF 标志位，然后再执行。

　　当 SPI 被允许而未被配置为主器件时，它将作为从器件工作。在从 SPI 中，数据在主 SPI 时钟控制下进入移位寄存器，当一个字节进入从 SPI 之后，被传送到 SPDR。为了防止越限（字节进入移位寄存器之前读该字节），从机软件必须在另一个字节进入移位寄存器之前，先读 SPDR 中的这个字节，并准备传送到 SPDR 中。图 9-2 为 SPI 数据的交换。

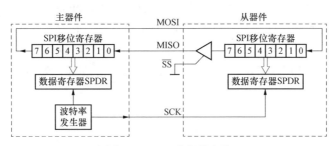

图 9-2　SPI 数据的交换

3. 时钟相位和极性

　　为适应不同外部设备的串行通信，用软件来改变 SPI 串行时钟的相位和极性，即选择 CPOL 与 CPHA 的 4 种不同组合方式。其中 CPOL 用于选择时钟极性，与发送格式无关。而时钟相位 CPHA 用于控制两种发送格式（CPHA=0 和 CPHA=1 的发送格式）。对于主、从机通信，时钟相位和极性必须相同。

　　（1）CPHA=0 的发送格式。图 9-3 为 CPHA=0 的发送格式。图中 SCK 有两种波形：一种为 CPOL=0，另一种为 CPOL=1。在 CPHA=0 时，$\overline{SS}$ 下降沿用于启动从机数据发送，而第一个 SCK 跳变捕捉最高位。在一次 SPI 传送完毕，从机的 $\overline{SS}$ 脚必须返回高电平。

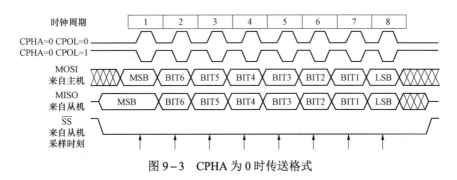

图 9-3　CPHA 为 0 时传送格式

　　（2）CPHA=1 的发送格式。图 9-4 为 CPHA=1 的发送格式，主机在 SCK 的第一个跳变开始驱动 MOSI，从机应用它来启动数据发送。SPI 传送期间，从机的 $\overline{SS}$ 引脚保持为低电平。

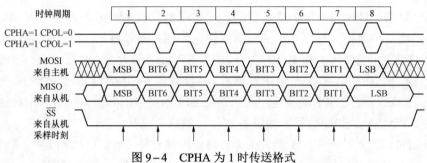

图 9-4　CPHA 为 1 时传送格式

4. SPI 的应用

（1）自带 SPI 接口的单片机扩展并行 I/O 端口。某些单片机其内部自带有 SPI 总线接口。图 9-5 所示为自带 SPI 接口单片机的 SPI 总线扩展两片 74HC595 串入/并出移位寄存器。74HC595 采用级联的方法进行连接，SCLK 接在 SCK 线上，RCLK 与 $\overline{SS}$ 相连，1#的数据输入线 Sin 接在 MOSI 线上，2#芯片的数据输入线 Sin 与 1#芯片的数据输出线 Sout 相连。单片机上的 MISO 暂时没有使用，可用于输入芯片的数据输入。在输出数据时，先将 $\overline{SS}$ 清零，再执行两次 SPI 传送。

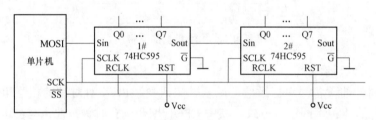

图 9-5　扩展并行 I/O 口

（2）SPI 串行总线在 80C51 系列单片机中的实现。在一些智能仪器和工业控制系统中，当传输速度要求不是很高时，使用 SPI 总线可以增加系统接口器件的种类，提高系统性能。若系统中使用不具有 SPI 接口功能的 80C51 系列单片机时，那么只能通过软件来模拟 SPI 操作。假设 P1.5 模拟 SPI 的数据输出端 MOSI，P1.7 模拟 SPI 的 SCK 输出端，P1.4 模拟 SPI 的从机选择端 $\overline{SS}$，P1.6 模拟 SPI 的数据输入端 MISO。若外围器件在 SCK 的下降沿接收数据，上升沿发送数据时，单片机 P1.7 口初始值设为 0，允许接口后 P1.7 设为 1。单片机在输出 1 位 SCK 时钟的同时，接口芯片串行左移，使输出 1 位数据到单片机的 P1.6 口，即模拟了 MISO，此后再置 P1.7 为 0，使 80C51 单片机从 P1.5（模拟 MOSI）输出 1 位数据到串行接口芯片。这样模拟一位数据输入输出完成。然后，再将 P1.7 置 1，模拟下一位数据输入输出……，依次循环 8 次，完成 8 位数据传输的操作。

9.1.2　I^2C 串行总线

I^2C（Inter-Integrated Circuit）总线是由 Philips 公司推出的一种两线式串行总线，用于连接微控制器及其外围设备，实现同步双向串行数据传输的技术。I^2C 总线于 20 世纪 80 年代推出，是一种具有两线（串行数据线和串行时钟线）标准总线；该串行总线的推出为单片机应用系统的设计带来了极大的方便，它有利于系统设计的标准和模块化，减少了各电路板之间的大量连线，从而提高了可靠性，降低了成本，使系统的扩展更加方便灵活。

目前有很多半导体集成电路上都集成了 I²C 接口。具有 I²C 总结的单片机有：Cygnal 的 C8051F0xx 系列、Philips 的 P8xC591 系列、MicroChip 的 PIC16C6xx 系列等。很多外围器件如存储器、监控芯片等也提供 I²C 接口。

1. I²C 总线的特点

I²C 总线为两线制，一条 SDA 串行数据线，另一条 SCL 串行时钟线。它采用"纯软件"的寻址方法，以减少连线数目。

可工作在主/从方式。与总线相连的每个器件都对应一个特定的地址，可由芯片内部硬件和外部地址同时确定；每个器件在通信过程中可建立简单的主从关系，即主控器件可以作为发生器也可以作为接收器。

I²C 是一种真正的多主串行总线，多主器件竞争总线时，时钟同步和总线仲裁都由硬件自动完成。因为该总线具有错误检测和总线仲裁功能，可以防止多个主控器件同时启动数据传输而产生的总线竞争。各个主机之间没有优先次序之分，也无中心主机。

串行数据在主从之间可以双向传输；其传输速率在不同的模式下各不相同，在标准模式下速率可达 100kbit/s，快速模式下可达 400kbit/s，高速模式下可达 3.4Mbit/s。

数据总线上的毛刺波由芯片上的滤波器滤去，确保数据的完整性。

同步时钟和数据线相配合产生可以作为启动、应答、停止或重启动串行发送的握手信号。连接到同一总线的 I²C 器件数只受总线的最大电容 400pF 限制。

2. I²C 总线的接口电路及工作原理

（1）I²C 的接口电路。I²C 总线为双向同步串行总线，I²C 设备与 I²C 总线连接的接口电路见图 9-6 所示。

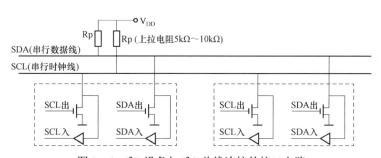

图 9-6　I²C 设备与 I²C 总线连接的接口电路

为了实现时钟同步和总线仲裁机制，应将电路上的所有输出连接形成逻辑"线与"的关系。在进行时钟同步和总线仲裁机制过程中，I²C 总线上的输出波形不是由哪个器件单独决定的，而是由连接在总线上所有器件的输出级共同决定的。由于 I²C 总线端口为 FET 开漏输出结构，因此 I²C 总线上必须接上拉电阻 Rp，Rp 阻值可参考有关数据手册来选择。总线在工作时，当 SDA（或 SCL）输出，则 FET 管截止，输出为 0，带有 I²C 接口的器件通过 SDA（或 SCL）输入缓冲器采集总线上的数据或时钟信号。

数据线 SDA 和时钟 SCL 构成的 I²C 串行总线，可发送和接收数据。I²C 总线上发送数据的设备称为发送器，而接收数据的设备称为接收设备。能够初始发送、产生时钟启动/停止信号的设备称为主设备；被主设备寻址的设备称为从设备。在信息的传输过程中，I²C 总线上并接的每一个 I²C 设备既是主设备（或从设备），又是发送器（或接收设备），这取决于它所要完成的功能。在标准模式下单片机与 I^2C 设备之间、I^2C 设备与 I^2C 设备之间进行双向数据的传送，最高传送速率达 100kbit/s。单片机发出的控制信号分为地址码和控制量两部分，地址码用来选址，即接通需要控制的电路，确定控制的种类；控制量决定该调整的类别及需要调整的量。由于地址码和控制量的不同，各控制电路虽然处在同一条总线上，却彼此独立，互不相关。

I^2C 总线支持主/从和多主的两种工作方式，图 9-7 为主/从式系统的结构图；图 9-8 为多主式系统的结构图。

在图 9-7、图 9-8 中的单片机若不具有 I^2C 接口，可以利用单片机的口线模拟 SDA 和 SCL 线。若单片机本身提供有 I^2C 接口，则可直接采用它的 SDA 和 SCL 口线。

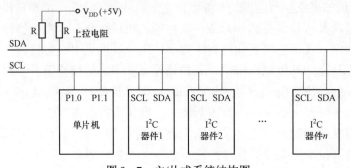

图 9-7 主/从式系统结构图

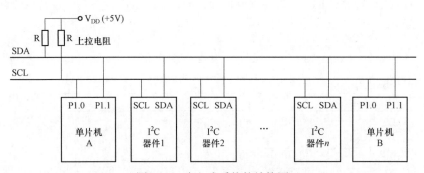

图 9-8 多主式系统的结构图

（2）工作过程。在数据传输中，主设备为数据传输产生时钟信号。要求 SDA 数据线只有在 SCL 串行时钟处于低平时才能变化。总线的一次典型工作过程如下：

1）开始 表明开始传输信号，由主设备产生。

2）地址 主设备发送地址信息，包含 7 位的从设备地址和 1 位的指示位。

3）数据 根据指示位，数据在主设备和从设备之间传输。数据一般以 8 位传输，接收器上用一位 ACK（回答信号）表明每一个字节都收到了。传输可以被终止或重新开始。

4）停止 信号结束传输，由主设备产生。

3. I^2C 信号时序分析

（1）SDA 与 SCL 的时序关系。I^2C 总线上的各位时序信号应符合 I^2C 总线协议，其时序关系如图 9-9 所示。整个串行数据与芯片本身的数据操作格式应相符。I^2C 总线为同步传输总线，总线数据与时钟完全同步。当时钟 SCL 线为高电平时，对应数据线 SDA 线上的电平即为有效数据（高电平为"1"，低电平为"0"）；当 SCL 线为低电平时，SDA 线上的电平允许改变；当 SCL 发出的重复时钟脉冲每次为高电平时，SDA 线上对应的电平就是一位一位的传送数据，最先传输的是字节的最高位数据。

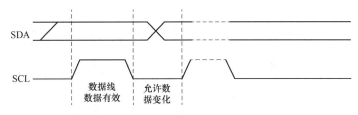

图 9-9　SDA 与 SCL 的时序关系

（2）起始与停止信号。I²C 总线数据在传送时，有两种时序信号：启动信号、停止信号，如图 9-10 所示。

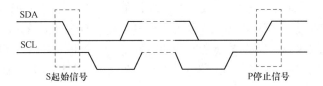

图 9-10　I²C 总线的启动与停止信号

1）S 启动信号（Start Condition）：当 SCL 为高电平时，SDA 出现由高到低的电平跳变为启动信号 S，由它启动 I²C 总线的传送。

2）P 停止信号（Stop Condition）：当 SCL 为高电平时，SDA 出现由低到高的跳变为结束信号 P，停止 I²C 总线的数据传送。停止信号可将 E²PROM 置于低功耗和备用方式（stand by mode）。

启动信号和停止信号都是由主设备产生的。在总线上的 I²C 设备能很快地检测到这些信号。

（3）应答信号 ACK（Acknowledgement）和非应答信号 $\overline{ACK}$。在 I²C 总线上所有的数据都是 8 位传送的，每一个字节传送完以后，都要有一个应答位，而第 9 个 SCL 时钟对应于应答信号位。当 SDA 线上为低电平时，第 9 个 SCL 时钟对应的数据位为应答信号 ACK；当 SDA 线上为高电平时，第 9 个 SCL 时钟对应的数据位为非应答信号 $\overline{ACK}$。此信号是由接收数据的设备发出的。如图 9-11 所示。

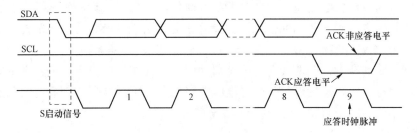

图 9-11　应答信号和非应答信号

（4）数据传输。当 I²C 总线启动后或应答信号后的 1～8 个时钟脉冲，各对应一个字节的

D7～D0 位数据。在 SCL 时钟脉冲高电平期间，SDA 的电平必须保持稳定不变的状态，只有当 SCL 处在低电平时，才可以改变 SDA 的电平值，但起始信号和停止信号是特例。因此，当 SCL 处于高电平时，SDA 的任何跳变都会识别成为一个起始或停止信号。在数据传输过程中，发送 SDA 信号线上的数据以字节为单位，每个字节必须为 8 位，而且都是高位在前，低位在后，每次发送数据字节数量不受限制。数据传输如图 9-12 所示。

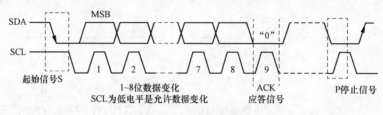

图 9-12　数据传输

（5）时钟同步。所有器件在 SCL 线上产生自己的时钟来传输 I²C 报文，这些数据只有在 SCL 高电平期间才有效。假设总线上有两个主设备，这两个主设备的时钟分别为 CLK1 和 CLK2。若在某一时刻这两个主设备处在不同的时钟脉冲，如图 9-13 所示，此时它们都想控制总线，让自己的数据进行传输，这时总线通过"线与"的逻辑关系来裁定有效时钟，产生时钟同步信号 SCL。

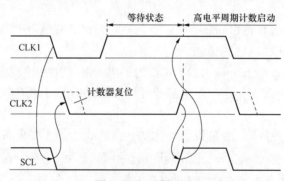

图 9-13　时钟同步

（6）仲裁。数据在总线空闲时才能进行传输。在那些只有一个主设备的基本系统中不会有仲裁的。然而，更多的复杂系统允许有多个主控设备，因此，就有必要用某种形式的仲裁来避免总线冲突和数据丢失。通过用"线与"连接 I²C 总线的两路信号（数据和时钟）可以实现仲裁。所有的主设备必须监视 I²C 的数据和时钟线，如果主设备发现已经有数据正在传输，它就不会开始进行另一数据的传输。假设总线上有两个主设备，这两个设备的数据输出端分别对应为 DATA1 和 DATA2。这两个主设备可能在最小持续时间内产生一个起始条件，都想获得控制总线的能力，向总线发出一个启动信号，在这种情况下，相互竞争的设备自动使它们的时钟保持同步，然后像平常一样继续发射信号。因为这是符合规定的起始条件，但总线不能同时响应这两个启动信号，鉴于此，I²C 总线通过"线与"的逻辑关系产生在数据线 SDA 上的信号。如图 9-14 所示。

从图 9-14 中可以看出，刚开始 DATA1、DATA2 同时为高电平时，SDA 为高电平；DATA1 由高变低，而 DATA2 高电平保持时，SDA 变为低电平；DATA1、DATA2 同时为低

电平时，SDA 为低电平；DATA1、DATA2 同时由低变为高电平时，SDA 也变为高电平；DATA1
为高电平，DATA2 为低电平时，SDA 为低电平，之后当 DATA2 由低变为高时，SDA 才为
高……。整个的过程就是 SDA＝DATA1&DATA2，即 SDA 是 DATA1 与 DATA2 "线与"的结
果，之后，DATA2 获得了总线控制权，可以在总线上进行数据的传输，从而实现了总线仲裁。

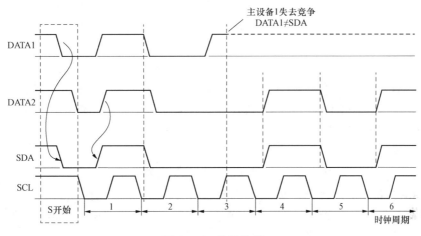

图 9－14　总线仲裁

　　因为没有数据丢失，仲裁处理是不需要一种特殊的仲裁相位的。获得主控权的设备从本
质上来说，是不知道它为了总线而和其他设备竞争的。在串行数据传输中，若有重复起始条
件或停止条件发送到总线上时，总线仲裁继续进行，不会停止。

4. I^2C 总线串行传输格式

　　I^2C 总线在串行传输数据中，启动后每次传送一个字节，每字节 8 位，且高位（D7）在
前。其传输格式是：首先由主设备发出起始信号 S 启动 I^2C 总线，首先发出一个地址字节，
此字节的高 7 位 SLAVE 作为从设备地址，最低位是数据的传送方向位，用 R/$\overline{W}$ 表示，即读/
写选择位。R/$\overline{W}$ 位＝0 时，表示主设备向从设备发送数据（即主设备将数据写入从设备）；R/$\overline{W}$
位＝1 时，表示发送器地址的主设备接收从设备发来的数据（即从设备向主设备发送数据）。
在 SAVE＋R/$\overline{W}$ 地址字节之后，发送器可发出任意个字节的数据。每发送一个字节之后从设
备都会做出响应，回送 ACK 应答信号。主设备收到 ACK 信号后，可继续发送下一个字节数
据。如果从设备正在处理一个实时事件而不能接收主设备发来的字节时，例如从设备正在处
理一个内部中断，在这个中断处理之前就不能接收主设备发给它的字节，可以使时钟 SCL 线
保持为低电平，从设备必须使 SDA 保持高电平。此时主设备发出结束信号 P，使传送异常结
束，迫使主设备处理等待状态。若从设备处理完毕时将释放 SCL 线，主器件将继续传送字节。
连续传送数据的格式如下：

S	SLAVE	R/$\overline{W}$	A	DATA1	A	DATA2	A…DATAn	A/$\overline{A}$	P
1 位	7 位	1 位	1 位（ACK）	8 位	…	…	…	1 位	1 位结束
起始	器件地址字节		应答	8 位数据	…	…	…		结束

9.1.3　单总线

单总线（1–Wire Bus）是美国 Dallas 半导体公司（2011 年并入 MAXIM 公司）于 20 世纪 90 年代新推出的一种串行总线技术。该技术只需使用一根信号线（将计算机的地址线、数据线、控制线合为一根信号线）可完成串行通信。单根信号线，既传输时钟，又传输数据，而且数据传输是双向的，在信号线上可挂上许多测控对象，并且电源也经这根信号线馈给，所以在单片机的低速（约 100kbit/s 以下的速率）测控系统中，使用单总线技术可以简化线路结构，减少硬件开销。

目前 Dallas 半导体公司运用单总线技术生产了许多单总线芯片，如数字温度计 DS18B20、RAM 存储器 DS2223、实时时钟 DS2415、可寻址开关 DS2405、A/D 转换器 DS2450 等。它们都是通过一对普通双绞线（一根信号线，一根地线）传送数据、地址、控制信号及电源，实现主/从设备间的串行通信。

1. 单总线的特点

采用单总线技术的主/从设备，具有以下几个方面的特点：

（1）主/从设备间的连线少，有利于长距离通信。

（2）功耗低，由于单线芯片采用 CMOS 技术，且从设备一般由主设备集中供电，因此耗电量很少（空闲时几 μW，工作时几 mW）。

（3）主/从设备都为开漏结构，为使挂在总线上的每个设备在适当的时候都能驱动，它们与总线的匹配端口都具有开漏输出功能，因此在主设备的总线侧必须有上拉电阻。

（4）单总线上传送的是数字信号，因此系统的抗干扰性能好，可靠性高。

（5）特殊复位功能，线路处于空闲状态时为高电平，若总线处于低电平的时间大于器件规定值（通常该值为几百 μs）时，总线上的从设备将被复位。

（6）ROM ID，单总线上可挂许多单线芯片进行数据交换，为区分这些芯片，厂家在生产这些芯片时，每个单线芯片都编制了唯一的 ID 地址码，这些 ID 地址码都存放在该芯片自带的存储器中，通过寻址就能把芯片识别出来。

2. 单总线的接口电路及单总线芯片工作原理

（1）单总线接口电路。单总线上可并挂多个从设备，在单片机 I/O 口直接驱动下，能够并挂 200m 范围内的从设备。若进行扩展可挂 1000m 以上的从设备，所以在许多应用场合下，利用单总线技术可组成一个微型局域网（MicroLAN），图 9–15 为单片机与两个从设备间的接口电路。

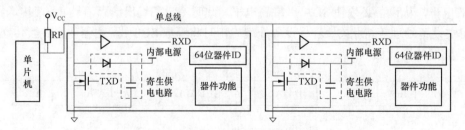

图 9–15　单片机与两个从设备间的接口电路

从图 9–15 中可看出，系统中只用了一根总线，由于主/从设备均采用了开漏，所以在单片机与从设备之间使用了一个 4.7kΩ 的上拉电阻。

单总线的数据传输速率通常为 16.3kbit/s，但其最高速率可达 142kbit/s，因此单总线只能使用在速率要求不高的场合，在单片机测控或数据交换系统中，一般使用 100kbit/s 以下。

（2）单总线芯片工作原理。单总线最大的特点是主/从设备间的连线少，有利于长距离的信息交换。主设备在合适的时间内可驱动单总线上的每个从设备（单总线芯片），这是因为每个单总线芯片都有各自唯一的 64 位 ID 地址码。这 64 位 ID 地址码是厂家对每个单总线芯片使用激光刻录的一个 64 位二进制 ROM 代码，其中第一个 8 位表示单线芯片的分类编号，如可寻址开关 DS2405 的分类编号为 0x05，数字温度计 DS1822 的分类编号为 0x10 等；接着的 48 位是标识器件本身的序列号，这 48 位序列号是一个大于 281×10^{12} 的十进数编码，所以完全可作为每个单总线芯片和唯一标识代码；最后 8 位为前 56 位的 CRC（Cyclic Redundancy Cheek）循环冗余校验码。

在数据通信过程中，检验数据传输正确与否主要是检验 CRC 循环冗余校验码。即数据通信中，主设备收到 64 位 ID 地址码后，将前 56 位按 CRC 生成多项式：$CRC = X^8 + X^5 + X^4 + 1$，计算出 CRC 的值，并与接收到的 8 位 CRC 值进行比较，若两者相同则表示数据传输正确，否则重新传输数据。

作为单总线从设备的单总线芯片，一般都具有生成 CRC 校验码的硬件电路，而作为单总线的主设备可使用硬件电路生成 CRC 校验码，也可通过软件的方法来产生 CRC 循环冗余校验码。感兴趣的读者可参考相关资料。

从图 9-15 还可看出，从设备有一寄生供电电路（Parasite Power）部分。当总线处于高电平时，单总线不仅通过二极管给从设备供电，还对内部电容器充电储存电能；当总线处于低电平时，二极管截止，该单总线芯片由电容器供电，仍可维持工作，但维持工作的时间不长。因此总线应间隔地输出高电平，使从设备能确保正常工作。

3. 单总线芯片的传输过程

单总线上虽然能并挂多个单总线从设备，但并不意味着主设备能同时与多个从设备进行数据通信。在任一时刻，单总线上只能传输一个控制信号或数据，即主设备一旦选中了某个从设备，就会保持与其通信直至复位，而其他的从设备则暂时脱离总线，在下次复位之前不参与任何通信。

单总线的数据通信包括 4 个过程：

（1）初始化。

（2）传送 ROM 命令。

（3）传送 RAM 命令。

（4）数据交换。

单总线上所有设备的信号传输都是从初始化开始的，初始化时由主设备发出一个复位脉冲及一个或多个从设备返回应答脉冲。应答脉冲是从设备告知主设备在单总线上有某些器件，并准备信号交换工作。

单总线协议包括总线上多种时序信号，如复位脉冲、应答脉冲、写信号、读信号等。除应答脉冲外，其他所有信号都来源于主设备，在正常模式下各信号的波形如图 9-16 所示。

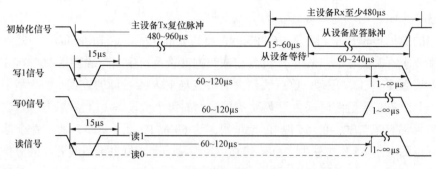

图 9-16　单总线信号波形

主设备 Tx 端首先发送一个 480～960μs 的低电平信号，并释放总线进入接收状态，而总线经 4.7kΩ 的上拉电阻拉至高电平，时间为 15～60μs，Rx 端监测从设备应答脉冲的到来，监测时间至少需 480μs 以上。

从设备收到主设备的复位脉冲后，向总线发出一个应答脉冲（Presence Pulse），表示该从设备准备就绪。通常情况下，从设备等待 15～60μs 后就可向主设备发送一个 60～240μs 的低电平应答脉冲信号。

主设备收到从设备的应答脉冲后，就开始对从设备进行 ROM 命令和功能命令操作。图 9-16 中标识了写 1、写 0 和读信号时序。在每一个时段内，总线每次只能传输一位数据。所有的读、写操作至少需要 60μs，并且每两个独立的时序间至少需要 1μs 的恢复时间。图中，读、写操作都是在主设备将总线拉为低电平之后才进行的。在写操作时，主设备在拉低总线 15μs 之内释放总线，并向从设备写 1；若主设备将总线拉为低电平之后并能保持至少 60μs 的低电平，则向从设备进行写 0 操作。从设备只在主设备发出读操作信号时才向主设备传输数据，所以，当主设备向从设备发出读数据命令后，必须马上进行读操作，以便从设备能传输数据。在主设备发出读操作后，从设备才开始在总线上发送 0 或 1。若从设备发送 1，则总线保持高电平，若发送 0，则将总线拉为低电平。由于从设备发送数据后可保持 15μs 有效时间，因此，主设备在读操作期间必须释放总线，且须在 15μs 内对总线状态进行采样，以便接收从设备发送的数据。

ROM 功能命令主要是用来管理、识别单总线芯片，实现传统"片选"功能。ROM 功能命令有 7 个：

（1）读 ROM：主设备读取从设备的 64 位 ID 地址码。该命令用于总线上只有一个从设备。

（2）匹配 ROM：当有多个从设备时，允许主设备对多个从设备进行寻址。从设备将接收到的 ID 地址码与各自的 ID 地址码进行比较，若相同表示该从设备被主设备选中，否则将继续保持等待状态。

（3）查找 ROM：系统首次启动后，须识别总线上各器件。

（4）直访 ROM：系统只有一个从设备时，主设备可不发送 64 位 ID 地址码直接进入芯片对 RAM 存储器访问。

（5）超速匹配 ROM：超速模式下对从设备进行寻址。

（6）超速跳过 ROM：超速模式下，跳过读 ROM 命令。

（7）条件查找 ROM：查找输入电压超过设置的报警门限值的某个器件。

当执行以上 7 个命令中的任意一个时，主设备就能发送任何一个可使用的命令来访问存储器和控制功能，进行数据交换。

9.2　串行 E²PROM 存储器的扩展

串行 E²PROM 技术是一种非易失性存储器技术，是嵌入式控制的先进技术，串行 E²PROM 存储器具有体积小、功耗低、字节写入灵活、性价比高等特点。在串行 E²PROM 芯片中，地址与数据的传送方式都是串行方式，不占用系统地址总线和数据总线，但数据传输速率不高，只适合数据传送要求不高的场合。常见的串行 E²PROM 主要有二线制 I²C 总线的 E²PROM 和三线制 SPI 总线的 E²PROM 两种。

9.2.1　I²C 总线的 AT24Cxx 存储器扩展

AT24 存储器扩展

二线制 I²C 串行 E²PROM 存储器主要有美国 Atmel 公司的 AT24Cxx 系列、美国 Catalyst 公司推出的 CAT24WCxx 系列、Microchip 公司的 24Cxx 系列、National 公司的 NM24Cxx 系列等厂家生产的产品。其中 Atmel 公司生产的 AT24Cxx 系列产品比较典型。

Atmel 公司生产的 AT24Cxx 系列有 AT24C01（A）/02/04/08/16/32/64 等型号，它们对应的存储容量分别是 128/256/512/1K/2K/4K/8K×8 位。

AT24C01（A）/02/04/08/16 是 Atmel 公司 AT24Cxx 系列比较典型产品，它们的外部封装形式、引脚功能及内部结构类似，只是存储容量不同而已。

1. AT24Cxx 外部封装及引脚功能

AT24C01（A）/02/04/08/16 E²PROM 存储器都是 8 个引脚，采用 PDIP 和 SOIC 两种封装形式，如图 9−17 所示。各引脚功能如下：

图 9−17　AT24C01（A）/02/04/08/16 E²PROM 的封装形式

（1）A0、A1、A2：片选或页面选择地址输入。选用不同的 E²PROM 存储器芯片时其意义不同，但都要接一固定电平，用于多个器件级联时寻址芯片。

对于 AT24C01（A）/02 E²PROM 存储器芯片，这 3 位用于芯片寻址，通过与其所接的硬接线逻辑电平相比较判断芯片是否被选通。在总线上最多可连接 8 片 AT24C01（A）/02 存储器芯片。

对于 AT24C04 E²PROM 存储器芯片，用了 A1、A2 作为片选，A0 悬空。在总线上最多可连接 4 片 AT24C04。

对于 AT24C08 E²PROM 存储器芯片，只用了 A2 作为片选，A1、A0 悬空。在总线上最多可连接 2 片 AT24C08。

对于 AT24C16 E²PROM 存储器芯片，A0、A1、A2 都悬空。这 3 位地址作为页地址位 P0、P1、P2。在总线上只能接一片 AT24C16。

（2）GND：地线。

（3）SDA：串行数据（/地址）I/O 端，用于串行数据的输入/输出。这个引脚是漏极开路驱动，可以与任何数量的漏极开路或集电极开路器件"线或"连接。

（4）SCL：串行时钟输入端，用于输入/输出数据的同步。在其上升沿时串行写入数据，在下降沿时串行读取数据。

（5）WP：写保护，用于硬件数据的保护。WP 接地时，对整个芯片进行正常的读/写操作；WP 接电源 VCC 时，对芯片进行数据写保护。其保护范围如表 9-1 所示。

表 9-1　　　　　　　　　　　　　　WP 端 的 保 护 范 围

WP 引脚状态	被保护的存储单元部分				
	AT24C01（A）	AT24C02	AT24C04	AT24C08	AT24C16
接 VCC	1KB 全部阵列	2KB 全部阵列	4KB 全部阵列	正常读/写操作	上半部 8KB 阵列
接地	正常读/写操作				

（6）VCC：电源电压，接 +5V。

2. AT24Cxx 内部结构

AT24Cxx 的内部结构如图 9-18 所示，它由启动和停止逻辑、芯片地址比较器、串行控制逻辑、数据字地址计数器、译码器、高压发生器/定时器、存储矩阵、数据输出等部分组成。

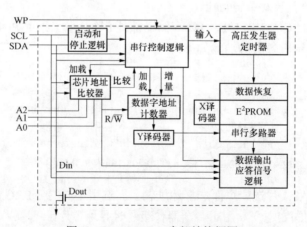

图 9-18　AT24Cxx 内部结构框图

3. AT24Cxx 命令字节格式

主器件发送"启动"信号后，再发送一个 8 位的含有芯片地址的控制字对从器件进行片选。这 8 位片选地址字由三部分组成：第一部分是 8 位控制字的高 4 位（D7～D4），固定值为 1010，它是 I^2C 总线器件特征编码；第二部分是最低位 D0，D0 位是读/写选择位 R/$\overline{W}$，决定微处理器对 E^2PROM 进行读/写操作，R/$\overline{W}$ =1，表示读操作，R/$\overline{W}$ =0 表示写操作；剩下的三位为第三部分即 A0、A1、A2，这三位根据芯片的容量不同，其定义也不相同。表 9-2 为 AT24Cxx E^2PROM 芯片的地址安排（表中 P2、P1、P0 为页地址位）。

表 9 – 2　　　　　　　　　　AT24Cxx E²PROM 芯片的地址安排

型号	容量（×8 位）	地　　　址								可扩展数目
AT24C01（A）	128	1	0	1	0	A2	A1	A0	R/$\overline{W}$	8
AT24C02	256	1	0	1	0	A2	A1	A0	R/$\overline{W}$	8
AT24C04	512	1	0	1	0	A2	A1	P0	R/$\overline{W}$	4
AT24C08	1KB	1	0	1	0	A2	P1	P0	R/$\overline{W}$	2
AT24C016	2KB	1	0	1	0	P2	P1	P0	R/$\overline{W}$	1
AT24C032	4KB	1	0	1	0	A2	A1	A0	R/$\overline{W}$	8
AT24C064	8KB	1	0	1	0	A2	A1	A0	R/$\overline{W}$	8

4. 时序分析

（1）SCL 和 SDA 的时钟关系。AT24Cxx E²PROM 存储器采用二线制传输，遵循 I²C 总线协议。SCL 和 SDA 的时钟关系与 I²C 协议中规定的相同。加在 SDA 的数据只有在串行时钟 SCL 处于低电平时钟周期内才能改变。如图 9 – 19 所示。

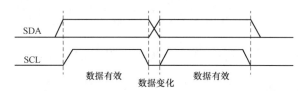

图 9 – 19　AT24Cxx SDA 和 SCL 时钟关系

（2）启动和停止信号。当 SCL 处于高电平时，SDA 由高电平变为低电平时表示"启动"信号；如果 SDA 由低变为高时表示"停止"信号。启动与停止信号如图 9 – 20 所示。

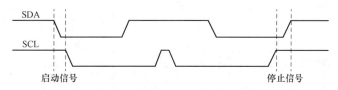

图 9 – 20　AT24Cxx 启动和停止信号

（3）应答信号。应答信号是由接收数据的存储器发出的，每个正在接收数据的 E²PROM 收到一个字节数据后，需发出一个"0"应答信号 ACK；单片机接收完存储器的数据后也需发出一个应答信号。ACK 信号在主器件 SCL 时钟线的第 9 个周期出现。

在应答时钟第 9 个周期时，将 SDA 线变为低电平，表示已收到一个 8 位数据。若主器件没有发送一个应答信号，器件将停止数据的发送，且等待一个停止信号。如图 9 – 21 所示。

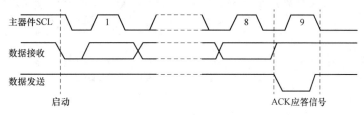

图 9 – 21　应答信号

5. 读/写操作

AT24C01/02/04/08/16 系列 E^2PROM 从器件地址的最后一位为 R/$\overline{W}$（读/写）位，R/$\overline{W}$ =1 执行读操作，R/$\overline{W}$ =0 表示写操作。

（1）读操作。读操作包括立即地址读、随机地址读、顺序地址读。

1）立即地址读。AT24C01/02/04/08/16 E^2PROM 在上次读/写操作完之后，其地址计数器的内容为最后操作字节的地址加 1，即最后一次读/写操作的字节地址为 N，则立即地址读从地址 N+1 开始。只要芯片不掉电，这个地址在操作中一直保持有效。在读操作方式下，其地址会自动循环覆盖。即地址计数器为芯片最大地址值时，计数器自动翻转为"0"，且继续输出数据。

AT24C01/02/04/08/16 E^2PROM 接收到主器件发来的从器件地址后，且 R/$\overline{W}$ =1 时，该相应的 E^2PROM 发出一个应答信号 ACK，然后发送一个 8 位字节数据。主器件接收到数据后，不需发送一个应答信号，但需产生一个停止信号。如图 9-22 所示。

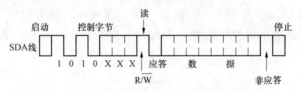

图 9-22　AT24Cxx 立即地址读

2）随机地址读。随机地址读通过一个"伪写入"操作形式对要寻址的 E^2PROM 存储单元进行定位，然后执行读出。随机地址读允许主器件对存储器的任意字节进行读操作，主器件首先发送起始信号、从器件地址、读取字节数据的地址执行一个"伪写入"操作。在从器件应答之后，主器件重新发送起始信号、从器件地址，此时 R/$\overline{W}$ =1，从器件发送一个应答信号之后输出所需读取的一个 8 位数据，主器件不发送应答信号，但产生一个停止信号，如图 9-23 所示。

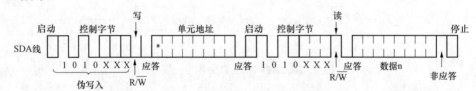

图 9-23　AT24Cxx 随机地址读

3）顺序读。顺序读可以通过立即地址读或随机地址读操作启动。在从器件发送完一个数据后，主器件发出应答信号，告诉从器件需发送更多的数据，对应每个应答信号，从器件将发送一个数据，当主器件发送的不是应答信号而是停止信号时操作结束。从器件输出的数据按顺序从 n 到 n+i，地址计数器的内容相应地相加，计数器也会产生翻转继续输出数据。如图 9-24 所示。

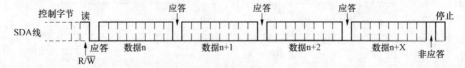

图 9-24　AT24Cxx 顺序读

（2）写操作。写操作包括字节写、页面写、写保护。

1）字节写。每一次启动串行总线时，字节写操作方式只能写入一个字节到从器件中。主器件发出"启动"信号和从器件地址给从器件，从器件收到并产生应答信号后，主器件再发送从器件 AT24C01（A）/02/04/08/16 的字节地址，从器件将再发送另一个相应的应答信号，主器件收到之后发送数据到被寻址的存储单元，从器件再一次发出应答，而且在主器件产生停止信号后才进行内部数据的写操作，从器件在写的过程中不再响应主器件的任何请求。如图 9-25 所示。

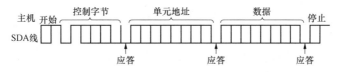

图 9-25　AT24C01（A）/02/04/08/16 字节写

2）页面写。页面写操作方式启动一次 I²C 总线，24C01（A）可写入 8 个字节数据，AT24C02/04/08/16 可写入 16 个字节数据。页面字与字节写不同，传送一个字节后，主器件并不产生停止信号，而是发送 P 个 ［AT24C01（A）：P = 7，AT24C02/04/08/16：P = 15］ 额外字节，每发送一个数据后，从器件发送一个应答位，并将地址低位自动加 1，高位不变。如图 9-26所示。

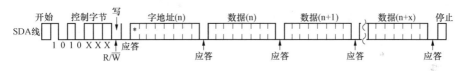

图 9-26　AT24C01（A）/02/04/08/16 页面写

3）写保护。当存储器的 WP 引脚接高电平时，将存储器区全部保护起来，可以避免用户操作不当对存储器数据的改写，将存储器变为只读状态。

6. AT24Cxx 的应用

【例 9-1】AT24Cxx 的读/写操作。要求先将跑马灯的数据写入 AT24C04 中，再将数据逐个读出送至 P1 口，使发光二极管进行相应的显示。

1. 任务分析

根据任务要求，AT24C04 的读/写操作显示的电路原理如图 9-27 所示。AT24C04 是位容量为 4K 位，其字节容量为 512 字节的 E²PROM 芯片。要完成任务操作，应先将花样灯显示数据写入 AT24C04 中，然后单片机再将这些数据依次从 AT24C04 中读取出来并送往 P1 端口进行显示。由于单片机只外扩了一片 AT24C04，因此作为从机的 AT24C04 其地址为 1010000x（x 为 1 表示执行读操作，x 为 0 表示执行写操作）。

对 AT24C04 进行读操作时，其流程为：单片机对其发送启动信号→发送 AT24C04 的从机地址→指定存储单元地址→重新发送启动信号→发送从机读寻址→读取数据→发送停止信号。对 AT24C04 进行写操作时，其流程为：单片机对其发送启动信号→发送 AT24C04 的从机地址→指定存储单元地址→写数据→发送停止信号。

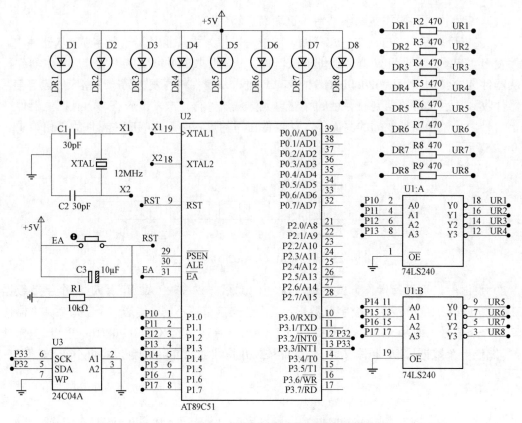

图 9-27　AT24Cxx 的读/写操作显示的电路原理图

2. 编写 C51 程序

```
#include <reg51.h>
#include <intrins.h>
#define uint  unsigned int
#define uchar unsigned char
#define   OP_READ   0xA1    // 器件地址以及读取操作
#define   OP_WRITE  0xA0    // 器件地址以及写入操作
#define   MAX_ADDR  0x7F    // AT24C04 最大地址
#define   LED   P1          //8 只发光二极管与 P1 端口连接
sbit  SDA = P3^2;
sbit  SCL = P3^3;
uchar dis_code[] = {0x01,0x02,0x04,0x08,0x10,0x20,0x40,0x80};
                                // 写入到 AT24C04 的数据串
void delay500(uint ms)
{
    uint i;
    while(ms - -)
    {
```

```
        for(i = 0; i < 230; i+ +);
    }
}
void start()                    // 开始位
{
    SDA = 1;
    SCL = 1;
    _nop_();
    _nop_();
    SDA = 0;
    _nop_();
    _nop_();
    _nop_();
    _nop_();
    SCL = 0;
}
void stop()                     // 停止位
{
    SDA = 0;
    _nop_();
    _nop_();
    SCL = 1;
    _nop_();
    _nop_();
    _nop_();
    _nop_();
    SDA = 1;
}
uchar shin()                    // 从 AT24Cxx 移入数据到 MCU
{
    uchar i,read_data;
    for(i = 0; i < 8; i+ +)
    {
        SCL = 1;
        read_data << = 1;
        read_data | = (uchar)SDA;
        SCL = 0;
    }
    return(read_data);
```

```
    }
bit shout(uchar write_data)          // 从 MCU 移出数据到 AT24Cxx
{
    uchar i;
    bit ack_bit;
    for(i = 0; i < 8; i + +)          // 循环移入 8 个位
    {
        SDA = (bit)(write_data & 0x80);
        _nop_();
        SCL = 1;
        _nop_();
        _nop_();
        SCL = 0;
        write_data << = 1;
    }
    SDA = 1;                          // 读取应答
    _nop_();
    _nop_();
    SCL = 1;
    _nop_();
    _nop_();
    _nop_();
    _nop_();
    ack_bit = SDA;
    SCL = 0;
    return ack_bit;                   // 返回 AT24Cxx 应答位
}
void write_byte(uchar addr, uchar write_data)
                                      // 在指定地址 addr 处写入数据 write_data
{
    start();
    shout(OP_WRITE);
    shout(addr);
    shout(write_data);
    stop();
    delay500(10);                     // 写入周期
}
void fill_byte(uchar fill_data)    // 填充数据 fill_data 到 AT24Cxx 内
{
    uchar i;
```

```c
    for(i = 0; i < MAX_ADDR; i + +)
    {
        write_byte(i, fill_data);
    }
}
uchar read_current()            // 在当前地址读取
{
    unsigned char read_data;
    start();
    shout(OP_READ);
    read_data = shin();
    stop();
    return read_data;
}
uchar read_random(uchar random_addr)  // 在指定地址读取
{
    start();
    shout(OP_WRITE);
    shout(random_addr);
    return(read_current());
}
void main(void)
{
    unsigned char i;
    SDA = 1;
    SCL = 1;
    fill_byte(0x00);                //全部填充 0x00
    for(i = 0 ; i < 8; i + +)        //写入显示代码到 AT24Cxx
    {
        write_byte(i, dis_code[i]);
    }
    i = 0;
    while(1)
    {
        LED = read_random(i);    // 循环读取 24Cxx 内容，并输出到 P1 口
        i + +;
        i & = 0x07;                 // 循环读取范围为 0x00～0x07
        delay500(250);
    }
}
```

9.2.2　SPI 总线的 93C46 存储器扩展

三线制 SPI 串行 E^2PROM 存储器主要有美国 Atmel 公司的 AT250xx
系列、Microchip 公司的 93Cxx 系列等厂家生产的产品。其中 93C46 是
比较典型的产品，它的存储容量为 1024 位，可配置为 16 位（ORG 引
脚接 V_{CC}）或者 8 位（ORG 引脚接 V_{SS}）的寄存器。

93C46 存储器扩展

1. 93C46 外部封装及引脚功能

93C46 E^2PROM 采用 CMOS 工艺制成的 8 引脚串行可用电擦除可
编程只读存储器，有 PDIP 和 SOIC 等封装形式，如图 9-28 所示，各引脚的功能如下：

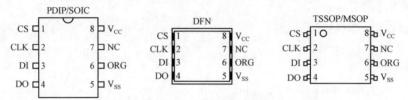

图 9-28　93C46 的封装形式

（1）CS：片选端，高电平选通器件。CS 为低电平时，释放器件使它进入待机模式。

（2）CLK：串行时钟输入端，用来同步主器件与 93C46 器件之间的通信。操作码、地址
和数据在 CLK 上升沿时按位移入；同样，数据在 CLK 的上升沿时按位移位。

（3）DI：数据输入端，用来与 CLK 输入同步地移入起始位、操作码、地址和数据。

（4）DO：数据输出端，在读取模式中，用来与 CLK 输入同步地输出数据。

（5）V_{SS}：电源地。

（6）ORG：存储器配置端，该引脚连接到 V_{CC} 或逻辑高电平时，配置为 16 位存储器架
构；连接到 V_{SS} 或逻辑低电平时，选择为 8 位存储器架构。进行正常操作时，ORG 必须连接
到有效的逻辑电平。

（7）NC：未使用。

（8）V_{CC}：电源电压。

2. 93C46 内部结构

93C46 内部结构如图 9-29 所示。它由存储器阵列、地址译码器、地址计数器、数据寄

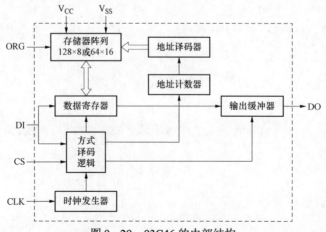

图 9-29　93C46 的内部结构

存器、方式译码逻辑、输出缓冲器、时钟发生器等部分组成。ORG 为高电平时选择 16 位
（64×16）的存储器架构，ORG 为低电平时选择 8 位（128×8）的存储器架构。数据寄存器
储存传输进来的串行数据（这些串行数据包括指令、地址和写入的数据），再由方式译码逻辑
与内部时钟发生器，在指定的地址将数据作读取或写入动作。

　　3. 93C46 指令集

　　93C46 是 SPI 接口 E^2PROM，其容量为 1024 位，它们被 ORG 配置为 128 个字节（8bit）
或 64 个字（16bit）。93C46 有专门的 7 条指令来实现各种操作，包括字节/字的读取、字节/
字的写入、字节/字的擦除、全擦与全写。这 7 条指令的格式如表 9-3 所示。

表 9-3　　　　　　　　　　　　　　　**93C46 指 令 格 式**

指令	功能描述	起始位	操作代码	ORG=0（128×8）			ORG=1（64×16）		
				地址	数据		地址	数据	
					DI	DO		DI	DO
READ	读取数据	1	10	A6～A0	—	D7～D0	A5～A0	—	D15～D0
WRITE	写入数据	1	01	A6～A0	D7～D0	(RDY/$\overline{BSY}$)	A5～A0	D15～D0	(RDY/$\overline{BSY}$)
EWEN	擦/写使能	1	00	11XXXXX	—	高阻态	11XXXX	—	高阻态
EWDS	擦/写禁止	1	00	00XXXXX	—	高阻态	00XXXX	—	高阻态
ERASE	擦字节或字	1	11	A6～A0	—	(RDY/$\overline{BSY}$)	A5～A0	—	(RDY/$\overline{BSY}$)
ERAL	擦全部	1	00	10XXXXX	—	(RDY/$\overline{BSY}$)	10XXXX	—	(RDY/$\overline{BSY}$)
WRAL	用同一数据写全部	1	00	01XXXXX	D7～D0	(RDY/$\overline{BSY}$)	01XXXX	D15～D0	(RDY/$\overline{BSY}$)

　　指令的最高位（起始位）为 1，作为控制指令的起始值。然后是两位操作代码，最后是 6
位或 7 位地址码。93C46 在 Microwire 系统中作为从器件，其 DI 引脚用于接收以串行格式发
来的命令、地址和数据信息，信息的每一位均在 CLK 的上升沿读入 93C46。不论 93C46 进行
什么操作，必须先将 CS 位置 1，然后在同步时钟作用下，把 9 位或 10 位串行指令依次写入
片内。在未完成这条指令所必需的操作之前，芯片拒绝接收新的指令。在不对芯片操作时，
最好将 CS 置为低电平，使芯片处于等待状态，以降低功耗。

　　读取数据指令（READ）：当 CS 为高电平时，芯片在收到读命令和地址后，从 DO 端串
行输出指定单元的内容（高位在前）。

　　写入数据指令（WRITE）：当 CS 为高电平时，芯片在收到写命令和地址后，从 DI 端接
收串行输入 16 位或 8 位数据（高位在前）。在下一个时钟上升沿到来前将 CS 端置为 0（低电
平保持时间不小于 250ns），再将 CS 恢复为 1，写操作启动。此时 DO 端由 1 变成 0，表示芯
片处于写操作的"忙"状态。芯片在写入数据前，会自动擦除待写入单元的内容，当写操作
完成后，DO 端变成 1，表示芯片处于"准备好"状态，可以接收新命令。

　　擦/写禁止指令（EWDS）和擦/写使能指令（EWEN）：芯片收到 EWDS 命令后进入到擦
写禁止状态，不允许对芯片进行任何擦写操作，芯片上电时自动进入擦写禁止状态。此时，
若想对芯片进行擦写操作，必须先发 EWEN 命令，所以防止了干扰或其他原因引起的误操作。

芯片接收到 EWEN 命令后,进入到擦写允许状态,允许对芯片进行擦写操作。读 READ 命令不受 EWDS 和 EWEN 的影响。

用同一数据写全部指令(WRAL):将特定内容整页写入。

擦字节或字指令(ERASE):用于擦除指定地址的数据位内容,擦除后该地址的内容为 1,该指令需要在 EWEN 的状态下才有效。

擦全部指令(ERAL):擦除整个芯片的数据位内容,擦除后芯片所有地址的数据位内容均为 1,该指令需要在 EWEN 的状态下才有效。

在进行擦全部和用同一数据写全部时,在接收完命令和数据,CS 从 1 变为 0 再恢复为 1(低电平保持时间不小于 250ns)后,启动擦全部或用同一数据写全部,擦除和写入均为自动定时方式。在自动定时方式下,不需要 CLK 时钟。

4. 93C46 的应用

【例 9-2】93C46 的读/写操作。要求先将拉幕式花样灯的数据写入 93C46 中,再将数据逐个读出送至 P1 口,使发光二极管进行相应的显示。

(1)任务分析。93C46 的读/写操作显示的电路原理如图 9-30 所示,图中 93C46 的 ORG 引脚与地线连接,将 93C46 配置为 8 位存储器架构。

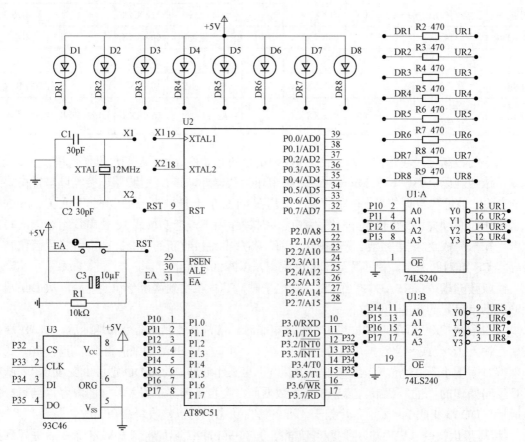

图 9-30 93C46 读/写操作显示的电路原理图

（2）编写 C51 程序。

```c
#include <reg51.h>
#include <intrins.h>
#define   uint  unsigned int
#define   uchar unsigned char
#define   LED   P1
sbit  CS = P3^4;
sbit  SK = P3^3;
sbit  DI = P3^5;
sbit  DO = P3^6;
uchar code dis_code[]  =  {0x81,0x42,0x24,0x18,0x24,0x42,0x81,0x00};
void delayms(uchar ms)
{
    uchar i;
    while(ms - -)
     {
        for(i = 0; i < 230; i + +);
     }
}
void inop(uchar op_h, uchar op_l)
{
    uchar i;
    SK = 0;                    // 开始位
    DI = 1;
    CS = 1;
    _nop_();
    _nop_();
    SK = 1;
    _nop_();
    _nop_();
    SK = 0;                    // 开始位结束
    DI = (bit)(op_h & 0x80);   // 先移入指令码高位
    SK = 1;
    op_h << = 1;
    SK = 0;
    DI = (bit)(op_h & 0x80);   // 移入指令码次高位
    SK = 1;
    _nop_();
    _nop_();
```

```
        SK = 0;
        op_l <<= 1;                      // 移入余下的指令码或地址数据
        for(i = 0; i < 7; i++)
        {
            DI = (bit)(op_l & 0x80);  //先移入高位
            SK = 1;
            op_l <<= 1;
            SK = 0;
        }
        DI = 1;
}
void ewen()
{
    inop(0x00, 0x60);              //允许写
    CS = 0;
}
void ewds()
{
    inop(0x00, 0x00);              //禁止写
    CS = 0;
}
void erase()
{
    inop(0x00, 0x40);              //擦除
    delayms(15);
    CS = 0;
}
void shin(uchar indata)            //移入数据
{
    uchar i;
    for(i = 0; i < 8; i++)
    {
        DI = (bit)(indata & 0x80);
        SK = 1;
        indata <<= 1;
        SK = 0;
    }
    DI = 1;
}
```

```
uchar shout(void)                    // 移出数据
{
    uchar i, out_data;
    for(i = 0; i < 8; i + +)
    {
        SK = 1;
        out_data << = 1;
        SK = 0;
        out_data | = (uchar)DO;
    }
    return(out_data);
}
void write(uchar addr, uchar indata)    // 写入数据 indata 到 addr
{
    inop(0x40, addr);                   // 写入指令和地址
    shin(indata);
    CS = 0;
    delayms(10);
}
uchar read(uchar addr)                  // 读取 addr 处的数据
{
    uchar out_data;
    inop(0x80, addr);                   // 读取数据和地址
    out_data = shout();
    CS = 0;
    return out_data;
}
void main(void)
{
    uchar i;
    CS = 0;                             // 初始化端口
    SK = 0;
    DI = 1;
    DO = 1;
    ewen();                             // 使能写入操作
    erase();                            // 擦除全部内容
    for(i = 0; i < 8; i + +)            // 写入显示代码到 AT93C46
      {
        write(i, dis_code[i]);
```

```
    }
    ewds();                              // 禁止写入操作
    i = 0;
    while(1)
    {
        LED = read(i);                   // 循环读取 AT93C46 内容，并输出到 LED
        i + +;
        i & = 0x07;                      // 循环读取地址为 0x00～0x07
        delayms(250);
    }
}
```

9.3　I/O 端口扩展

在 8.5 节中讲述了单片机串行口在方式 0 下，通过串行口使用 74LS164 实现"串入并出"式 I/O 端口的扩展；使用 74LS165 实现"并入串出"式 I/O 端口的扩展。这两种 I/O 端口的扩展方式均占用了单片机串行口，而串行口是专用于串行通信，所以通常使用专用的 I/O 扩展芯片来实现 I/O 端口的扩展。I/O 扩展芯片有采用并行扩展技术以及串行扩展技术两大类型，当前以串行扩展技术为主流。在此分别以 PCF8574 和 MAX7219 为例讲述在串行总线下 I/O 端口的扩展。

9.3.1　I²C 总线 PCF8574 的 I/O 端口扩展

PCF8574 为 COMS 器件，它通过两条双向总线（I²C）可使大多数单片机实现远程 I/O 端口扩展。该器件包含一个 8 位准双向口和一个 I²C 总线接口。PCF8574 电流消耗很低，且输出端口具有大电流驱动能力，可直接驱动 LED。它还带有一条中断接线（$\overline{INT}$）可与单片机的中断逻辑相连。通过 $\overline{INT}$ 发送中断信号，远程 I/O 口不必经过 I²C 总线通信就可通知单片机是否有数据从端口输入。

PCF8574 的 I/O 端口扩展

1. PCF8574 封装形式及引脚功能

PCF8574 通常采用 DIL（Dual In-Line，双直列封装）、SO（Small Outline，小外形封装）、SSOP（Shrink Small Outline Package，窄间距小外形封装）这 3 种封装形式，采用 SO 封装形式的引脚配置如图 9-31 所示，各引脚功能如下：

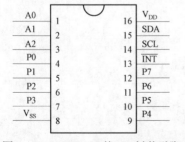

图 9-31　PCF8574 的 SO 封装引脚

（1）A0、A1、A2：片选或选择地址输入。

（2）P0～P7：准双向 I/O 口。

（3）V_{SS}：地线。

（4）$\overline{INT}$：中断输入，低电平有效。

（5）SCL：串行时钟输入端，用于输入/输出数据的同步。在其上升沿时串行写入数据，在下降沿时串行读取数据。

（6）SDA：串行数据（/地址）I/O 端，用于串行数据的输入/输出。这个引脚是漏极开路驱动，可以与任何数量的漏极开路或集电极开路器件"线或"连接。

（7）V_{DD}：电源电压，接 +5V。

2. PCF8574 内部结构

PCF8574 的内部结构如图 9-32 所示，它主要由准双向 I/O 端口、低通滤波器、中断逻辑、输入滤波器、I^2C 总线控制器、移位寄存器等部分组成。

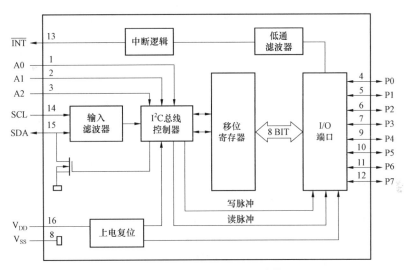

图 9-32　PCF8574 的内部结构

3. 准双向 I/O 口

PCF8574 的准双向 I/O 口可用作输入和输出而不需要通过控制寄存器定义数据的方向。该模式中只有 VDD 提供的电流有效，上电时，I/O 口为高电平。在大负载输出时提供额外的强上拉以使电平迅速上升。当输出写为高电平时，打开强上拉，在 SCL 的下降沿关闭上拉。I/O 口用作输入端口前，I/O 应当为高电平。

4. PCF8574 的 I/O 端口扩展应用

使用 PCF8574 进行 I/O 端口扩展，实现发光二极管 D1～D8 进行花样灯显示控制。显示顺序规律为：① 8 个 LED 依次左移点亮；② 8 个 LED 依次右移点亮；③ LED0、LED2、LED4、LED6 亮 1s 熄灭，LED1、LED3、LED5、LED7 亮 1s 熄灭，再 LED0、LED2、LED4、LED6 亮 1s 熄灭……循环 3 次；④ LED0～LED3 亮 1s 熄灭，LED4～LED7 亮 1s 熄灭，再 LED0～LED3 亮 1s 熄灭……循环 2 次；⑤ LED2、LED3、LED6、LED7 亮 1s 熄灭，LED0、LED1、LED4、LED5 亮 1s 熄灭，再 LED2、LED3、LED6、LED7 亮 1s 熄灭……循环 3 次，然后再从①进行循环。

（1）任务分析。PCF8574 的 8 位准双向口可作为扩展 I/O 端口使用，在本应用中，其硬件电路如图 9-33 所示。

由于本应用的花样灯显示较复杂，因此可建立一个一维数组的显示数据即可。如果想显示不同的花样，只需将数组中的代码更改就可实现。

PCF8574 属于 I^2C 总线器件，它由 SCL 和 SDA 两根总线构成，要根据 I^2C 总线工作时序进行数据的发送与接收。由于 PCF8574 只负责将花样灯显示数据传送给发光二极管 D1～D8，因此在本应用中，它是被控接收器，只存在单片机向其发送数据的单向过程。PCF8574 向发光二极管 D1～D8 发送花样灯显示数据时，首先启动 I²C 总线，再写入器件地址，然后等待应答信号。接收到等待信号后，将显示数据发送，然后等待该数据是否发送完。如果数据发送完毕，则停止 I²C 总线。

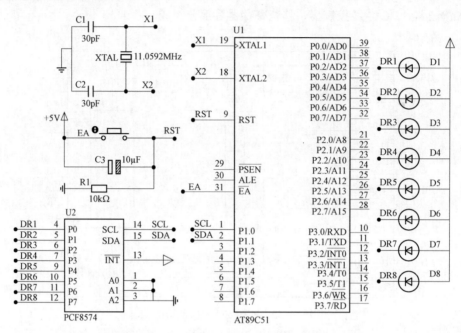

图 9-33　PCF8574 的 I/O 端口扩展应用电路原理图

（2）编写 C51 程序。

```c
#include<reg51.h>
#include<intrins.h>
#define uint unsigned int
#define uchar unsigned char
sbit  sda = P1^1;
sbit  scl = P1^0;
uchar discode[] = {0xfe,0xfd,0xfb,0xf7,0xef,0xdf,0xbf,0x7f, //正向流水灯
                   0xbf,0xdf,0xef,0xf7,0xfb,0xfd,0xfe,0xff, //反向流水灯
                   0xaa,0x55,0xaa,0x55,0xaa,0x55,0xff,       //隔灯闪烁
                   0xf0,0x0f,0xf0,0x0f,0xff,                 //高4盏低4盏闪烁
                   0x33,0xcc,0x33,0xcc,0x33,0xcc,0xff};      //隔两盏闪烁
void delay500(uchar ms)
{                            // 延时子程序
  uchar i;
    while(ms - -)
    {
        for(i = 0;i<230;i + +);
```

```
    }
}
void delay()
{ ;; }
void init_pcf8574()            //PCF8574 程序初始化
{
    sda = 1;
    delay();
    scl = 1;
    delay();
}
void start()        //I2C 开始条件,启动 PCF8574
{
    sda = 1;           //发送起始条件的数据信号
    _nop_();
    scl = 1;
    _nop_();           //起始条件建立时间大于 4.7μs,延时
    _nop_();
    _nop_();
    _nop_();
    _nop_();
    sda = 0;           //发送起始信号
    _nop_();           //起始条件建立时间大于 4.7μs,延时
    _nop_();
    _nop_();
    _nop_();
    _nop_();
    scl = 0;           //钳住 I²C 总线,准备发送或接收数据
    _nop_();
    _nop_();
}
void stop()        //I²C 停止,PCF8574 发送结束
{
    sda = 0;           //发送结束条件的数据信号
    _nop_();           //发送结束条件的时钟信号
    scl = 1;           //结束条件建立时间大于 4μs
    _nop_();
    _nop_();
    _nop_();
```

```
        _nop_();
        _nop_();
        sda = 1;          //发送 I²C 总线结束信号
        _nop_();
        _nop_();
        _nop_();
        _nop_();
    }
    void respons()              //应答
    {
        sda = 0;
        _nop_();
        _nop_();
        _nop_();
        scl = 1;                    //时钟低电平周期大于 4μs
        _nop_();
        _nop_();
        _nop_();
        _nop_();
        _nop_();
        scl = 0;                    //清时钟线，钳住 I²C 总线以便继续接收
        _nop_();
        _nop_();

    }
    void write_byte (uchar date)        //写操作
    {
        uchar i;
        for(i = 0;i<8;i + + )               //要传送的数据长度为 8 位
        {
            date<< = 1;
            scl = 0;
            delay();
            sda = CY;
            delay();
            scl = 1;
            delay();
        }
        scl = 0;
```

```
        delay();
        sda = 1;
        delay();                    //释放总线
}
void write_pcf8574(uchar date)   //写入 PCF8574 一字节数据
{
        start();                    //开始信号
        write_byte(0x40);           //写入器件地址 RW 为 0
        respons();                  //应答信号
        write_byte(date);           //写入数据
        respons();                  //应答信号
        stop();                     //停止信号
}
void disp(void)
{
        uchar i;                    //定义 i 为循环次数，j 为暂存移位值
        for(i = 0;i<35;i + + )      //左移 8 次
          {
              write_pcf8574(discode[i]);
              delay500(1000);
          }
}
void main()
{
        init_pcf8574 ();
        while(1)
        { disp(); }
}
```

MAX7219 数码管的
I/O 端口扩展

9.3.2　SPI 总线 MAX7219 数码管的 I/O 端口扩展

一般情况下，多位 LED 数码管的显示方式有静态显示和动态显示两种。不管是静态显示还是动态显示，单片机都工作在并行 I/O 口状态或存储器方式中，需要占用比较多的 I/O 口线。如果采用 MAX7219 作为 LED 数码管的 I/O 端口扩展电路，则只需占用单片机的三根线就可实现 8 位 LED 的显示驱动和控制。

MAX7219 是美国 MAXIN（美信）公司生产的串行输入/输出共阴极显示驱动芯片。采用 3 线制串行接口技术进行数据的传送，可直接与单片机连接，用户能方便地修改内部参数实现多位 LED 数码管的显示。MAX7219 片内含有硬件动态扫描显示控制，每块芯片可驱动 8 个 LED 数码管。

1. MAX7219 外部封装及引脚功能

MAX7219 是七段共阴极 LED 显示器的驱动器，采用 24 引脚的 DIP 和 SO 两种封装形式，

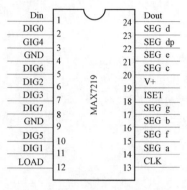

Din	1	24	Dout
DIG0	2	23	SEG d
GIG4	3	22	SEG dp
GND	4	21	SEG e
DIG6	5	20	SEG c
DIG2	6	19	V+
DIG3	7	18	ISET
DIG7	8	17	SEG g
GND	9	16	SEG b
DIG5	10	15	SEG f
DIG1	11	14	SEG a
LOAD	12	13	CLK

图 9-34　MAX7219 外形封装

其外形封装如图 9-34 所示。

MAX7219 LED 驱动器各引脚功能如下：

（1）Din：串行数据输入端。在 CLK 的上升沿，数据被锁入 16 位内部移位寄存器中。

（2）DIG0～DIG7：8 位数码管驱动线，输出位选信号，从数码管的共阴极吸收电流。

（3）GND：地线。

（4）LOAD：装载数据控制端。在 LOAD 的上升沿，最后送入的 16 位串行数据被锁存到移位寄存器中。

（5）CLK：串行时钟输入端。最高输入频率为 10MHz，在 CLK 的上升沿，数据被送入内部移位寄存器；在 CLK 的下降沿，数据 Dout 端输出。

（6）SEG a～SEG g：LED 七段显示器段驱动端。用于驱动当前 LED 段码。

（7）SEG dp：小数点驱动端。

（8）ISET：LED 段峰值电流设置端。ISET 端通过一只电阻与电源 V+ 相连，调节电阻值，改变 LED 段提供峰值电流。

（9）V+：+5V 电源。

（10）Dout：串行数据输出端。进入 Din 的数据在 16.5 个时钟后送到 Dout 端，Dout 在级联时传送到下一片 MAX7219 的 Din 端。

2. MAX7219 内部结构

MAX7219 的内部结构如图 9-35 所示。主要由段驱动器、段电流基准、二进制 ROM、数位驱动器、5 个控制寄存器、16 位移位寄存器、8×8 双端口 SRAM、地址寄存器和译码器、亮度脉宽调制器、多路扫描电路等部分组成。

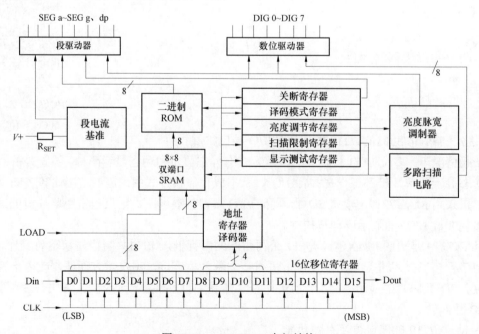

图 9-35　MAX7219 内部结构

　　数位驱动器用于选择某位 LED 显示。串行数据以 16 位数据包的形式从 Din 引脚输入，在 CLK 的每个上升沿时，不管 LOAD 引脚的工作状态如何，数据一位一位地串行送入片内 16 位移位寄存器中。在第 16 个 CLK 上升沿出现的同时或之后，在下一个 CLK 上升沿之前，LOAD 必须变为高电平，否则移入移位寄存器的数据将会被丢失。这 16 位数据包如表 9-4 所示。从表中可以看出 D15～D12 为无关位，取任意值，通常全为 "1"，D11～D8 为 4 位地址，D7～D0 为 5 个控制寄存的命令字或 8 位 LED 待显示的数据位，在 8 位数据中 D7 为最高位，D0 为最低位。一般情况下，程序先送控制命令，再送数据到显示寄存器，但必须每 16 位为一组，从最高位开始送数据，一直送到最低位为止。

表 9-4　　　　　　　　　　　　16 位 数 据 包 格 式

D15	D14	D13	D12	D11	D10	D9	D8	D7	D6	D5	D4	D3	D2	D1	D0
×	×	×	×	地址				MSB			数　据				LSB

　　通过对 D11～D8 中 4 位地址译码，可寻址 14 个内部寄存器，即 8 个数位寄存器、5 个控制寄存器及 1 个空操作寄存器。14 个内部寄存器地址如表 9-5 所示。空操作寄存器主要用于多个 MAX7219 级联，允许数据通过而不对当前 MAX7219 产生影响。

表 9-5　　　　　　　　　　　　14 个内部寄存器地址

寄存器	地址				十六进制代码
	D15～D12	D11	D10	D9	D8	
空操作	×	0	0	0	0	0xX0
DIG0	×	0	0	0	1	0xX1
DIG1	×	0	0	1	0	0xX2
DIG2	×	0	0	1	1	0xX3
DIG3	×	0	1	0	0	0xX4
DIG4	×	0	1	0	1	0xX5
DIG5	×	0	1	1	0	0xX6
DIG6	×	0	1	1	1	0xX7
DIG7	×	1	0	0	0	0xX8
译码模式	×	1	0	0	1	0xX9
亮度调节	×	1	0	1	0	0xXA
扫描限制	×	1	0	1	1	0xXB
关断模式	×	1	1	0	0	0xXC
显示测试	×	1	1	1	1	0xXF

　　5 个控制寄存器分别是：译码模式寄存器、亮度调节寄存器、扫描限制寄存器、关断模式寄存器、显示测试寄存器。在使用 MAX7219 时，首先必须对 5 个控制寄存器进行初始化。5 个控制寄存器的设置含义如下：

　　（1）译码模式选择寄存器（地址：0xX9）：决定数位驱动器的译码方式，共有 4 种译码模式选择。每一位对应一个数位。其中，"1"代表 B 码方式；"0"表示不译方式。驱动 LED 数码管时，应将数位驱动器设置为 B 码方式。一般情况下，应将数据位置为全"0"，即选择 "全非译码方式"，在此方式下，8 个数据位分别对应七个段和小数点。

当选择译码模式时，译码器只对数据的低 4 位进行译码（D3～D0），D4～D6 为无效位。D7 位用来设置小数点，不受译码器的控制且为高电平。表 9-6 为 B 型译码的格式。

表 9-6　　　　　　　　　　　　　　B 型 译 码 格 式

字符代码	寄存器数据						段码						
	D7	D6～D4	D3	D2	D1	D0	DP	G	F	E	D	C	B	A
0	×	0	0	0	0	1	1	1	1	1	1	0
1	×	0	0	0	1	0	1	1	0	0	0	0
2	×	0	0	1	0	1	1	0	1	1	0	1
3	×	0	0	1	1	1	1	1	1	0	0	1
4	×	0	1	0	0	0	1	1	0	0	1	1
5	×	0	1	0	1	1	0	1	1	0	1	1
6	×	0	1	1	0	1	0	1	1	1	1	1
7	×	0	1	1	1	1	1	1	0	0	0	0
8	×	1	0	0	0	1	1	1	1	1	1	1
9	×	1	0	0	1	1	1	1	1	0	1	1
-	×	1	0	1	0	0	1	0	0	0	0	1
E	×	1	0	1	1	1	0	1	1	1	1	1
H	×	1	1	0	0	1	1	0	1	1	1	1
L	×	1	1	0	1	0	0	0	1	1	1	0
P	×	1	1	1	0	1	1	0	0	1	1	1
blank	×	1	1	1	1	0	0	0	0	0	0	0

当选择不译码时，数据的 8 位与 MAX7219 的各段线上的信号一致，表 9-7 列出了数字对应的段码位。

表 9-7　　　　　　　　　　　　　每个数字对应的段码位

	寄存器数据							
	D7	D6	D5	D4	D3	D2	D1	D0
	DP	g	f	e	d	c	b	a

（2）亮度调节寄存器（地址：0x×A）：用于 LED 数码管显示亮度强弱的设置。利用其 D3～D0 位控制内部亮度脉宽调制器 DAC 的占空比来控制 LED 段电流的平均值，实现 LED 的亮度控制。D3～D0 取值范围为 0000～1111，对应电流的占空比则从 1/32、3/32 变化到 31/32，共 16 级，D3～D0 的值越大，LED 显示越亮。而亮度控制寄存器中的其他各位未使用，可置任意值。亮度调节寄存器的设置格式如表 9-8 所示。

表 9-8　　　　　　　　　　　　　　　亮度调节寄存器的设置格式

占空比	D7	D6	D5	D4	D3	D2	D1	D0	十六进制代码
1/32	x	x	x	x	0	0	0	0	0xX0
3/32	x	x	x	x	0	0	0	1	0xX1
5/32	x	x	x	x	0	0	1	0	0xX2
7/32	x	x	x	x	0	0	1	1	0xX3
9/32	x	x	x	x	0	1	0	0	0xX4
11/32	x	x	x	x	0	1	0	1	0xX5
13/32	x	x	x	x	0	1	1	0	0xX6
15/32	x	x	x	x	0	1	1	1	0xX7
17/32	x	x	x	x	1	0	0	0	0xX8
19/32	x	x	x	x	1	0	0	1	0xX9
21/32	x	x	x	x	1	0	1	0	0xXA
23/32	x	x	x	x	1	0	1	1	0xXB
25/32	x	x	x	x	1	1	0	0	0xXC
27/32	x	x	x	x	1	1	0	1	0xXD
29/32	x	x	x	x	1	1	1	0	0xXE
31/32	x	x	x	x	1	1	1	1	0xXF

（3）扫描限制寄存器（地址：0x×B）：用于设置显示数码管的个数（1~8）。该寄存器的 D2~D0（低三位）指定要扫描的位数，D7~D3 无关，支持 0~7 位，各数位均以 1.3kHz 的扫描频率被分路驱动。当 D2~D0＝111 时，可接 8 个数码管。扫描限制寄存器的设置格式如表 9-9 所示。

表 9-9　　　　　　　　　　　　　　扫描限制寄存器的设置格式

扫描 LED 位数	D7	D6	D5	D4	D3	D2	D1	D0	十六进制代码
只扫描 0 位	x	x	x	x	x	0	0	0	0xX0
扫描 0 或 1 位	x	x	x	x	x	0	0	1	0xX1
扫描 0，1，2 位	x	x	x	x	x	0	1	0	0xX2
扫描 0，1，2，3 位	x	x	x	x	x	0	1	1	0xX3
扫描 0，1，2，3，4 位	x	x	x	x	x	1	0	0	0xX4
扫描 0，1，2，3，4，5 位	x	x	x	x	x	1	0	1	0xX5
扫描 0，1，2，3，4，5，6 位	x	x	x	x	x	1	1	0	0xX6
扫描 0，1，2，3，4，5，6，7 位	x	x	x	x	x	1	1	1	0xX7

（4）关断模式寄存器（地址：0x×C）：用于关断所有显示器。有 2 种选择模式：D0＝"0"，关断所有显示器，但不会消除各寄存器中保持的数据；D0＝"1"，正常工作状态。剩下各位未使用，可取任意值。通常情况下选择正常操作状态。

（5）显示测试寄存器（地址：0x×F）：用于检测外接 LED 数码管是工作在测试状态还是正常操作状态。D0＝"0"，LED 处于正常工作状态；D0＝"1"，LED 处于显示测试状态，所有 8 位 LED 各位全亮，电流占空比为 31/32。D7~D1 位未使用，可任意取值。一般情况下选择正常工作状态。

3. 工作时序

MAX7219 工作时序如图 9-36 所示。从图中可以看出，在 CLK 的每个上升沿，都有一位数据从 Din 端输入，加载到 16 位移位寄存器中。在 LOAD 的上升沿，输入的 16 位串行数据被锁存到数位或控制寄存器中。LOAD 必须在第 16 个 CLK 上升沿出现的同时或在下一个 CLK 上升沿之前，变为高电平，否则移入移位寄存器的数据将会被丢失。

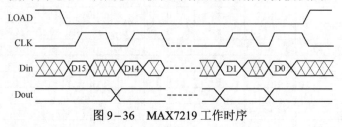

图 9-36　MAX7219 工作时序

4. MAX7219 的数码管 I/O 端口扩展应用

使用 MAX7219 作为 LED 数码管 I/O 端口扩展电路，串行驱动 8 位共阴极 LED 数码管，动态显示数字 12518623。

（1）任务分析。MAX7219 的数码管 I/O 端口扩展应用电路如图 9-37 所示。无论是 MAX7219 的初始化，还是 8 个七段数码管的显示，均须对数据进行写入。16 位数据包分成两个 8 位的字节进行传送，第一字节是地址，第二字节是数据。在这 16 位数据包中，D15~D12 可以任意写，在此均置为 "1"；D11~D8 决定所选通的内部寄存器地址；D7~D0 为待显示数据，8 个 LED 显示器的显示内容在 tab 中。

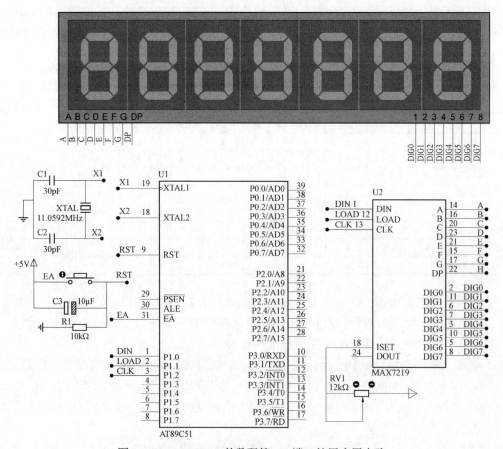

图 9-37　MAX7219 的数码管 I/O 端口扩展应用电路

（2）编写 C51 程序。

```
#include <reg51.h>
#include <intrins.h>
#define uchar unsigned char
#define uint unsigned int
sbit  din = P1^0;                    //数据串行输入端
sbit  cs = P1^1;                     //数据输入允许端
sbit  clk = P1^2;                    //时钟信号
uchar  dig;
uchar tab[10] = {0x30,0x6d,0x5b,0x30,0x7f,0x5f,0x6d,0x79};//表示不译方式12518623
void write_7219(uchar add,uchar date)   //add 为接受 MAX7219 地址;date 为要写的数据
{
    uchar i;
    cs = 0;
    for(i = 0;i<8;i + +)
    {
        clk = 0;
        din = add&0x80;              //按照高位在前，低位在后的顺序发送
        add<< = 1;                   //先发送地址
        clk = 1;
    }
    for(i = 0;i<8;i + +)             //时钟上升沿写入一位
    {
        clk = 0;
        din = date&0x80;
        date<< = 1;                  //再发送数据
        clk = 1;
    }
    cs = 1;
}
void init_7219()
{
    write_7219(0x0c,0x01);          //0x0c 为关断模式寄存器;0x01 表示显示器处于工作状态
    write_7219(0x0a,0x0f);          //0x0a 为亮度调节寄存器;0x0f 使数码管显示亮度为最亮
    write_7219(0x09,0x00);          //0x09 为译码模式选择寄存器;0x00 为非译码方式
    write_7219(0x0b,0x07);          //0x0b 为扫描限制寄存器;0x07 表示可将 8 个 LED 数码管
}
void display(uchar *p)              //数码管 8 位显示 0~7
{
```

```
    uchar i;
    for(i = 0;i<8;i + +)
      {
        write_7219(i + 1,*(p + i));
      }
  }
void main()
{
    init_7219();
    while(1)
    {  display(tab);    }
}
```

本章小结

单片机系统的扩展可采用并行扩展技术或串行扩展技术,扩展对象主要包括存储器扩展、I/O 端口扩展等。

并行总线扩展技术是采用三总线方式或并行口扩展芯片的方式来进行;串行总线扩展技术是采用串行接口电路进行扩展。串行总线具有连接线少,传输距离远、工作性能可靠等特点。当前,单片机应用系统越来越多采用串行总线扩展技术。常见的串行总线扩展有 SPI(Serial Peripheral Interface)总线、I^2C(Inter-Integrated Circuit,即 I^2C)总线、单总线(1 – Wire Chips)方式等。

SPI 是在芯片之间通过串行数据线（MISO、MOSI）和串行时钟线（SCLK）实现同步串行数据传输的技术。

I^2C 是在芯片之间通过串行数据线（SDA）和串行时钟线（SCL）实现同步双向串行数据传输的技术。

单总线只需使用一根信号线（将计算机的地址线、数据线、控制线合为一根信号线）可完成串行通信。

在串行 E^2PROM 芯片中，地址与数据的传送方式都是串行方式，不占用系统地址总线和数据总线。常见的串行 E^2PROM 主要有二线制 I^2C 总线的 E^2PROM 和三线制 SPI 总线的 E^2PROM 两种。

I/O 扩展芯片有采用并行扩展技术以及串行扩展技术两大类型,当前以串行扩展技术为主流。PCF8574 采用 I^2C 总线技术,可作为 I/O 端口扩展芯片使用。该器件包含一个 8 位准双向口和一个 I^2C 总线接口,其电流消耗很低,且输出端口具有大电流驱动能力,可直接驱动 LED。若驱动 8 位数码管进行动态显示时,可使用 SPI 总线的 LED 专用驱动芯片 MAX7219,该芯片采用 3 线制串行接口技术进行数据的传送,可直接与单片机连接驱动 8 个 LED 数码管,这样也达到了 I/O 端口扩展。

习 题 9

1. 单片机系统的扩展常采用哪两种技术？

2. 串行扩展技术具有哪些特点？

3. 什么是 SPI 总线？

4. 什么是 I2C 总线？

5. 什么是单总线？

6. AT24Cxx 的读/写操作，编写连续从 AT24C04 中 80H 读出 20 个数据存入 50H 起始的内部 RAM 的程序。

7. 93C46 的读/写操作，编写程序统计单片机系统上电的次数，并使用两位数码管进行显示。

8. 使用 PCF8574 外接 8 只发光二极管 D1～D8，单片机外接 4 个按键 S1～S4，编写程序实现功能如下：按下 S1 键 D1～D8 以 1Hz 频率闪烁；按下 S2 键 D1～D8 奇偶交替点亮，间隔 0.5s；按下 S3 键，D1～D4 与 D5～D8 交替点亮，间隔 0.5s；按下 S4 键 D1～D8 全部熄灭。

9. 使用 MAX7219 时，如何设置各控制寄存器？

10. 使用 MAX7219 串行驱动 8 位共阴极 LED 数码管，编写程序移位显示数字 0123456789。

第 10 章   80C51 单片机外围器件及应用实例

在单片机应用系统中，除了使用本身内部资源进行简单控制外，还可以连接一些外围器件，通过编写程序实现对复杂系统的控制与管理。常见的单片机外围器件包括：键盘、LED 显示器、液晶显示器、模数（A/D）转换器、数模（D/A）转换器、实时时钟转换器、温度转换器等。

10.1   键 盘 及 应 用 实 例

键盘是由若干个按键组成的，是向系统提供操作人员干预命令及数据的接口设备。键盘按其结构形式可分为编码键盘和非编码键盘两种方式。编码键盘通过硬件的方法产生键码，能自动识别按下的键并产生相应的键码值，以并行或串行的方式发送给 CPU，它接口简单，响应速度快，但需专用的硬件电路；非编码键盘通过软件的方法产生键码，它不需专用的硬件电路，结构简单成本低廉，但响应速度没有编码键盘快。为了减少电路的复杂程度，节省单片机的 I/O 口，因此非编码键盘在单片机应用系统中使用得非常广泛。

独立式键盘

非编码键盘可以分为两种结构形式：独立式键盘和矩阵式键盘。

10.1.1   独立式键盘及应用实例

1. 独立式键盘电路

独立式键盘是指直接用 I/O 口线构成单个按键电路，每个按键占用一条 I/O 端口线，各键的工作状态互不影响，如图 10-1 所示。

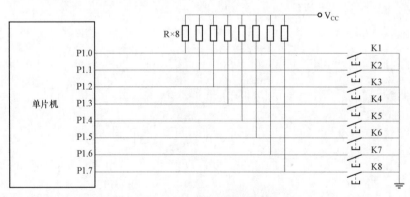

图 10-1   独立式键盘电路

当图 10-1 中的某一个键闭合时，相应的 I/O 口线变为低电平，当 CPU 查询到为低电平的 I/O 口线时，就可以判断出与其对应的键处于按下状态，反之处于释放状态。

2. 独立式键盘应用实例

【例 10-1】单片机 P3 端口外接 8 只按键构成了独立式键盘电路，P0 端口外接 1 位共阳极数码管的段码。8 个按键从 1~8 进行编号，使用按键查询方式编写程序，要求按下某按键时，数码管能显示其相应的键值。

（1）任务分析。根据任务要求，绘制独立式键盘应用的电路原理如图 10-2 所示。从电路图上可以看出，如果有键按下，则相应输入为低电平，否则为高电平。这样可通过读入 P1 口的数据来判断按下是什么键。在有键按下后，要有一定的延时，防止由于键盘抖动而引起的误操作。

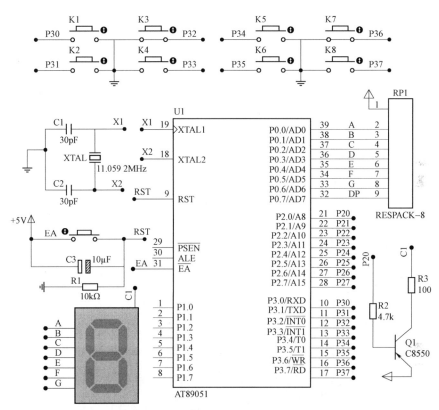

图 10-2　独立式键盘应用的原理图

（2）编写 C51 程序。

```c
#include "reg51.h"
#define uint unsigned int
#define uchar unsigned char
#define LED P0                          //数码管段码与 P0 端口连接
sbit LED_CS = P2^0;
sbit K1 = P3^0;                         //独立按键连接 P3.0~P3.7
sbit K2 = P3^1;
sbit K3 = P3^2;
sbit K4 = P3^3;
sbit K5 = P3^4;
sbit K6 = P3^5;
```

```
sbit K7 = P3^6;
sbit K8 = P3^7;
uchar LED_tab[] = {0xC0,0xF9,0xA4,0xB0,0x99,0x92,    //共阳极 LED 数码管的 0~9 数值段码
                   0x82,0xF8,0x80,0x90,0xFF};
uchar key_s;                             //暂存按键值
void delay500 (uint ms)                  //0.5ms 延时函数, 晶振频率为 11.059 2MHz
{
  uint i;
  while(ms - -)
   {
       for(i = 0; i < 230; i + +);
   }
}
void key_scan()                          //按键查询处理函数
{
  if(K1 = = 0)                           //判断 K1 是否按下
    { delay500(100);                     //K1 按下, 则延时片刻, 实现软件去抖
      if(K1 = = 0)                       //再次判断 K1 是否按下
        { key_s = 1; }                   //K1 按下, key_s 键值为 1
    }
  else if(K2 = = 0)                      //判断 K2 是否按下
    { delay500(100);                     //K2 按下, 则延时片刻, 实现软件去抖
      if(K2 = = 0)                       //再次判断 K2 是否按下
        { key_s = 2; }                   //K2 按下, key_s 键值为 2
    }
  else if(K3 = = 0)                      //判断 K3 是否按下
    { delay500(100);                     //K3 按下, 则延时片刻, 实现软件去抖
      if(K3 = = 0)                       //再次判断 K3 是否按下
        { key_s = 3; }                   //K3 按下, key_s 键值为 3
    }
  else if(K4 = = 0)                      //判断 K4 是否按下
    { delay500(100);                     //K4 按下, 则延时片刻, 实现软件去抖
      if(K4 = = 0)                       //再次判断 K4 是否按下
        { key_s = 4; }                   //K4 按下, key_s 键值为 4
    }
  else if(K5 = = 0)                      //判断 K5 是否按下
    { delay500(100);                     //K5 按下, 则延时片刻, 实现软件去抖
      if(K5 = = 0)                       //再次判断 K5 是否按下
        { key_s = 5; }                   //K5 按下, key_s 键值为 5
```

```
      }
    else if(K6 = = 0)                    //判断 K6 是否按下
      { delay500(100);                   //K6 按下，则延时片刻，实现软件去抖
        if(K6 = = 0)                     //再次判断 K6 是否按下
          { key_s = 6; }                 //K6 按下，key_s 键为 6
      }
    else if(K7 = = 0)                    //判断 K7 是否按下
      { delay500(100);                   //K7 按下，则延时片刻，实现软件去抖
        if(K7 = = 0)                     //再次判断 K7 是否按下
          { key_s = 7; }                 //K7 按下，key_s 键为 7
      }
    else if(K8 = = 0)                    //判断 K8 是否按下
      { delay500(100);                   //K8 按下，则延时片刻，实现软件去抖
        if(K8 = = 0)                     //再次判断 K8 是否按下
          { key_s = 8; }                 //K8 按下，key_s 键为 8
      }
}
void LED_disp(void)                      //数码管显示函数
{
  LED_CS = 0;                            //数码管 CS 端接低电平
  LED = LED_tab[key_s];                  //根据键值数码管显示相应数值
}
void main(void)
{
  LED_CS = 1;
  LED = 0xFF;
  key_s = 10;                            //初始状态下，LED 数码管不显示
  while(1)
    {
      key_scan();                        //调用按键查询处理函数
      LED_disp();                        //调用数码管显示函数
    }
}
```

10.1.2　矩阵式键盘及应用实例

1. 矩阵式键盘的构成及工作原理

矩阵式键盘又称行列式键盘。用 I/O 口线组成行、列结构，行列线分别连在按键开关的两端，列线通过上拉电阻接至电源，使无键按下时列线处于高电平状态。按键设置在行、列线的交叉点上。例如用 3×3 的行列结构可构成 9 个键的键盘，用 4×4 的行列结构可构成 16 个键的键盘，如图 10-3 所示。

矩阵键盘—
简易减法器

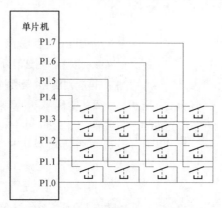

图 10-3　矩阵式键盘电路

　　其工作原理是：行线 P1.0～P1.3 是输入线，CPU 通过其电平的高低来判别键是否被按下。但每根线上接有 4 个按键，任何键按下都有可能使其电平变低，到底是哪个键按下呢？这里采用了"时分复用"的方法，即在一个查询周期里把时间分成 4 个间隔，每个时间间隔对应一个键，在哪个时间间隔检查到低电平，则代表是与之相对应的键被按下。时间间隔的划分是通过列线 P1.4～P1.7 来实现的。

　　依次使列线 P1.4～P1.7 中的一根输出为低电平，则只有与之对应的键按下时，才能使行线变为低电平，此时其他列线都输出高电平，与它们对应的键按下，不能使行线电平变低，所以就实现了行线的时分复用。

　　由于矩阵式键盘的按键数量比较多，为了使程序简洁，一般在键盘处理程序中，给予每个键一个键号。从列线 I/O 口输出的数据加上从行线 I/O 口读入的数据即可得到该按键的键号，根据键号就可以进入相应的键功能实现程序。

　　2. 矩阵式键盘在简易减法器中的应用实例

　　【例 10-2】单片机的 P3 端口外接 4×4 的矩阵键盘，P0 口外接 6 位共阳极数码管的段码，P2 端口外接 6 位共阳极数码管的片选端，编写程序实现一位数简易减法器的功能，具体功能如下：使用矩阵键盘依次输入被减数、减号、减数、等于号，并将输入数字和运算符及运算结果分别用数码管从左至右依次显示出来。减号用数码管 G 笔段表示、等于号用 A、G笔段表示，程序不考虑容错处理，即输入时减数必须大于被减数。

　　（1）任务分析。矩阵式键盘在简易减法器中的应用电路原理如图 10-4 所示。要实现简易减法操作，可定义数组 dis_buff [5] 用来暂存矩阵键值。第 1 次按下键时（即被减数），矩阵键值存入 dis_buff [4] 元素中，第 2 次按下键时（即减号"—"，在此由"A"键取代），将键值存入 dis_buff [3] 元素中；第 3 次按下键时（即减数），矩阵键值存入 dis_buff [2]元素中；第 4 次按下键时（即等于"="，在此由"B"键取代），矩阵键值存入 dis_buff [1]元素中；dis_buff [0] 中为差值。

　　矩阵键值的读取，可通过矩阵键盘扫描函数来实现。如果有键按下，则相应输入为低电平，否则为高电平。首先设置 P3.7 为低电平，检测 P3.0～P3.3 列是否为低电平，如果为低电平，则转入相应的显示子程序中。否则再设置 P3.6 为低电平，检测 P3.0～P3.3 列是否为低电平……。这样首先设置相应的行为低电平，然后再检测相应的列是否为低电平的方式来实现键盘扫描。

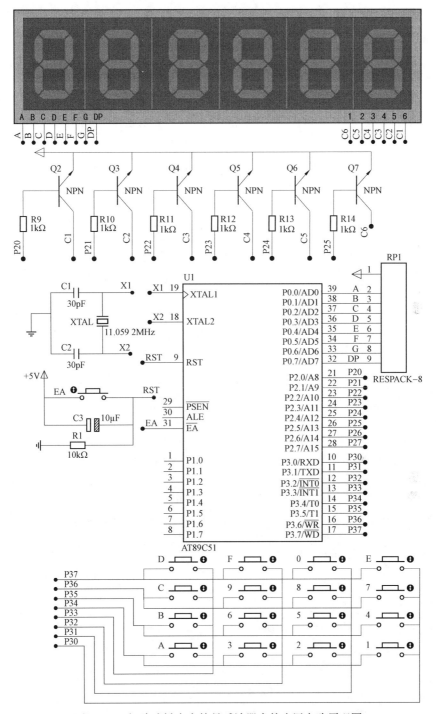

图 10-4　矩阵式键盘在简易减法器中的应用电路原理图

（2）编写 C51 程序。

```
#include <reg51.h>
#define uchar unsigned char
#define uint unsigned int
```

```
#define LED P0
#define CS P2
uchar buff,times,j;
uchar key,key_cnt;                      //key 为按键返回值，key_cnt 用来统计按键次数
uchar LED_code[] = {0xC0,0xF9,0xA4,0xB0, 0x99,0x92,0x82,0xF8,
                              //0,1,2,3, 4,5,6,7
                0x80,0x90,0xBF,0xBE,
                              //8,9,-(A), =(B)  A、B 分别用"–"、"="段码显示值取代
                0xC6,0xA1,0x86,0x8E};    //C,D,E,F
uchar dis_buff[5];
void delay500(uint ms)        //延时函数，晶振频率为 11.059 2MHz
{
  uint i;
  while (ms − −)
    {
      for(i = 0;i<230;i + +);
    }
}
void key_scan(void)                     //矩阵键盘扫描函数
{ uchar hang,lie;
  P3 = 0xf0;
  if((P3&0xf0)! = 0xf0)                  //行码为 0，列码为 1
   {
    delay500(100);
    if((P3&0xf0)! = 0xf0)               //有键按下，列码变为 0
     { hang = 0xfe;                      //逐行扫描
       times + +;
       if(times = = 9)
       times = 1;
       while((hang&0x10)! = 0)          //扫描完 4 行后跳出
         { P3 = hang;
           if((P3&0xf0)! = 0xf0)        //本行有键按下
            { lie = (P3&0xf0)|0x0f;
             buff = ((~hang) + (~lie));
             switch(buff)               //P3，高电平有效，列值 + 行值
               {
                  case 0x11: key = 1;break;    // 1
                  case 0x12: key = 2;break;    // 2
                  case 0x14: key = 3;break;    // 3
```

```
          case 0x18: key = 10;break;      // A
          case 0x21: key = 4;break;       // 4
          case 0x22: key = 5;break;       // 5
          case 0x24: key = 6;break;       // 6
          case 0x28: key = 11;break;      // B
          case 0x41: key = 7;break;       // 7
          case 0x42: key = 8;break;       // 8
          case 0x44: key = 9;break;       // 9
          case 0x48: key = 12;break;      // C
          case 0x81: key = 14;break;      // E
          case 0x82: key = 0;break;       // 0
          case 0x84: key = 15;break;      // F
          case 0x88: key = 13;break;      // D
        }
      }
      else hang = (hang<<1)|0x01;     //下一行扫描
    }
   }
 }
}
void key_proc(void)                  //按键处理函数
{
    P3 = 0xF0;
    if(P3! = 0xF0)                   //判断是否有键按下
    {
     key_scan();
     if ((key<10) &&(key_cnt = = 0)) //第 1 次按下矩阵键盘,且键值小于 10
       {
         dis_buff[4] = key;          //将键值作为被减数存入
         key_cnt = 1;
       }
       else if ((key = = 10) && (key_cnt = = 1))  //第 2 次按下矩阵键盘,且键值
                                        //为"A"(即减号" – ")
        {
          dis_buff[3] = key;           //将键值作为减号存入
          key_cnt = 2;
        }
       else if ((key<10) && (key_cnt = = 2))  //第 3 次按下矩阵键盘,且键值小于 10
        {
```

```
            dis_buff[2] = key;                 //将键值作为减数存入
            key_cnt = 3;
         }
        else if ((key = = 11) && (key_cnt = = 3))    //第 4 次按下矩阵键盘，且键值
                                                      //为"B"(即等于" = ")
        {
            dis_buff[1] = key;                 //将键值作为等于号存入
            dis_buff[0] = dis_buff[4] - dis_buff[2]; //执行减运算
            key_cnt = 0;
        }
    }
}
void display(void)                         //LED 数码管显示函数
{
    CS = 0x00;                             //LED 数码管消隐
    CS = 0x10;
    LED = LED_code[dis_buff[4]];
    delay500(2);
    CS = 0x08;
    LED = LED_code[dis_buff[3]];
    delay500(2);
    CS = 0x04;
    LED = LED_code[dis_buff[2]];
    delay500(2);
    CS = 0x02;
    LED = LED_code[dis_buff[1]];
    delay500(2);
    CS = 0x01;
    LED = LED_code[dis_buff[0]];
    delay500(2);
}
void main(void)
{
  while(1)
  {
    key_proc();
    display();
  }
}
```

10.2　LCD 液晶显示器及应用实例

LCD（Liquid Crystal Display）液晶显示器是一种利用液晶的扭曲/向列效应制成的新型显示器。它具有体积小、质量轻、功耗低、抗干扰能力强等优点，因而在单片机系统中被广泛应用。

LCD 液晶显示器

10.2.1　LCD 液晶显示器的基本知识

1. LCD 液晶显示器的结构及工作原理

LCD 本身不发光，是通过借助外界光线照射液晶材料而实现显示的被动显示器件。LCD液晶显示器的基本结构如图 10–5 所示。

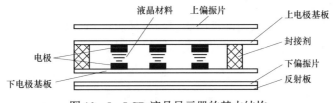

图 10–5　LCD 液晶显示器的基本结构

向列型液晶材料被封装在上（正）、下（背）两片导电玻璃电极之间。液晶分子平列排列，上、下扭曲 90°。外部入射光线通过上偏振片后形成偏振光，该偏振光通过平行排列的液晶材料后被旋转 90°，再通过与上偏振片垂直的下偏振片，被反射板反射过来，呈透明状态。若在其上、下电极上加上一定的电压，在电场的作用下迫使加在电极部分的液晶分子转成垂直排列，其旋光作用也随之消失，致使从上偏振片入射的偏振光不被旋转，光无法通过下偏振片返回，呈黑色。当去掉电压后，液晶分子又恢复其扭转结构。因此可以根据需要将电极做成各种形状，用以显示各种文字、数字、图形。

2. LCD 液晶显示器的分类

LCD 液晶显示器分类的方法有多种。

（1）按电光效应分类。电光效应是指在电的作用下，液晶分子的初始排列改变为其他的排列形式，使液晶盒的光学性质发生变化，即以电通过液晶分子对光进行了调制。

LCD 液晶显示器按电光效应的不同，可分为电场效应类、电流效应类、电热效应类三种。电场效应类又可分为扭曲向列效应 TN（Twisted　Nematic）型、宾主效应 GH（Guest Host）型和超扭曲效应 STN（Super Twisted Nematic）型等。

目前在单片机应用系统中广泛应用 TN 型和 STN 型液晶显示器。

（2）按显示内容分类。LCD 液晶显示器按其显示的内容不同，可分为字段式（又称笔画式）、点阵字符式和点阵图等三种。

字段式 LCD 是以长条笔画状显示像素组成的液晶显示器。

点阵字符式有 192 种内置字符，包括数字、字母、常用标点符号等。另外用户可以自定义 5×7 点阵字符或其他点阵字符等。根据 LCD 型号的不同，每屏显示的行数有 1 行、2 行、4 行三种，每行可显示 8 个、16 个、20 个 24 个、32 个和 40 个字符等。

点阵图形式的 LCD 液晶显示器除可以显示字符外，还可显示各种图形信息、汉字等。

（3）按采光方式分类。LCD 液晶显示器按采光方式的不同，可分为带背光源和不带背光源两类。

不带背光源 LCD 是靠显示器背面的反射膜将射入的自然光从下面反射出来完成的。大部分设备的 LCD 显示器是用自然光的光源，可选用不带背光的 LCD 器件。

若产品工作在弱光或黑暗条件下时，就选择带背光的 LCD 显示器。

3. LCD 液晶显示器的驱动方式

LCD 液晶显示器两极间不允许施加恒定直流电压，驱动电压直流成分越小越好，最好不超过 50mV。为了得到 LCD 亮、灭所需的两倍幅值及零电压，常给 LCD 的背极通以固定的交变电压，通过控制前极电压值的改变实现对 LCD 显示的控制。

LCD 液晶显示器的驱动方式由电极引线的选择方式确定。其驱动方式有静态驱动（直接驱动）和时分割驱动（也称多极驱动或动态驱动）两种。

（1）静态驱动方式。静态驱动是把所有段电极逐个驱动，所有段电极和公共电极之间仅在要显示时才施加电压。静态驱动是液晶显示器最基本的驱动方式，其驱动原理电路及波形如图 10-6 所示。

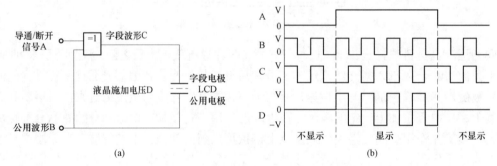

(a)　　　　　　　　　　　　　　　　(b)

图 10-6　LCD 静态驱动原理电路及波形

（a）驱动电路；（b）波形

图中 LCD 表示某个液晶显示字段。字段波形 C 与公用波形 B 不是同相就是反相。当此字段上两个电极电压相位相同时，两电极的相对电压为零，液晶上无电场，该字段不显示；当此字段上两个电极的电压相位相反时，两电极的相对电压为两倍幅值方波电压，该字段呈黑色显示。

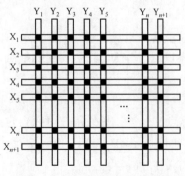

图 10-7　LCD 时分割驱动原理

在静态驱动方式下，若 LCD 有 n 个字段，则需 $n+1$ 条引线，其驱动电路也需要 $n+1$ 条引线。当显示字段较多时，驱动电路的引线数将需更多。所以当显示字段较少时，一般采用静态驱动方式。当显示字段较多时，一般采用时分割驱动方式。

（2）时分割驱动方式。时分割驱动是把全段电极集分为数组，将它们分时驱动，即采用逐行扫描的方法显示所需要的内容。时分割驱动原理如图 10-7 所示。

从图 10-7 中可以看出，电极沿 X、Y 方向排列成矩阵形式，按顺序给 X 电极施加选通波形，给 Y 电极施加与 X

电极同步的选通或非选通波形,如此周而复始。在 X 电极与 Y 电极交叉的段点被点亮或熄灭,达到 LCD 显示的目的。

驱动 X 电极从第一行到最后一行所需时间为帧周期 Tf, 驱动每一行所需时间 Tr 与帧周期 Tf 的比值为占空比 Duty。

时分割的占空为: $D_{uty} = T_r/T_f = 1/n$。其占空比有 1/2、1/8、1/11、1/16、1/32、1/64 等。非选通时波形电压与选通时波形电压的比值称为偏比 Bias, Bias = 1/a。其偏比有 1/2、1/3、1/4、1/5、1/7、1/9 等。

图 10-8 所示为一位 8 段 1/3 偏比的 LCD 数码管各字段与背极的排列、等效电路。

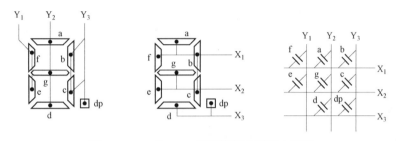

图 10-8　一位 LCD 数码管驱动原理电路图

从图 10-8 中可以看出, 三根公共电极 X1、X2、X3 分别与所有字符的 a、b、f; c、e、g; d、dp 相连, 而 Y1、Y2、Y3 是每个字符的单独电极, 分别与 f、e; a、d、g; b、c、dp 相连。通过这种分组的方法可使具有 m 个字符段的 LCD 的引脚数为 $\frac{m}{n} + n$(n 为背极数),减少了驱动电路的引线数。所以当显示像素众多时, 如点阵型 LCD, 为节省驱动电路, 多采用时分割驱动方式。

10.2.2　LCD1602 显示控制

LCD1602 为点阵字符式 LCD 显示器, 在单片机系统中应用较为广泛。点阵字符式 LCD 液晶显示器是将 LCD 控制器、点阵驱动器、字符存储器做在一块印刷块上, 构成便于应用的液晶显示模块。专门用于显示数字、字符、图形符号及少量自定义的符号。

下面以 SMC1602A LCD 为例来讲述 LCD1602 显示器的有关知识。

SMC1602A 显示器可以显示两行字符, 每行 16 个, 显示容量为 16×2 字符。它带有背光源, 采用时分割驱动的形式, 通过并行接口, 可与单片机 I/O 口直接相连。

1. SMC1602A 的引脚及其功能

SMC1602A 外形如图 10-9 所示, 它采用并行接口方式, 有 16 根引线, 各线的功能及使用方法如下:

- Vss(1): 电源地。
- VDD(2): 电源正极, 接 +5V 电源。
- VL(3): 液晶显示偏压信号。
- RS(4): 数据/指令寄存器选择端。高电平时选择数据寄存器, 低电平时选择指令寄存器。
- R/W(5): 读/写选择端。高电平时为读操作,

图 10-9　SMC1602A 外形图

低电平时为写操作。

- E（6）：使能信号，下降沿触发。
- D0～D7（7～14）：I/O 数据传输线。
- BLA（15）：背光源正极。
- BLK（16）：背光源负极。

2. SMC1602A 内部结构及工作原理

SMC1602A LCD 内部主要由日立公司的 HD44780、HD44100（或兼容电路）和几个电阻电容等部分组成。

HD44780 是用低功耗 CMOS 技术制造的大规模点阵 LCD 控制器，具有简单而功能较强的指令集，可实现字符移动、闪烁等功能，与微处理相连能使 LCD 显示大小英文字母、数字和符号。HD44780 控制电路主要由 DDRAM、CGROM、CGRAM、IR、DR、BF、AC 等大规模集成电路组成。

DDRAM 为数据显示用的 RAM（Data Display RAM，简称 DDRAM），用以存放要 LCD 显示的数据，能存储 80 个，只要将标准的 ASCII 码放入 DDRAM，内部控制线路就会自动将数据传送到显示器上，并显示出该 ASCII 码对应的字符。

CGROM 为字符产生器 ROM（Character Generator ROM，简称 CGORM），它存储了由 8 位字符码生成的 192 个 5×7 点阵字型和 32 种 5×10 点阵字符，8 位字符编码和字符的对应关系，即内置字符集，如表 10-1 所示。

表 10-1　　　　　　　　　　　　　　　HD44780 内置字符集

高4位 低4位	0000	0001	0010	0011	0100	0101	0110	0111	1010	1011	1100	1101	1110	1111
xxxx0000	CGRA			0	@	P	`	p		―	タ	ミ	α	p
xxxx0001	(2)		!	1	A	Q	a	q	。	ア	チ	ム	ä	q
xxxx0010	(3)		"	2	B	R	b	r	「	イ	ツ	メ	β	θ
xxxx0011	(4)		#	3	C	S	c	s	」	ウ	テ	モ	ε	∞
xxxx0100	(5)		$	4	D	T	d	t	、	エ	ト	ヤ	μ	Ω
xxxx0101	(6)		%	5	E	U	e	u	·	オ	ナ	ユ	ß	0
xxxx0110	(7)		&	6	F	V	f	v	ヲ	カ	ニ	ヨ	ρ	Σ
xxxx0111	(8)		'	7	G	W	g	w	ア	キ	ヌ	ラ	g	π
xxxx1000	(1)		(	8	H	X	h	x	イ	ク	ネ	リ	♪	⨯
xxxx1001	(2)		)	9	I	Y	i	y	ウ	ケ	ノ	ル	⌐	⅃
xxxx1010	(3)		*	:	J	Z	j	z	エ	コ	ハ	レ	j	千
xxxx1011	(4)		+	;	K	[	k	(	オ	サ	ヒ	ロ	ˣ	万
xxxx1100	(5)		,	<	L	¥	l	|	ヤ	シ	フ	ワ	¢	円
xxxx1101	(6)		−	=	M	]	m	)	ユ	ス	ヘ	ン	Ł	÷
xxxx1110	(7)		.	>	N	^	n	→	ヨ	セ	ホ	˝	ñ	
xxxx1111	(8)		/	?	O	_	o	←	ッ	ソ	マ	°	ö	▓

CGRAM 为字型、字符产生器（Character Generator RAM，简称 CGRAM），可供使用者存储特殊造型的造型码，CGRAM 最多可存 8 个造型。

IR 为指令寄存器（Instruction Register，简称 IR），负责存储 MCU 要写给 LCD 的指令码，当 RS 及 R/W 引脚信号为 0 且 E［Enable］引脚信号由 1 变为 0 时，D0～D7 引脚上的数据便会存入到 IR 寄存器中。

DR 为数据寄存器（Data Register，简称 DR），它们负责存储微机要写到 CGRAM 或 DDRAM 的数据，或者存储 MCU 要从 CGRAM 或 DDRAM 读出的数据。因此，可将 DR 视为一个数据缓冲区，当 RS 及 R/W 引脚信号为 1 且 E［Enable］引脚信号由 1 变为 0 时，读取数据；当 RS 引脚信号为 1，R/W 引脚信号为 0 且 E［Enable］引脚信号由 1 变为 0 时，存入数据。

BF 为忙碌信号（Busy Flag，简称 BF），当 BF 为 1 时，不接收微机送来的数据或指令；当 BF 为 0 时，接收外部数据或指令，所以，在写数据或指令到 LCD 之前，必须查看 BF 是否为 0。

AC 为地址计数器（Address Counter，简称 AC），负责计数写入/读出 CGRAM 或 DDRAM 的数据地址，AC 依照 MCU 对 LCD 的设置值而自动修改它本身的内容。

HD44100 也是采用 CMOS 技术制造的大规模 LCD 驱动 IC，既可当行驱动，又可当列驱动用，由 20×2B 二进制移位寄存器、20×2B 数据锁存器、20×2B 驱动器组成，主要用于 LCD 时分割驱动。

3. 显示位与 RAM 的对应关系（地址映射）

SMC1602A 内部带有 80×8B 的 RAM 缓冲区，显示位与 RAM 的对应关系如表 10-2 所示。

表 10-2　　　　　　　　　　　　显示位与 RAM 地址的对应关系

显示位序号		1	2	3	4	5	6	…	40
RAM 地址（HEX）	第一行	00	01	02	03	04	05	…	27
	第二行	40	41	42	43	44	06	…	67

4. 指令操作

指令操作包括清屏、回车、输入模式控制、显示开关控制、移位控制、显示模式控制等，如表 10-3 所示，各指令功能如下：

表 10-3　　　　　　　　　　　　指　令　系　统

指令名称	控制信号		指　令　代　码	功　能
	RS	R/W	D7 D6 D5 D4 D3 D2 D1 D0	
清屏	0	0	0　0　0　0　0　0　0　1	显示清屏：1. 数据指针清零，2. 所有显示清除
回车	0	0	0　0　0　0　0　0　1　0	显示回车，数据指针清零
输入模式控制	0	0	0　0　0　0　0　1　N　S	设置光标、显示画面移动方向
显示开关控制	0	0	0　0　0　0　D/L　D　C　B	设置显示、光标、闪烁开关
移位控制	0	0	0　0　0　1　S/C　R/L　×　×	使光标或显示画面移位

续表

指令名称	控制信号		指令代码	功能
	RS	R/W	D7 D6 D5 D4 D3 D2 D1 D0	
显示模式控制	0	0	0 0 1 D/L N F × ×	设置数据总线位数、点阵方式
CGRAM 地址设置	0	0	0 1　　　ACG	
DDRAM 地址指针设置	0	0	1　　　　ADD	
忙状态检查	0	1	BF　　　AC	
读数据	1	1	数　据	从 RAM 中读取数据
写数据	1	0	数　据	对 RAM 进行写数据
数据指针设置	0	0	0x80＋地址码（0x00～0x27，0x40～0x47）	设置数据地址指针

注　表中的"×"表示"0"或"1"，下同。

（1）清屏指令。设置清屏指令，使 DDRAM 的显示内容清零、数据指针 AC 清零，光标回到左上角的原点。

（2）回车指令。设置回车指令，显示回车，数据指针 AC 清零，使光标和光标所在的字符回到原点，使 DDRAM 单元的内容不变。

（3）输入模式控制指令。输入模式控制指令，用于设置光标、显示面面移动方向。当数据写入 DDRAM（CGRAM）或从 DDRAM（CGRAM）读取数据时，N 控制 AC 自动加 1 或自动减 1。若 N 为 1 时，AC 加 1；N 为 0 时，AC 减 1。S 控制显示内容左移或右移，S＝1 且数据写入 DDRAM 时，显示将全部左移（N＝1）或右移（N＝0），此时光标看上去未动，仅仅显示内容移动，但读出时显示内容不移动；当 S＝0 时，显示不移动，光标左移或右移。

（4）显示开关控制指令。显示开关控制指令，用于设置显示、光标、闪烁开关。D 为显示控制位，当 D＝1 时，开显示；当 D＝0 时，关显示，此时 DDRAM 的内容保持不变。C 为光标控制位，当 C＝1 时，开光标显示；C＝0 时，关光标显示。B 为闪烁控制位，当 B＝1 时，当光标和光标所指的字符共同以 1.25Hz 速率闪烁；B＝0 时，不闪烁。

（5）移位控制指令。移位控制指令，使光标或显示画面在没有对 DDRAM 进行读、写操作时被左移或右移。该指令每执行 1 次，屏蔽字符与光标即移动 1 次。在两行显示方式下，光标为闪烁的位置从第 1 行移到第 2 行。移位控制指令的设置如表 10－4 所示。

表 10－4　　　　　　　　　　移位控制指令的设置

D7～D4	D3	D2	D1	D0	指令设置含义
	S/C	R/L			
0001	0	0	×	×	光标左移，AC 自动减 1
0001	0	1	×	×	光标移位，光标和显示一起右移
0001	1	0	×	×	显示移位，光标左移，AC 自动加 1
0001	1	1	×	×	光标和显示一起右移

（6）显示模式控制指令。显示模式控制指令，用来设置数据总线位数、点阵方式等操作，如表 10-5 所示。

表 10-5　　　　　　　　　　　　　　显示模式控制指令的设置

D7~D5	D4 D/L	D3 N	D2 F	D1	D0	指令设置含义
001	1	1	1	×	×	D/L=1 选择 8 位数据总线；N=1 两行显示；F=1 为 5×10 点阵
001	1	1	0	×	×	D/L=1 选择 8 位数据总线；N=1 两行显示；F=0 为 5×7 点阵
001	1	0	1	×	×	D/L=1 选择 8 位数据总线；N=0 一行显示；F=1 为 5×10 点阵
001	1	0	0	×	×	D/L=1 选择 8 位数据总线；N=0 一行显示；F=0 为 5×7 点阵
001	0	1	1	×	×	D/L=0 选择 4 位数据总线；N=1 两行显示；F=1 为 5×10 点阵
001	0	0	1	×	×	D/L=0 选择 4 位数据总线；N=0 一行显示；F=1 为 5×10 点阵
001	0	0	0	×	×	D/L=0 选择 4 位数据总线；N=0 一行显示；F=0 为 5×7 点阵

（7）CGRAM 地址设置指令。CGRAM 地址设置指令，用于设置 CGRAM 地址指针，地址码 D5~D7 被送入 AC。设置此指令后，就可以将用户自己定义的显示字符数据写入 CGRAM 或从 CGRAM 中读出。

（8）DDRAM 地址指针设置指令。DDRAM 地址指针设置指令用于设置两行字符显示的起始地址。为 10000000（0x80）时，设置第一行字符的显示位置为第 1 行第 0 列，为 0x81~0x8F 时，为第 1 行第 1 列~第 1 行第 15 列。为 11000000（0xC0）时，设置第二行字符的显示位置为第 2 行第 0 列，为 0xC1~0xCF 时，为第 1 行第 1 列~第 1 行第 15 列。

此指令设置 DDRAM 地址指针的值，此后就可以将要显示的数据写入到 DDRAM 中。在 HD44780 控制器中，由于内嵌大量的常用字符，这些字符都集成在 CGROM 中，当要显示这些点阵时，只需将该字符所对应的字符代码送给指定的 DDRAM 中即可。

10.2.3　LCD1602 移位显示实例

【例 10-3】使用 HD44780 内置字符集，在 SMC1602A 液晶上第 1 屏闪烁显示 5 次后，进入第 2 屏移位显示，然后再回到第 1 屏显示状态。第 1 屏第 1 行显示的字符串为 "czpmcu@126.com"；第 2 行显示的字符串为 "QQ：769879416"。第 2 屏第 1 行为右移显示，显示的字符串为 "tel：073180123456"；第 2 行为左移显示，显示的字符串为 "stc89c51RC-40D"。

1. 任务分析

LCD1602 移位显示实例的电路原理如图 10-10 所示。使用 HD44780 内置字符集，在 SMC1602A 液晶上分两屏进行字符显示，其中第 1 屏为静态显示；第 2 屏为移位显示。每屏显示两行字符串，因此可定义 4 个显示字符串数组，分别为 dis1[]={ " czpmcu@126.com " }、dis2[]={ " QQ：769879416 " }、dis3[]={ " tel：073180123456 " }和 dis4[]={ " D04-CR15c5198cts " }。

进行第 1 屏的显示时，首先确定第 1 行的显示起始坐标和第 2 行的显示起始坐标，然后分别将显示内容送到第 1 行和第 2 行，延时片刻后，若将 0x0E 和 0x08 这两个 LCD 操作指令送给 LCD，即可实现闪烁。

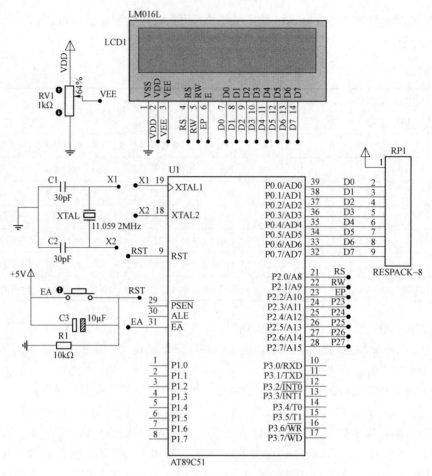

图 10-10　LCD1602 移位显示实例的电路原理图

　　进行第 2 屏第 1 行显示时，首先确定第 1 行的显示起始坐标，再发送 0x06 指令到 LCD，表示向右移动光标，然后将第 1 行显示的字符串发送给 LCD，即可实现第 1 行的右移显示。依此方法，可实现第 2 行的左显示，左移指令为 0x04。注意，第 2 屏第 2 行的字符串数组中的内容要按倒序的方式书写。

2. 编写 C51 程序

```c
#include <reg51.h>
#include <intrins.h>
#define uchar unsigned char
#define uint unsigned int
#define  LCD  P0
sbit  rs = P2^0;
sbit  rw = P2^1;
sbit  ep = P2^2;
uchar code dis1[] = {"czpmcu@126.com"};
uchar code dis2[] = {" QQ:769879416"};
```

```
uchar code dis3[] = {"tel:073180123456"};
uchar code dis4[] = {"D04 - CR15c5198cts"};
void delay(uchar ms)              // 延时函数
{
  uchar i;
    while(ms - - )
    {
        for(i = 0;i<120;i + + );
    }
}
uchar Busy_Check(void)            // 测试 LCD 忙碌状态
{
    uchar LCD_Status;
    rs  =  0;
    rw  =  1;
    ep  =  1;
    _nop_();
    _nop_();
    _nop_();
    _nop_();
    LCD_Status  = LCD&0x80;
    ep = 0;
    return LCD_Status;
}
void lcd_wcmd(uchar cmd)          // 写入指令数据到 LCD
{
    while(Busy_Check());          //等待 LCD 空闲
    rs  =  0;
    rw  =  0;
    ep  =  0;
    _nop_();
    _nop_();
    LCD = cmd;
    _nop_();
    _nop_();
    _nop_();
    _nop_();
    ep = 1;
    _nop_();
```

```
        _nop_();
        _nop_();
        _nop_();
        ep = 0;
}
void lcd_pos(uchar pos)              //设定显示位置
{
    lcd_wcmd(pos|0x80);              //设置 LCD 当前光标的位置
}
void lcd_wdat(uchar dat)             //写入字符显示数据到 LCD
{
        while(Busy_Check());         //等待 LCD 空闲
        rs = 1;
        rw = 0;
        ep = 0;
        LCD = dat;
        _nop_();
        _nop_();
        _nop_();
        _nop_();
        ep = 1;
        _nop_();
        _nop_();
        _nop_();
        _nop_();
        ep = 0;
}
void LCD_on(void)
{
        lcd_wcmd(0x0E);              //设置显示格式为:16*2 行显示,5*7 点阵,8 位数据接口
        delay(200);
}
void LCD_off(void)
{
        lcd_wcmd(0x08);              //设置显示格式为:16*2 行显示,5*7 点阵,8 位数据接口
        delay(200);
}
void LCD_disp1(void)
{
```

```
    uchar i;
    i = 0;
    lcd_pos(1);                // 设置显示位置为第一行的第 2 个字符
    while(dis1[i] != '\0')
    {
        lcd_wdat(dis1[i]);    //在第一行显示字符串"czpmcu@126.com"
        i + +;
    }
    lcd_pos(0x41);            // 设置显示位置为第二行第二个字符
    i = 0;
    while(dis2[i] != '\0')
    {   lcd_wdat(dis2[i]);   //在第二行显示字符串"QQ:769879416"
        i + +;
    }
    delay(1000);
    LCD_off();                //闪烁控制
    LCD_on();
    LCD_off();
    LCD_on();
    LCD_off();
    LCD_on();
    LCD_off();
    LCD_on();
    lcd_wcmd(0x01);          //清除 LCD 的显示内容
    delay(1);
}
void LCD_disp2(void)         //移位显示
{
    uchar i;
    lcd_pos(0x0F);            //指定第二行起始地址,也可用 lcd_wcmd(0x80 + 0x0F)
    i = 0;
    lcd_wcmd(0x06);          //向右移动光标
    while(dis3[i]! = '\0')
    {
        lcd_wdat(dis3[i]);   //在第一行显示字符串"tel:073180123456"
        i + +;
        delay(100);
    }
    lcd_wcmd(0x80 + 0x40 + 0x10);  //指定第二行起始地址,也可用 lcd_pos(0x4F);
```

```
    i = 0;
    lcd_wcmd(0x04);              //向左移动光标
    while(dis4[i]! = '\0')
    {
        lcd_wdat(dis4[i]);       // 在第二行显示字符串"stc89c51 - 40D"
        i + +;
        delay(100);
    }
}
void lcd_init(void)              //LCD 初始化设定
{
    lcd_wcmd(0x38);              //设置显示格式为:16*2 行显示,5*7 点阵,8 位数据接口
    delay(1);
    lcd_wcmd(0x0c);              //设置光标为移位模式
    delay(1);
    lcd_wcmd(0x06);              //0x06 - - - 读写后指针加 1
    delay(1);
    lcd_wcmd(0x01);              //清除 LCD 的显示内容
    delay(1);
}
void main(void)
{
    lcd_init();                  //初始化 LCD
    delay(10);
    while(1)
     {
      LCD_disp1();
      LCD_disp2();
      delay(1000);
      lcd_wcmd(0x01);            //清除 LCD 的显示内容
     }
}
```

10.3　模数（A/D）转换器及应用实例

单片机只能接收二进制数，但是在单片机构成的系统中，许多输入量都是非数字信号的模拟信号，如速度、压力、流量、温度等。通常需要将这些模拟信号转换成数字量后，单片机才能对其进行控制操作。能够将模拟量转换成数字量的器件称为模/数转换器 ADC（Analog to Digital Converter）。

模/数转换器的应用范围广泛，因此其品种及类型非常多。按位数来分，有 8 位、10 位、12 位、16 位等，如 ADC0809、ADC0832、TLC2543。位数越多，其分辨率（Resolution）就越高，但价格也越贵。按单片机与 ADC 的连接不同，可分为并行输出（如 ADC0809）和串行输出（如 ADC0832）。在此分别以 ADC0809 和 ADC0832 为例，讲述 A/D 转换器的相关知识。

10.3.1　并行模数转换器 ADC0809 及其应用实例

1. ADC0809 外形及引脚功能

ADC0809 是一种 8 路模拟输入的 8 位逐次逼近式 ADC，外形如图 10-11 所示，引脚功能如下：

（1）IN0～IN7：8 路模拟量输入端。

（2）ADD A、ADD B、ADD C：模拟量输入通道地址选择线，其 8 位编码分别对应 IN0～IN7，如表 10-6 所示。

（3）ALE：地址锁存端。

（4）START：ADC 转换启动信号，正脉冲效，引信号要求保持在 200ns 以上。其上升沿将内部逐次逼近寄存器清 0，下降沿启动 ADC 转换。

（5）EOC：转换结束信号，可作中断请求信号或供 CPU 查询。

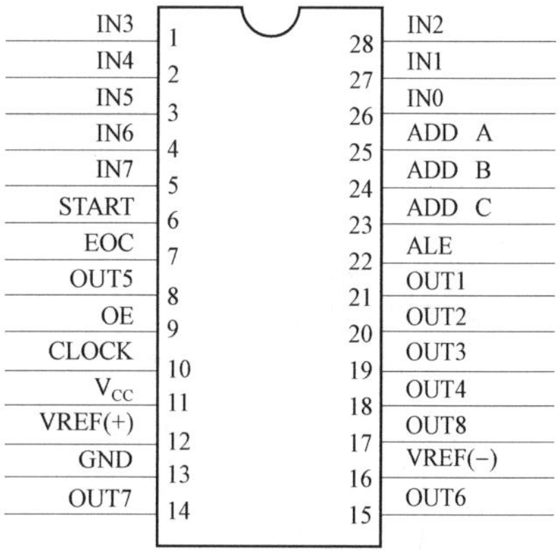

（6）CLOCK：时钟输入端。由于 ADC0809 内部没

图 10-11　ADC0809 外形图

有时钟电路，所需时钟信号必须由外界提供，要求频率范围在 10kHz～1.2MHz，通常使用的频率为 500kHz。

（7）OE：允许输出信号。OE＝1，输出转换得到的数据；OE＝0，输出数据线呈高阻状态。

（8）V_{CC}：芯片工作电压。

（9）VREF（＋）、VREF（－）：基准参考电压的正负值。

（10）OUT1～OUT8：8 路数字量输出端。

表 10-6　　　　　　　　　　　　　通　道　选　择

ADD C	ADD B	ADD A	选择的通道	ADD C	ADD B	ADD A	选择的通道
0	0	0	IN0	1	0	0	IN4
0	0	1	IN1	1	0	1	IN5
0	1	0	IN2	1	1	0	IN6
0	1	1	IN3	1	1	1	IN7

2. ADC0809 内部结构

ADC0809 内部结构如图 10-12 所示，它除了 8 位 ADC 转换电路外，还有一个 8 路通道选择开关，其作用可根据地址译码信号来选择 8 路模拟输入，8 路模拟输入可以分时共用一个 ADC 转换器进行转换，可实现多路数据采集。其转换结果通过三态输出锁存器输出。

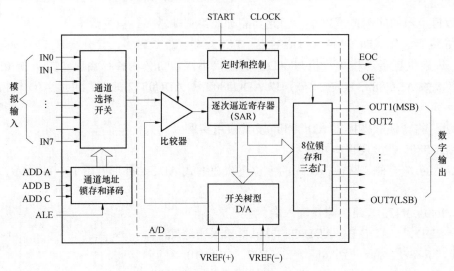

图 10-12　ADC0809 内部结构

3. ADC0809 工作时序

ADC0809 的工作时序如图 10-13 所示。当通道选择地址有效时，ALE 信号一出现，地址便马上被锁存，这时转换启动信号紧随 ALE 之后（或与 ALE 同时）出现。START 的上升沿将逐次逼近寄存器 SAR 复位，在该上升沿之后的 2μs 加 8 个时钟周期内（不定），EOC 信号将变低电平，以指示转换操作正在进行中，直到转换完成后 EOC 再变高电平。微处理器收到变为高电平的 EOC 信号后，便立即送出 OE 信号，打开三态门，读取转换结果。

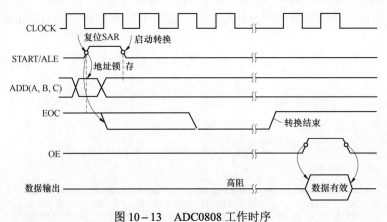

图 10-13　ADC0808 工作时序

4. ADC0809 的应用

ADC0809 应用时，注意以下几点：

（1）ADC0809 内部带有输出锁存器，可以与单片机直接相连；

（2）初始化时，使用 START 和 OE 信号全为低电平；

（3）ADD C、ADD B 和 ADD A 的状态决定了将哪一路模拟输入量进行转换；

（4）在 START 端给出一个至少有 100ns 宽的正脉冲信号；

（5）根据 EOC 信号可以判断是否转换完毕；

（6）当 EOC 变为高电平时，给 OE 为高电平，转换的数据就输出给单片机了。

5. ADC0809 在数字电压表中的应用实例

ADC0809 在数字
电压表中的应用

【例 10-4】使用单片机和 ADC0809 设计一个量程为 DC0～5V 的
数字电压表,并在数码管上显示所测电压值。

(1) 任务分析。ADC0809 在数字电压表中的应用电路原理如图
10-14 所示。进行 A/D 转换之前,要启动 ADC0809 进行模/数转换,
首先要进行模拟量输入通道的选择,然后设置 START 信号。

模拟量输入通道的选择有两种方法:一种是通过地址总线选择;
另一种是通过数据总线选择。图 10-14 中采用地址总线选择,ADD
C=0,ADD B=0,ADD A=1,即组成通道选择数据为 001,对应通道 IN1,即模拟量数据是
由 IN1 通道输入。因此,在程序中不需要设置模拟量输入通道。

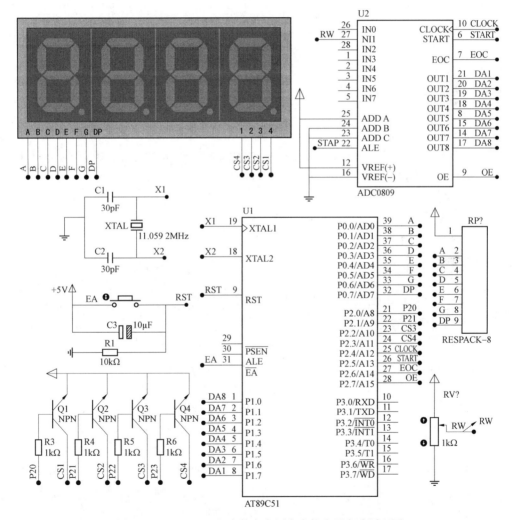

图 10-14 ADC0809 在数字电压表中的应用电路原理图

由图 10-13 时序图可以看出,START 信号设置为 START=0,START=1,START=0 以
产生启动转换的正脉冲。

进行 A/D 转换时,采用查询 EOC 的标志信号来检测 A/D 转换是否完毕,若完毕则将数

据通过单片机 P1 端口读入（adval），经过数据处理之后在数码管上显示。由于模拟量输入信号电压为 5V，ADC0809 的转换精度为 8 位，因此数据转换公式为：$volt = adval \times 500.0/(2^8 - 1)$。

（2）编写 C51 程序。

```c
#include <reg51.h>
#define uchar unsigned char
#define uint unsigned int
#define  DAC  P1
#define  LED  P0
sbit  OE  = P2^7;
sbit  EOC = P2^6;
sbit  START = P2^5;
sbit  CLK = P2^4;
sbit  CS1 = P2^0;
sbit  CS2 = P2^1;
sbit  CS3 = P2^2;
sbit  CS4 = P2^3;
uint  adval,volt;                   //adval 存储 AD 转换值,volt 为转换后电压值
uchar tab[] = {0xC0,0xF9,0xA4,0xB0,0x99,0x92,0x82,0xF8,  //共阳极 LED0~F 的段码
        0x80,0x90,0x88,0x83,0xC6,0xA1,0x86,0x8E};
void delay(uint ms)
{
    uchar j;
    while(ms - -)
    {
      for(j = 0;j<120;j + +);
    }
}
void ADC_read()                     //ADC 转换函数
{
    START = 0;                      //启动 AD 转换
    START = 1;
    START = 0;
    while(EOC = = 0);               //等待转换结束
     OE = 1;
     adval = DAC;                   //电压转换送入 adval
     OE = 0;
}
void volt_result()                  //电压转换函数
{
```

```
    volt = adval*500.0/255;                      //AD 值转换为相应电压值
}
void disp_volt(uint date)                        //数码管显示电压函数
{
    LED = 0xFF;                                   //LED 消隐
    CS4 = 1;CS3 = 0;CS2 = 0;CS1 = 0;              //选通第一位
    LED = ~((~tab[date/100])|0x80);              //0x80 使第 1 位数码管显示小数点
    delay(1);
    CS4 = 0;CS3 = 1;CS2 = 0;CS1 = 0;              //选通第二位
    LED = tab[date%100/10];
    delay(1);
    CS4 = 0;CS3 = 0;CS2 = 1;CS1 = 0;              //选通第三位
    LED = tab[date%10];
    delay(1);
}
void t0() interrupt 1
{
    CLK = ~CLK;
}
void t0_init()                                    //定时器 0 初始化函数
{
    TMOD = 0x02;                                  //定时器 0，模式 2
    TH0 = 0x14;
    TL0 = 0x00;
    TR0 = 1;                                      //启动定时器
    ET0 = 1;                                      //开定时器中断
    EA = 1;                                       //开总中断
}
void main(void)
{
    t0_init();
    while(1)
    {
        ADC_read();
        volt_result();
        disp_volt(volt);
    }
}
```

10.3.2　串行模数转换器 ADC0832 及应用实例

ADC0832 属于串行输入方式的 ADC，它是美国国家半导体公司生产的一种 8 位分辨率、双通道 A/D 转换芯片，具有体积小、兼容性强、性价比高等特点。

1. ADC0832 外形及引脚功能

ADC0832 的外形如图 10-15 所示，引脚功能如下：

（1）$\overline{\text{CS}}$：片选使能端，低电平有效。

（2）CH0、CH1：模拟输入通道 0、1，或作为 IN+/- 使用。

（3）GND：电源地。

（4）DI：数据信号输入，选择通道控制。

（5）DO：数据信号输出，转换数据输出。

（6）CLK：芯片时钟输入。

（7）Vcc：电源输入端。

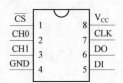

图 10-15　ADC0832 外形图

2. ADC0832 内部结构及工作原理

ADC0832 的内部结构如图 10-16 所示。当 ADC0832 没有进行 A/D 转换时，$\overline{\text{CS}}$ 为高电

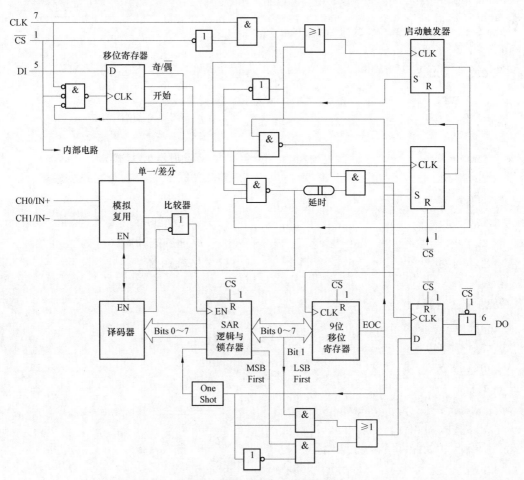

图 10-16　ADC0832 内部结构

平，此时芯片禁用，CLK 和 DO、DI 的电平可为任意。若要进行 A/D 转换时，须先将 $\overline{CS}$ 置为低电平并且保持此状态至转换完全结束。A/D 进行转换时，CLK 端输入的是时钟脉冲，DO、DI 则使用 DI 端输入通道功能选择的数据信号。在第 1 个时钟脉冲的下降之前，DI 端必须为高电平，表示启动信号。在第 2、3 个脉冲下降之前 DI 端应输入 2 位数据用于选择通道功能，其功能选择由复用地址决定，如表 10 - 7 所示。

表 10 - 7　　　　　　　　　　　　ADC0832 复 用 模 式

复用模式	复用地址		通道功能	
	单一/差分	奇/偶	通道 0（CH0）	通道 1（CH1）
单一复用	0	0	+	-
	0	1	-	+
差分复用	1	0	+	
	1	1		+

当复用地址为 00 时，将 CH0 作为正输入端 IN +，CH1 作为负输入端 IN - 进行输入；当复用地址为 01 时，将 CH0 作为负输入端，CH1 作为正输入端 IN + 进行输入；当复用地址为 10 时，只对 CH0 进行单通道转换；当复用地址为 11 时，只对 CH1 进行单通道转换。

到第 3 个脉冲的下降沿之后，DI 端的输入电平信号无效。此后 DO/DI 端则开始利用数据输出 DO 进行转换数据的读取。从第 4 个脉冲下降沿开始由 DO 端输出转换数据最高位 DATA7，随后每一个脉冲下降沿 DO 端输出下一位数据。直到第 11 个脉冲时发出最低位数据 DATA0，一个字节的数据输出完成。也正是从此位开始输出下一个相反字节的数据，即从第 11 个字节的下降沿输出 DATA0。随后输出 8 位数据，到第 19 个脉冲时数据输出完成，也标志着一次 A/D 转换的结束。最后将 $\overline{CS}$ 置高电平禁用芯片，直接将转换后的数据进行处理就可以了。

作为单通道模拟信号输入时 ADC0832 的输入电压是 0～5V 且 8 位分辨率时的电压精度为 19.53mV。如果作为由 IN+ 与 IN- 的输入时，可是将电压值设定在某一个较大范围之内，从而提高转换的宽度。但在进行 IN+ 与 IN- 的输入时，如果 IN- 的电压大于 IN+ 的电压则转换后的数据结果始终为 0x00。

ADC0832 转换的应用

3. ADC0832 在 A/D 转换中的应用实例

【例 10 - 5】使用单片机和 ADC0832 设计一个 A/D 转换系统，移动可调电阻，使数码管显示 0～126 之间的值。

（1）任务分析。ADC0832 在 A/D 转换中的应用电路原理如图 10 - 17 所示。使用 ADC0832 进行模数转换时，先启动 ADC0832，再选择转换通道，然后读取 1 个字节的转换结果，最后将转换结果送 LED 数码管进行显示即可。

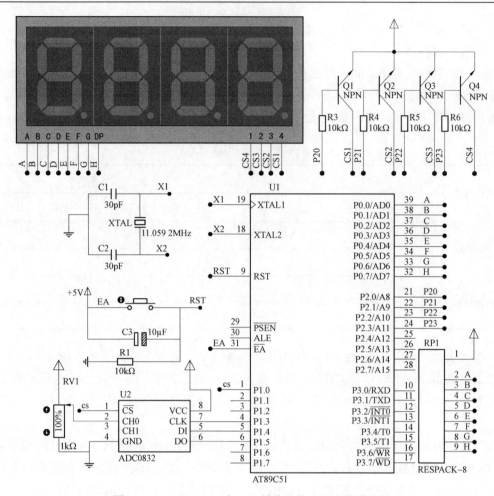

图 10-17 ADC0832 在 A/D 转换中的应用电路原理图

（2）编写 C51 程序。

```c
#include <reg51.h>
#include "intrins.h"
#define uchar unsigned char
#define uint unsigned int
#define LED  P0
#define LED_CS P2
sbit  cs = P1^0;
sbit  clk = P1^3;
sbit  DI = P1^4;
sbit  DO = P1^5;
uint  adval;                            //存储 AD 转换值
uchar temp;
uchar tab[] = {0xC0,0xF9,0xA4,0xB0,0x99,0x92,0x82,0xF8, //共阳极 LED0～F 的段码
       0x80,0x90,0x88,0x83,0xC6,0xA1,0x86,0x8E};
```

```
void delay(uint ms)
{
uchar j;
while(ms − −)
    {
      for(j = 0;j<120;j + +);
    }
}
void ADC_start()                       //启动 ADC0832
 {
    cs = 1;                            //一个转换周期开始
    _nop_();
    clk = 0;
    _nop_();
    cs = 0;                            //cs 置 0，片选有效
    _nop_();
    DI = 1;                            //DI 置 1，起始位
    _nop_();
    clk = 1;                           //第一个脉冲
    _nop_();
    DI = 0;                            //在负跳变之前加一个 DI 反转操作
    _nop_();
    clk = 0;
    _nop_();
 }
void  ADC_read(uint CH)                //AD 转换函数
{
    uchar i;
    ADC_start();
    if (CH = = 0)                      //选择通道 0
     {
      clk =  0;
      DI = 1;
      _nop_();
      _nop_();
      clk = 1;
      _nop_();
      _nop_();                         //通道 0 的第一位
      clk = 0;
```

```
        _nop_();
        DI = 0;
        _nop_();
        _nop_();
        clk = 1;
        _nop_();
        _nop_();                          //通道 0 的第二位
        }
    else                                  //选择通道 1
      {
       clk = 0;
       DI = 1;
       _nop_();
       _nop_();
       clk = 1;
       _nop_();
       _nop_();                           //通道 1 的第一位
       clk = 0;
       _nop_();
       DI = 1;
       _nop_();
       _nop_();
       clk = 1;
       _nop_();
       _nop_();                           //通道 1 的第二位
     }
    clk = 1;
    _nop_();
    clk = 0;
    for(i = 0;i<8;i + + )                  //读取一字节的转换结果
    {
      DI = 1;
      if(DO)
        {      temp = (temp|0x01);  }
      else
        {      temp = (temp&0xFE);  }      //最低位和 0 相与
     clk = 0;
     _nop_();
     clk = 1;
```

```
      temp = temp<<1;
     }
   adval = temp;
}
void display(uint date)                    //数码管显示函数
{
   LED = 0xFF;                             //消隐
   LED_CS = 0x08;                          //P2.3 = 1，选通第一位
   LED = tab[date/1000];                   //取出千位，查表，输出
   delay(1);
   LED = 0xFF;                             //消隐
   LED_CS = 0x04;                          //P2.2 = 1,选通第二位
   LED = tab[date%1000/100];
   delay(1);
   LED = 0xFF;                             //消隐
   LED_CS = 0x02;                          //P2.1 = 1,选通第三位
   LED = tab[date%100/10];
   delay(1);
   LED_CS = 0x01;                          //P2.0 = 1,选通第四位
   LED = 0xFF;                             //消隐
   LED = tab[date%10];
   delay(1);
}
void main(void)
{
    LED_CS = 0xFF;                         //端口初始化
    LED = 0xFF;
    while(1)                               //主循环
      {
         ADC_read(0);                      //通道 0 转换
         delay(1);
         display(adval);                   //显示 AD 值
      }
}
```

10.4　数模（D/A）转换器及应用实例

在单片机应用领域中，经常需要将经过单片机加工处理后的数字信号转换成模拟信号去控制相应的设备。能够把数字信号转换成模拟信号的器件称为数/模转换器 DAC（Digital to

Analog Converter）。

　　数/模转换器种类繁多，性能各不相同，但其工作原理基本相同。数/模转换器是将数字量转换成相应的模拟量，每一个数字量都是二进制代码按位组合，每一位数字代码都有一定的"权"，"权"对应着一定大小的模拟量。为了将数字量转换成模拟量，应将其每一位转换成相应的模拟量，然后求和即得到与数字量成正比的模拟量。

　　D/A 转换器有多种类型。根据数字输入的位数不同可分为 8 位、10 位、12 位、14 位、16 位、18 位或更高位的 D/A 转换器，如 MAX517/518/519、TLC5615、MAX503、MAX530 等；根据数据输入的方式不同可分为并行输入和串行输入，并行输入方式的 D/A 转换器其转换时间（转换时间是指 D/A 的输入改变到输出稳定的时间间隔）一般比串行输入方式的快，但并行输入方式与单片机连接时占用的接口引脚多，采用并行输入的 D/A 转换器有 DAC0830/0831/0832 等，采用串行输入的 D/A 转换器有 MAX517/518/519、TLC5615 等；根据输出形式的不同可分为电流输出型和电压输出型，通常电流输出型比电压输出型的建立时间要快；根据输出极性的不同，又可分为单极性输出和双极性输出；根据结构的不同，可分为两类：一类 DAC 芯片内设置有数据寄存器、片选信号、写信号，引脚可以直接与单片机 I/O 总线连接；另一类没有锁存器，不能与单片机直接连接，中间必须加锁存器，或者通过并行或串行接口与单片机连接。下面以常用的 DAC0832 和 TLC5615 为例来讲述 D/A 转换的有关知识。

DAC0832 正弦波
信号发生器

10.4.1　并行数模转换器 DAC0832 及应用实例

　　DAC0832 是 8 位分辨率的 D/A 转换芯片，该芯片以其价格低廉、接口简单、转换控制容易等优点，在单片机应用系统中得到广泛的应用。

　　1. DAC0832 外形及引脚功能

　　DAC0832 是 20 引脚的双列直插式芯片，其外形如图 10-18 所示。各引脚功能如下：

　　$\overline{\text{CS}}$：片选信号，低电平有效。

　　$\overline{\text{WR1}}$：输入寄存器的写选通信号。

　　AGND：模拟地，模拟信号和基准电源的参考地。

　　DI0～DI7：数据输入线。

　　VREF：基准电压输入线（-10～+10V）。

　　RFB：反馈信号输入线，芯片内部有反馈电阻。

　　DGND：数字地。

　　IOUT1：电流输出线。当输入全为 1 时 IOUT1 最大。

　　IOUT2：电流输出线。其值与 IOUT1 之和为一常数。

　　$\overline{\text{XFER}}$：数据传送控制信号输入线，低电平有效。

　　$\overline{\text{WR2}}$：DAC 寄存器写选通输入线。

　　ILE：数据锁存允许控制信号输入线，高电平有效。

　　V_{CC}：电源输入线（+5～+15V）。

$\overline{\text{CS}}$	1		20	V_{CC}
$\overline{\text{WR1}}$	2		19	ILE
AGND	3		18	$\overline{\text{WR2}}$
DI3	4		17	$\overline{\text{XFER}}$
DI2	5		16	DI4
DI1	6		15	DI5
DI0	7		14	DI6
VREF	8		13	DI7
RFB	9		12	IOUT2
DGND	10		11	IOUT1

图 10-18　DAC0832 外形引脚

　　2. DAC0832 内部结构及工作原理

　　DAC0832 的内部结构如图 10-19 所示，从图中可以看出 DAC0832 是双缓冲结构，有一个输入寄存器，一个 DAC 寄存器构成双缓冲结构。

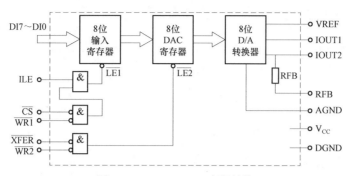

图 10-19　DAC0832 内部结构

DAC0832 是由 R-2R 的电阻阶梯网络来完成数字到模拟的转换，如图 10-20 所示。

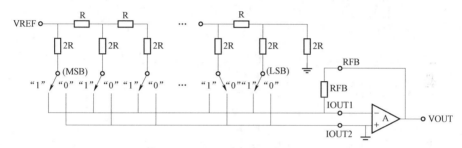

图 10-20　R-2R 电阻阶梯网络

3. DAC0832 在 D/A 转换中的应用实例

【例 10-6】使用 DAC0832 设计一个频率可调的正弦波信号发生器。

（1）任务分析。使用 DAC0832 输出正弦波，其电路原理如图 10-21 所示。8 位 DAC0832 的输入数据与输出电压的关系为 $CHA = \dfrac{VREF}{256} \times D$，式中 D 为 D7~D0 对应的十进制数字。为了产生正弦波，可以建立一个正弦数字量数组，取值范围为一个周期，循环将这些数据送 DAC0832 进行转换，即可在输出端得到正弦波。通过改变每次进行 D/A 转换时的等待时间，即可实现频率可调正弦波的输出。

（2）编写 C51 程序。

```
#include <reg51.h>
#define uchar unsigned char
#define uint unsigned int
#define Dout P1
uint counter,step;
uchar code tab[256] = {                        //输出正弦波的采样值
    0x80,0x83,0x86,0x89,0x8c,0x8f,0x92,0x95,
    0x98,0x9c,0x9f,0xa2,0xa5,0xa8,0xab,0xae,
    0xb0,0xb3,0xb6,0xb9,0xbc,0xbf,0xc1,0xc4,
    0xc7,0xc9,0xcc,0xce,0xd1,0xd3,0xd5,0xd8,
```

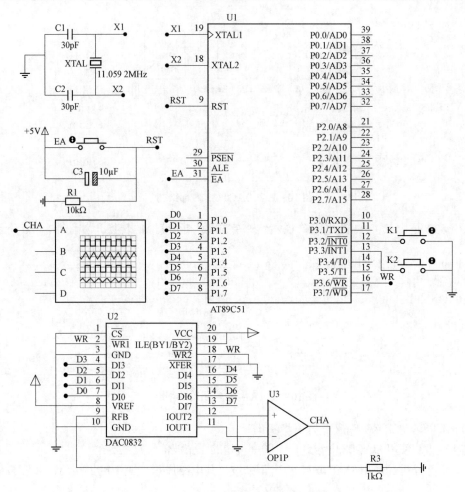

图 10-21　DAC0832 输出正弦波电路原理图

0xda,0xdc,0xde,0xe0,0xe2,0xe4,0xe6,0xe8,

0xea,0xec,0xed,0xef,0xf0,0xf2,0xf3,0xf4,

0xf6,0xf7,0xf8,0xf9,0xfa,0xfb,0xfc,0xfc,

0xfd,0xfe,0xfe,0xff,0xff,0xff,0xff,0xff,

0xff,0xff,0xff,0xff,0xff,0xff,0xfe,0xfe,

0xfd,0xfc,0xfc,0xfb,0xfa,0xf9,0xf8,0xf7,

0xf6,0xf5,0xf3,0xf2,0xf0,0xef,0xed,0xec,

0xea,0xe8,0xe6,0xe4,0xe3,0xe1,0xde,0xdc,

0xda,0xd8,0xd6,0xd3,0xd1,0xce,0xcc,0xc9,

0xc7,0xc4,0xc1,0xbf,0xbc,0xb9,0xb6,0xb4,

0xb1,0xae,0xab,0xa8,0xa5,0xa2,0x9f,0x9c,

0x99,0x96,0x92,0x8f,0x8c,0x89,0x86,0x83,

0x80,0x7d,0x79,0x76,0x73,0x70,0x6d,0x6a,

0x67,0x64,0x61,0x5e,0x5b,0x58,0x55,0x52,

0x4f,0x4c,0x49,0x46,0x43,0x41,0x3e,0x3b,

```
    0x39,0x36,0x33,0x31,0x2e,0x2c,0x2a,0x27,

    0x25,0x23,0x21,0x1f,0x1d,0x1b,0x19,0x17,

    0x15,0x14,0x12,0x10,0xf,0xd,0xc,0xb,0x9,

    0x8,0x7,0x6,0x5,0x4,0x3,0x3,0x2,0x1,0x1,

    0x0,0x0,0x0,0x0,0x0,0x0,0x0,0x0,0x0,0x0,

    0x0,0x1,0x1,0x2,0x3,0x3,0x4,0x5,0x6,0x7,

    0x8,0x9,0xa,0xc,0xd,0xe,0x10,0x12,0x13,

    0x15,0x17,0x18,0x1a,0x1c,0x1e,0x20,0x23,

    0x25,0x27,0x29,0x2c,0x2e,0x30,0x33,0x35,

    0x38,0x3b,0x3d,0x40,0x43,0x46,0x48,0x4b,

    0x4e,0x51,0x54,0x57,0x5a,0x5d,0x60,0x63,

    0x66,0x69,0x6c,0x6f,0x73,0x76,0x79,0x7c};
void delay(uint ms)               //延时函数
  {
    uint i;
    while(ms − −)
      {
        for(i = 0; i < 120; i + +);
      }
  }
void int0() interrupt 0           //K1 按下时，正弦波的输出频率加快
{
  delay(10);
  if(INT0 = = 0)
  {
    if (step<4096)
      {  step + +;  }
    else
      {  step = 2;  }
  }
}
void int1() interrupt 2           //K2 按下时，正弦波的输出频率减慢
{
  delay(10);
  if(INT1 = = 0)
  {
    if (step>1)
      {
        step − −;
```

```
        }
      else
        step = 4096;
    }
}
void timer0() interrupt 1        //控制 D/A 转换的快慢
{
    THO  =  0xFF;
    TLO  =  0xFF;
    counter  =  counter  +  step;
    Dout = tab[(uint)counter>>8];
}
void INT_init(void)              //INT0 和 INT1 中断初始化
{
    EX0 = 1;                     //打开外部中断 0
    IT0 = 1;                     //下降沿触发中断 INT0
    EX1 = 1;                     //打开外部中断 1
    IT1 = 1;                     //下降沿触发中断 INT1
    EA = 1;                      //全局中断允许
    PX0 = 1;                     //INT1 中断优先
}
void timer0_init(void)           //定时器 0 初始化
{
    TMOD = 0X01;
    THO = 0xFF;
    TLO = 0xFF;
    TR0 = 1;
    ET0 = 1;
}
void main()
{
    INT_init();
    timer0_init();
    step = 2;
    while(1);
}
```

TLC5615 锯齿波
信号发生器

10.4.2　串行数模转换器 TLC5615 及应用实例

TI 公司生产的 TLC5615 是一种兼容 SPI 和 MicroWire 串行总线接口的 CMOS 型的 10 位分辨率的 D/A 转换器，它带有缓冲基准输入（高阻抗）的电压输出数字–模拟转换器（DAC）。DAC 具有基准电压两倍的输出电压范围，且 DAC 是单调变化的。器件可在单 5V 电源下工作，具有上电复位（Power-On Reset）功能，确保可重复启动。器件接收 16 位数据字以产生模拟输出。

　　TLC5615 的功耗比较低，在 5V 供电时功耗仅为 1.75mW；数据更新率为 1.2MHz；典型的建立时间为 12.5μs。可广泛应用于电池供电测试仪表、数字失调与增益调整、机器和机械装置控制器件及移动电话等领域。

　　1. TLC5615 外形及引脚功能

　　TLC5615 外形封装如图 10－22 所示，引脚功能如下：

　　（1）DIN：串行数据输入端。

　　（2）SCLK：串行时钟输入端。

　　（3）$\overline{CS}$：片选端，低电平有效。

　　（4）DOUT：用于菊花链的串行数据输出。

　　（5）AGND：模拟地。

　　（6）REFin：基准输入端。

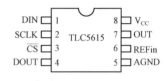

图 10－22　TLC5615 外形封装

　　（7）OUT：DAC 模拟电压输出端。

　　（8）V_{CC}：正电源端。

　　2. TLC5615 内部结构及工作原理

　　TLC5615 的内部结构如图 10－23 所示。它由 16 位转换寄存器、控制逻辑、10 位 DAC 寄存器、上电复位、DAC、外部基准缓冲器、基准电压倍增器等部分组成。

　　TLC5615 通过固定增益为 2 的运放缓冲电阻串网络，把 10 位数字数据转换成模拟电压。上电时，内部电路把 DAC 寄存器复位至全 0。其输出具有与基准输入相同的极性，表达式如下：

$$V_o = 2 \times REFin \times CODE/1024$$

　　（1）数据输入。由于 DAC 是 12 位寄存器，所以在写入 10 位数据后，最低 2 位写入 2 个 "0"。

　　（2）输出缓冲器。输出缓冲器具有满电源电压幅度（rail to rail）输出，它带有短路保护并能驱动有 100pF 负载电容的 2kΩ 负载。

　　（3）外部基准。外部基准电压输入经过缓冲，使得 DAC 输入电阻与代码无关。因此，REFin 输入电阻为 10MΩ，输入电容典型值为 5pF，它们与输入代码无关。基准电压决定 DAC 的满度输出。

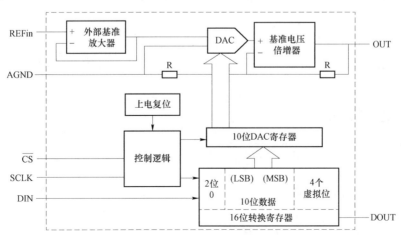

图 10－23　TLC5615 内部结构框图

（4）逻辑接口。逻辑输入端可使用 TTL 或 CMOS 逻辑电平。但使用满电源电压幅度，CMOS 逻辑可得到最小的功耗。当使用 TTL 逻辑电平时，功耗需求增加约两倍。

（5）串行时钟和更新速率。图 10–24 所示为 TLC5615 的工作时序。TLC5615 的最大串行时钟速率近似为 14MHz。通常，数字更新速率（Digital Update Rate）受片选周期的限制。对于满度输入阶跃跳变，10 位 DAC 建立时间为 12.5μs，这把更新速率限制在 80kHz。

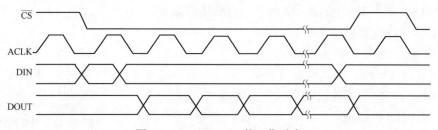

图 10–24　TLC5615 的工作时序

（6）菊花链接（Daisy-Chaining，即级联）器件。如果时序关系合适，可以在 1 个链路（Chain）中把一个器件的 DOUT 端连接到下一个器件的 DIN 端实现 DAC 的菊花链接（级联）。DIN 端的数据延迟 16 个时钟周期加 1 个时钟宽度后出现在 DOUT 端。DOUT 是低功率的图腾柱（Totem-Poled，即推拉输出电路）输出。当 $\overline{CS}$ 为低电平时，DOUT 在 SCLK 下降沿变化；当 $\overline{CS}$ 为高电平时，DOUT 保持在最近数据位的值并不进入高阻状态。

3. TLC5615 的使用方法

当片选信号 $\overline{CS}$ 为低电平时，输入数据读入 16 位移位寄存器（由时钟同步，最高有效位在前）。SCLK 输入的上升沿把数据移入输入寄存器，接着，$\overline{CS}$ 的上升沿把数据传送至 DAC 寄存器。当 $\overline{CS}$ 为高电平时，输入的数据不能由时钟同步送入输入寄存器。所有 $\overline{CS}$ 的跳变应当发生在 SCLK 输入为低电平时。

串行数模转换器 TLC5615 的使用有两种方式，即使用菊花链（级联）功能方式和不使用菊花链（级联）功能方式。

如果不使用菊花链（级联）功能方式时，DIN 只需输入 12 位数据。DIN 输入的 12 位数据中，前 10 位为 TLC5615 输入的 D/A 转换数据，且输入时高位在前，低位在后，后两位必须写入为零的 2 位数值，因为 TLC5615 的 DAC 输入锁存器为 12 位宽。12 位的输入数据序列如下：

D9	D8	D7	D6	D5	D4	D3	D2	D1	D0	0	0

如果使用菊花链（级联）功能时，那么可以传送 4 个高虚拟位（Upper Dummy Bits）在前的 16 位输入数据序列：

4 Upper Dummy	10 Data Bits	0	0

来自 DOUT 的数据需要输入时钟 16 个下降沿，因此，需要额外的时钟宽度。当菊花链接（级联）多个 TLC5615 器件时，因为数据传送需要 16 个输入时钟周期加上 1 个额外的输入时钟下降沿数据在 DOUT 端输出，所以，数据需要 4 个高虚拟位。为了提供与 12 位数据

转换器传送的硬件与软件兼容性, 两个额外位总是需要的。

4. TLC5615 在 D/A 转换中的应用实例

【**例 10 - 7**】使用 TLC5615 设计一个锯齿波信号发生器。

(1) 任务分析。TLC5615 锯齿波信号发生器的电路原理如图 10 - 25 所示。根据输出形状的不同, 锯齿波分为正向锯齿波和反向锯齿波两类。正向锯齿波的初始电平数值较小, 该数值每次通过 TLC5615 进行 DAC 转换后, 递增 1。当递增到一定值时, 再重新赋为初始电平数值, 这样通过 TLC5615 的 DAC 转换, 输出的波形为正向锯齿波。反向锯齿波反之。

TLC5615 为 12 位 D/A 转换器, 要输出锯齿波, 可分为高 4 位的转换和低 8 位的转换。在转换过程中, 要注意各时序电平。

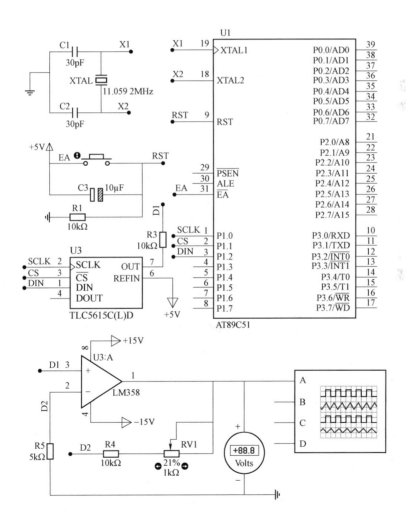

图 10 - 25 TLC5615 锯齿波信号发生器的电路原理图

(2) 编写 C51 程序。

```
#include <reg51.h>
#include <intrins.h>
```

```c
#define uchar unsigned char
#define uint unsigned int
sbit  CS = P1^1;          //选通
sbit  DIN = P1^2;         //数据
sbit  SCLK = P1^0;        //时序脉冲
uint    dat1;             //将要输入的数据大小
void TLC5615()            //TLC5615 转换输出
{
  uchar i;
  uint  dat;
  dat = dat1;
  dat<< = 4;              //屏蔽高四位
  CS = 0;                 //初始化片选线
  SCLK = 0;               //初始化时钟
  for(i = 0;i<12;i + + )  //从高位到低位发送，连续送 12 个位保证最后两位一定为 0
  {
      if((dat&0x8000) = = 0)
          { DIN = 0; }    //赋值给数据线
       else
          { DIN = 1; }    //赋值给数据线
      dat<< = 1;
      SCLK = 0;           //上升沿送数据
      SCLK = 1;           //上升沿送数据
  }
    CS = 1;               //回到初始状态
    SCLK = 0;             //回到初始状态
    _nop_();              //需要转换时间至少 13μs
    _nop_();
    _nop_();
    _nop_();
    _nop_();
    _nop_();
    _nop_();
    _nop_();
    _nop_();
    _nop_();
    _nop_();
    _nop_();
    _nop_();
```

```
        _nop_();
        _nop_();
        _nop_();
        _nop_();
        _nop_();
        _nop_();
        _nop_();
        _nop_();
        _nop_();
        _nop_();
        _nop_();
        _nop_();
        _nop_();
    }
void corr1(void)            //输出锯齿波函数
{
    uint i;
    for(i = 0;i<128;i + +)
        {
            dat1 = i;
            TLC5615();
        }
}
void main(void)
{
    while(1)
        {   corr1();  }
}
```

10.5　DS1302 实时时钟芯片及应用实例

传统的并行时钟扩展芯片引脚数比较多、体积大，占用 I/O 口线较多。串行扩展的时钟芯片引脚较少，只需占用少数几根 I/O 口线，在单片机系统中被广泛应用。

单片机串行扩展的实时时钟芯片比较多，如 PCF8563、DS1302、NJU6355 等实时时钟芯片。DS1302 是 DALLAS 公司推出的 SPI 总线涓流充电时钟芯片，内含有一个实时时钟/日历和 31 字节静态 RAM，通过简单的串行接口与单片机进行通信。实时时钟/日历电路提供秒、分、时、日、日期、月、年的信息，每月的天数和闰年的天数可自动调整，时钟操作可通过 AM/PM 指示决定采用 24 或 12 小时格式。DS1302 与单片机之间能简单地采用同步串行的方式进行通信仅需用到三个口线：① $\overline{\text{RST}}$ 复位）、② I/O（数据线）、③ SCLK（串行时钟）。时钟/RAM 的读/写数据以一个字节或多达 31 个字节的字符组方式通信。DS1302 工作时功耗很低，保持数据和时钟信息时功率小于 1mW。DS1302 是由 DS1202 改进而来，增加了以下的特性：双电源管脚用于主电源和备份电源供应 V_{CC1}。为可编程涓流充电电源，附加 7 个字节存储器，它广泛应用于电话传真便携式仪器以及电池供电的仪器仪表等。

10.5.1　DS1302 外部封装及引脚功能

DS1302 包含了 DIP 和 SOIC 两种封装形式，如图 10－26 所示。

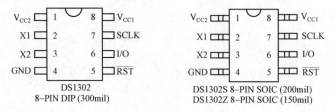

图 10－26　DS1302 封装形式

DS1302 引脚功能如下：

V_{CC2}：主电源，一般接＋5V 电源；

V_{CC1}：辅助电源，一般接 3.6V 可充电电池；

X1 和 X2：晶振引脚，接 32.768kHz 晶振，通常该引脚上还要接补偿电容；

GND：电源地，接主电源及辅助电源的地端；

SCLK：串行时钟输入端；

I/O：数据输入/输出端；

$\overline{\text{RST}}$：复位输入端。

10.5.2　DS1302 内部结构及工作原理

DS1302 的内部结构如图 10－27 所示，它包括输入移位寄存器、控制逻辑、晶振、实时时钟和 31×8 RAM 等部分。

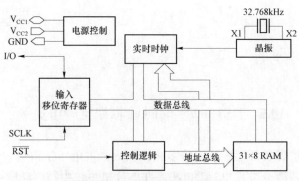

图 10－27　DS1302 内部结构

在进行任何数据传输时，$\overline{\text{RST}}$ 必须被置为高电平（注意虽然将它置为高电平，内部时钟还是在晶振作用下工作的，此时，允许外部读写数据）。在每个 SCLK 上升沿时数据被输入，下降沿时数据被输出，一次只能读写一位。是读还是写需要通过串行输入控制指令来实现（也是一个字节），通过 8 个脉冲便可读取一个字节从而实现串行数据的输入与输出。最初通过 8

个时钟周期载入控制字节到输入移位寄存器。如果控制指令选择的是单字节模式，连续的 8 个时钟脉冲可以进行 8 位数据的写和 8 位数据的读操作。8 个脉冲便可读写一个字节，SCLK 时钟的上升沿时，数据被写入 DS1302；SCLK 脉冲的下降沿读出 DS1302 的数据。在突发模式，通过连续的脉冲一次性读写完 7 个字节的时钟/日历寄存器（注意时钟/日历寄存器要读写完），也可以根据实际情况一次性读写 8～32 位 RAM 数据。

10.5.3　DS1302 命令字节格式

每一数据的传送由命令字节进行初始化，DS1302 的命令字节格式如表 10-8 所示，最高位 MSB（D7 位）必须为逻辑 1，如果为 0 则禁止写 DS1302。D6 位为逻辑 0（CLK），指定读写操作时钟/日历数据；D6 位为逻辑 1（RAM），指定读写操作为 RAM 数据。D5～D1 位（A4～A1 地址）指定进行输入或输出的特定寄存器。最低有效位 LSB（D0 位）为逻辑 0，指定进行写操作（输入）；为逻辑 1，指定读操作（输出）。命令字节总是从最低有效位 LSB（D0）开始输入，命令字节中的每一位是在 SCLK 的上升沿送出的。

表 10-8　　　　　　　　　　DS1302 的命令字节格式

D7（MSB）	D6	D5	D4	D3	D2	D1	D0（LSB）
1	RAM/$\overline{\text{CLK}}$	A4	A3	A2	A1	A0	RD/$\overline{\text{W}}$

10.5.4　数据传输

所有的数据传输在 $\overline{\text{RST}}$ 置 1 时进行，输入信号有两种功能：首先，$\overline{\text{RST}}$ 接通控制逻辑，允许地址/命令序列送入移位寄存器；其次，$\overline{\text{RST}}$ 提供终止单字节或多字节数据的传送手段。当 $\overline{\text{RST}}$ 为高电平时，所有的数据传送被初始化，允许对 DS1302 进行操作。如果在传送过程中 $\overline{\text{RST}}$ 置为低电平，则会终止此次数据传送，I/O 引脚变为高阻态。上电运行时，在 Vcc 大于或等于 2.5V 之前，$\overline{\text{RST}}$ 必须保持低电平。只有在 SCLK 为低电平时，才能将 $\overline{\text{RST}}$ 置为高电平。I/O 为串行数据输入输出端（双向），SCLK 始终是输入端。

数据的传输主要包括数据输入、数据输出以及突发模式，其传输格式如图 10-28 所示。

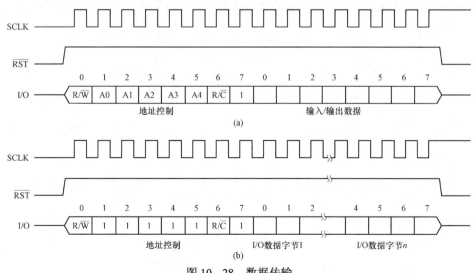

图 10-28　数据传输
(a) 单字节输入/输出数据传输；(b) 突发模式传输

数据输入：经过 8 个时钟周期的控制字节的输入，一个字节的输入将在下 8 个时钟周期的上升沿完成，数据传输从字节最低位开始。

数据输出：经过 8 个时钟周期的控制读指令的输入，控制指令串行输入后，一个字节的数据将在下个 8 个时钟周期的下降沿被输出，注意第一位输出是在最后一位控制指令所在脉冲的下降沿被输出，要求 $\overline{\text{RST}}$ 保持位高电平。

同理 8 个时钟周期的控制读指令如果指定的是突发模式，将会在脉冲的上升沿读入数据，下降沿读出数据，突发模式一次可进行多字节数据的一次性读写，只要控制好脉冲就行了。

突发模式：突发模式可以指定为任何时钟/日历或 RAM 的寄存器，与以前一样，位 6 指定时钟或 RAM，位 0 指定读或写。读取或写入的突发模式开始在位 0 地址 0。

对于 DS1302 来说，在突发模式下写时钟寄存器，起始的 8 个寄存器用来写入相关数据，必须写完。然而，在突发模式下写 RAM 数据时，没有必要全部写完。每个字节都将被写入而不论 31 字节是否写完。

10.5.5　DS1302 内部寄存器

DS1302 内部寄存器地址（命令）及数据寄存器分配情况如图 10-29 所示。图中 RD/$\overline{\text{W}}$ 为读/写保护位：RD/$\overline{\text{W}}$ =0，寄存器数据能够写入；RD/$\overline{\text{W}}$ =1，寄存器数据不能写入，只能读。

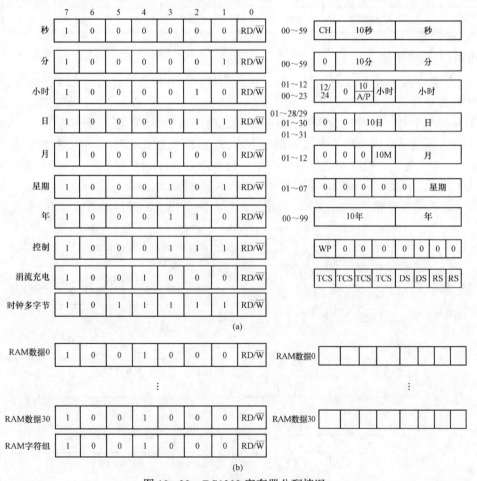

图 10-29　DS1302 寄存器分配情况

（a）时钟/日历控制部分；（b）RAM 控制部分

A/P=1，下午模式；A/P=0，上午模式。TCS 为涓流充电选择：TCS=1010，使能涓流充电；TCS=其他，禁止涓流充电。DS 为二极管选择位：DS=01 选择一个二极管；DS=10 选择两个二极管；DS=00 或 11 时，即使 TCS=1010，充电功能也被禁止。RS 位的功能如表 10-9 所示。

表 10-9　　　　　　　　　　　　　RS 位 的 功 能 表

RS 位	电阻	典型位/KΩ	RS 位	电阻	典型位/KΩ
00	无	无	10	R2	4
01	R1	2	11	R3	8

10.5.6　DS1302 在可调时钟系统中的应用实例

【例 10-8】使用 DS1302 日历时钟芯片，设计一个用数码管显示的时间可调时钟系统。

（1）任务分析。时间可调时钟系统的电路原理如图 10-30 所示。DS1302 与微处理器

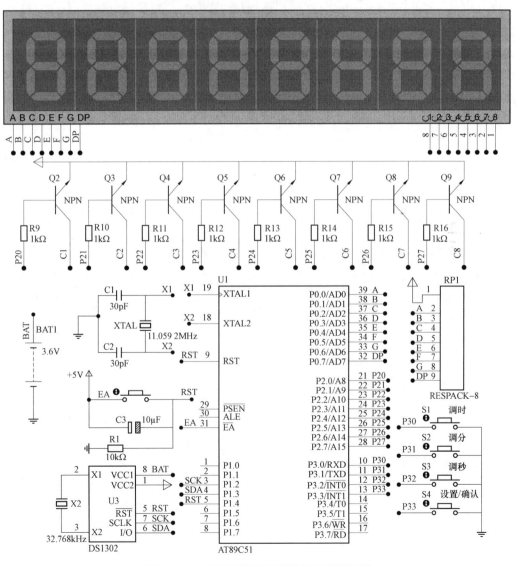

图 10-30　时间可调时钟系统的电路原理图

进行数据交换时，首先由单片机向 DS1302 发送命令字节，命令字节最高位 MSB（D7）必须为逻辑 1，如果 D7＝0，则禁止写 DS1302，即写保护；D6＝0，指定时钟数据，D6＝1，指定 RAM 数据；D5～D1 指定输入或输出的特定寄存器；最低位 LSB（D0）为逻辑 0，指定写操作（输入），D0＝1，指定读操作（输出）。

　　在 DS1302 的时钟日历或 RAM 进行数据传送时，DS1302 必须首先发送命令字节。若进行单字节传送，8 位命令字节传送结束之后，在下 2 个 SCLK 周期的上升沿输入数据字节，或在下 8 个 SCLK 周期的下降沿输出数据字节。

　　由于 DS1302 工作在 32.768kHz 的时钟条件下，而单片机工作在 11.059 2MHz 时钟环境下，在单片机对 DS1302 进行操作时，由于单片机的工作速度很快，DS1302 可能响应不到，所以在程序中要适当增加一些延时，以使 DS1302 能够正确接收。

　　（2）编写 C51 程序。系统可采用模块式设计方法进行，它由 DS1302 时钟读写子程序文件（DS1302.h）和主程序文件（DS1302 可调时钟.c）构成。编写程序时，这两个文件保存在同一项目中。

　　1）DS1302.h 程序。

```c
#include <reg51.h>
#include <intrins.h>
#define uchar unsigned char
#define uint unsigned int
sbit SCK = P1^2;
sbit SDA = P1^3;
sbit RST = P1^4;
uchar time_buf1[8] = {20,9,3,13,17,55,00,6};    //设置的空年月日时分秒周
uchar time_buf[8] ;                             //空年月日时分秒周
/************DS1302:写入数据（先送地址，再写数据）****************/
void ds1302_write_byte(uchar addr, uchar dat)   //向 DS1302 写入一字节数据
{
    uchar i;
    RST = 1;                                //启动 DS1302 总线
    addr = addr & 0xFE;                     //最低位清零
    for (i = 0; i < 8; i + +)               //写入目标地址：addr
    {
        if (addr & 0x01)
            {   SDA = 1; }                   //双向数据 SDA 置为高电平
        else
            {   SDA = 0;  }                  //双向数据 SDA 置为低电平
        SCK = 1;                             //时钟信号 SCK 置为高电平
        SCK = 0;                             //时钟信号 SCK 置为低电平
        addr = addr >> 1;
    }
```

```
    for (i = 0; i < 8; i + +)                    //写入数据：dat
    {
        if (dat & 0x01)
            {   SDA = 1; }                        //双向数据 SDA 置为高电平
        else
            {   SDA = 0;  }                       //双向数据 SDA 置为低电平
        SCK = 1;                                  //时钟信号 SCK 置为高电平
        SCK = 0;                                  //时钟信号 SCK 置为低电平
        dat  = dat >> 1;
        }
    RST = 0;                                      //停止 DS1302 总线
}
/*************DS1302:读取数据（先送地址，再读数据）****************/
uchar ds1302_read_byte(uchar addr)               //从 DS1302 读出一字节数据
{
    uchar i,temp;
    RST = 1;                                      //启动 DS1302 总线
    addr = addr | 0x01;                           //最低位置高电平
    for (i = 0; i < 8; i + +)                     //写入目标地址：addr
    {
        if (addr & 0x01)
            {     SDA = 1;    }                   //双向数据 SDA 置为高电平
        else
            {   SDA = 0;  }                       //双向数据 SDA 置为低电平
        SCK = 1;                                  //时钟信号 SCK 置为高电平
        SCK = 0;                                  //时钟信号 SCK 置为低电平
        addr = addr >> 1;
    }
    for (i = 0; i < 8; i + +)                     //输出数据：temp
    {
        temp = temp >> 1;
        if (SDA)
            {   temp | = 0x80; }
        else
            {   temp & = 0x7F; }
        SCK = 1;                                  //时钟信号 SCK 置为高电平
        SCK = 0;                                  //时钟信号 SCK 置为低电平
    }
    RST = 0;                                      //停止 DS1302 总线
```

```
        return temp;
    }
void ds1302_write_time(void)                        //向 DS302 写入时钟数据
{
  uchar i,tmp;
/* DS1302 秒, 分, 时寄存器是 BCD 码形。可用 16 求商和余进行"高 4 位"和"低 4 位"分离 */
    for(i = 0;i<8;i + +)                             //BCD 处理
    {
        tmp = time_buf1[i]/10;
        time_buf[i] = time_buf1[i]%10;
        time_buf[i] = time_buf[i] + tmp*16;
    }
    ds1302_write_byte(0x8E,0x00);                   //0x8E 为控制数据地址, WP = 0 写操作
    ds1302_write_byte(0x80,0x80);                   //0x80 为秒数据地址, 暂停
    ds1302_write_byte(0x90,0xa9);                   //0x90 为涓流充电
    ds1302_write_byte(0x8C,time_buf[1]);            //0x8C 为年数据
    ds1302_write_byte(0x88,time_buf[2]);            //0x88 为月数据
    ds1302_write_byte(0x86,time_buf[3]);            //0x86 为日数据
    ds1302_write_byte(0x8A,time_buf[7]);            //0x8A 为星期数据
    ds1302_write_byte(0x84,time_buf[4]);            //0x84 为小时数据
    ds1302_write_byte(0x82,time_buf[5]);            //0x82 为分数据
    ds1302_write_byte(0x80,time_buf[6]);            //0x80 为秒数据
    ds1302_write_byte(0x8E,0x80);                   //0x8E 为控制数据地址, WP = 1 写保护
}
void ds1302_read_time(void)                         //从 DS302 读出时钟数据
{
  uchar i,tmp;
    time_buf[1] = ds1302_read_byte(0x8C);           //读取年数据
    time_buf[2] = ds1302_read_byte(0x88);           //读取月数据
    time_buf[3] = ds1302_read_byte(0x86);           //读取日数据
    time_buf[4] = ds1302_read_byte(0x84);           //读取小时数据
    time_buf[5] = ds1302_read_byte(0x82);           //读取分数据
    time_buf[6] = (ds1302_read_byte(0x80))&0x7F;    //读取秒数据
    time_buf[7] = ds1302_read_byte(0x8A);           //读取周数据
    for(i = 0;i<8;i + +)                             //BCD 处理
    {
        tmp = time_buf[i]/16;
        time_buf1[i] = time_buf[i]%16;
        time_buf1[i] = time_buf1[i] + tmp*10;
```

```
    }
}
void ds1302_init(void)                    //DS302 初始化函数
{
    RST = 0;                              //停止 DS1302 总线
    SCK = 0;                              //时钟信号 SCK 置为低电平
}
```

2）DS1302.可调时钟.c 程序。

```c
#include <reg51.h>
#include "ds1302.h"
#define uchar unsigned char
#define uint unsigned int
#define LED  P0
#define CS   P2
sbit    SW1 = P3^0;
sbit    SW2 = P3^1;
sbit    SW3 = P3^2;
sbit    SW4 = P3^3;
bit  SetFlag;                    //更新时间标志位
bit  ModifyFlag = 1;             //修改标志位
uchar TempData[8];               //暂存获取的 DS1302 日期与时间数据
uchar LED_code[] = {0xC0,0xF9,0xA4,0xB0,0x99,0x92,0x82,0xF8,  //共阳极 LED0～9 的段码
            0x80,0x90,0xBF,0xFF};                 //"0xBF"表示" - "
uchar dis_buff[8];               //暂存 8 位显示段码值
uchar  Hour_H,Hour_L,Min_H,Min_L,Sec_H,Sec_L;   //定义时、分、秒的十位和个位
void delay500 (uint ms)
{
  uint i;
  while(ms - - )
   {
      for(i = 0; i < 230; i + +);
   }
}
void keyscan(void)               //按键扫描函数
{
    uchar i,num;
      if(SW4 = = 0)              //SW4 是否按下
        {
         delay500(20);           //等待
```

```
    if(SW4 = = 0)                //延时去抖
        {
            num + + ;            //统计 SW4 按下次数
            if(num = = 1)        //每次修改时间时必须先按下 SW4,才可修改
            {
                ModifyFlag = 0;         //修改标志位为 0,表示允许修改时间
                ds1302_read_time();     //读取时钟信息
                for(i = 1;i<8;i + + )
                TempData[i] = time_buf1[i];//获取 DS1302 日期与时间数据
                Hour_H = TempData[4]/10;    //获取小时的十位数据
                Hour_L = TempData[4]%10;    //获取小时的个位数据
                Min_H = TempData[5]/10;     //获取分钟的十位数据
                Min_L = TempData[5]%10;     //获取分钟的个位数据
                Sec_H = TempData[6]/10;     //获取秒钟的十位数据
                Sec_L = TempData[6]%10;     //获取秒钟的个位数据
            }
            else if(num = = 2)              //修改完成后再次按下 SW4
            {
                TR0 = 0;                    //暂停定时器 0
                num = 0;
                time_buf1[4] = (dis_buff[0]*10 + dis_buff[1]);
                                            //修改好的小时数据回送到 DS1302
                time_buf1[5] = (dis_buff[3]*10 + dis_buff[4]);
                                            //修改好的分钟数据回送到 DS1302
                time_buf1[6] = (dis_buff[6]*10 + dis_buff[7]);
                                            //修改好的秒钟数据回送到 DS1302
                ds1302_write_time();    //向 DS1302 写入修改好后时、分、秒数据
                ModifyFlag = 1;
                TR0 = 1;                //启动定时器 0
            }
            while(!SW4);                //等待按键释放
        }
    }
if(ModifyFlag = = 0)                        //判断是否允许修改时间数据
{
    if(SW1 = = 0)                           //判断是否修改小时数据
        {
            delay500(20);
            if(SW1 = = 0)                   //延时去抖
```

```
            {
                Hour_L + + ;                       //每次按下 SW1 小时数据加 1
              if(Hour_L = = 10)                    //判断小时个位数据是否为 10
                {
                    Hour_L = 0;                    //小时个位数据清 0
                    Hour_H + + ;                   //小时十位数据加 1
                }
            if(Hour_H = = 2&&Hour_L = = 4)         //判断小时候数据是否为 24
                {
                    Hour_H = 0;                    //小时十位数据清 0
                    Hour_L = 0;                    //小时个位数据清 0
        }
            dis_buff[0] = Hour_H;              //暂存修改好的小时十位数据
            dis_buff[1] = Hour_L;              //暂存修改好的小时个位数据
        while(!SW1);
    }
}
if(SW2 = = 0)                              //判断是否修改分钟数据
 {
   delay500(20);
     if(SW2 = = 0)
       {
            Min_L + + ;
            if(Min_L = = 10)
              {
                  Min_H = 0;
                  Min_L + + ;
              }
          if(Min_H = = 6)
            {
                  Min_H = 0;
                  Min_L = 0;
            }
            dis_buff[3] = Min_H;
            dis_buff[4] = Min_L;
            while(!SW2);
       }
    }
   if(SW3 = = 0)                           //判断是否修改秒钟数据
```

```
        {
        delay500(20);
          if(SW3 = = 0)
            {
                Sec_L + + ;
                if(Sec_L = = 10)
                {
                    Sec_L = 0;
                    Sec_H + + ;
                 }
                if(Sec_H = = 6)
                {
                    Sec_H = 0;
                    Sec_L = 0;
                }
            dis_buff[6] = Sec_H;
            dis_buff[7] = Sec_L;
             while(!SW3);
            }
        }
    }
 }
void timer0(void)  interrupt 1 using 1   //定时器 0 中断，用于数码管扫描
{
  uchar i,num;
  TH0 = 0xF5;                            //重装 3ms 延时值
  TL0 = 0x33;
  LED = LED_code[dis_buff[i]];           //查表法得到要显示数字的数码段
  switch(i)
     {
        case 0:CS = 0x7F; break;         //选择点亮哪位数码管
        case 1:CS = 0xBF; break;
        case 2:CS = 0xDF; break;
        case 3:CS = 0xEF; break;
        case 4:CS = 0xF7; break;
        case 5:CS = 0xFB; break;
        case 6:CS = 0xFD; break;
        case 7:CS = 0xFE; break;
```

```
          }
      i + + ;
      if(i = = 8)
        {
        i = 0;
        num + + ;
        if(num = = 10)                        //隔段时间读取 1302 的数据,时间间隔可以调整
          {
          if(ModifyFlag = = 0)                //判断是否按下 SW4 修改键
              ;
          else                                //没有按下 SW4 修改键
            SetFlag = 1;                      //使用标志位判断
            num = 0;
          }
        }
    }
void timer0_INT(void)                         //定时器 0 初始化
{
  TMOD| = 0x01;                               //定时器设置 16 位
  TH0 = 0xF5;                                 //晶振 11.0592 时设置定时 3ms 初始值
  TL0 = 0x33;
  ET0 = 1;                                    //允许定时器 0 中断
  TR0 = 1;                                    //启动定时器 0
  EA = 1;                                     //开启总中断
}
void main(void)
{
  uchar i;
  timer0_INT();                              //初始化定时器 0
  ds1302_init();                             //DS302 初始化函数
  delay500(15);                              //延时用于稳定功能
  while(1)
    {
      keyscan();                             //调用按键扫描函数
      if(SetFlag)
        {
        SetFlag = 0;
        ds1302_read_time();    //读取时钟信息
```

```
        for(i = 1;i<8;i + + )
    TempData[i] = time_buf1[i];
    dis_buff[0] = TempData[4]/10;
    dis_buff[1] = TempData[4]%10;
    dis_buff[2] = 10;          //显示 -
    dis_buff[3] = TempData[5]/10;
    dis_buff[4] = TempData[5]%10;
    dis_buff[5] = 10;          //显示 -
    dis_buff[6] = TempData[6]/10;
    dis_buff[7] = TempData[6]%10;
    }
  }
}
```

10.6　DS18B20 温度转换器及应用实例

温度是环境的基本参数之一，人们在生活、生产中需要对温度进行测量。温度的测量主要是通过温度传感器进行的。温度传感器主要有：① 传统的分立式传感器；② 模拟集成温度传感器；③ 智能集成温度传感器。在很多智能化的温度传感器中，大多使用同步串行总线技术，如美国模拟器件公司（ADI）推出的数字温度传感器 AD7418、Dallas 公司的 DS1621 采用了 I^2C 总线技术；DS1620 采用了 SPI 总线技术；DS18B20 采用了 1 - Wire 总线技术。

DS18B20 是 Dallas 公司继 DS1820 后推出的一种改进型智能数字温度传感器，与传统热敏电阻相比，只需一根线就能直接读出被测温度，并可根据实际需求编程实现 9~12 位数字值的读数方式。

10.6.1　DS18B20 封装形式及引脚功能

DS18B20 有三种封装形式：① 采用 3 引脚 TO - 92 的封装形式；② 采用 6 引脚的 TSOC 封装形式；③ 采用 8 引脚的 SOIC 封装形式，如图 10 - 31 所示。

DS18B20 芯片各引脚功能如下：

（1）GND：电源地。

（2）DQ：数字信号输入/输出端。

（3）VDD：外接供电电源输入端。采用寄生电源方式时该引脚接地。

10.6.2　DS18B20 内部结构

温度传感器 DS18B20 的内部结构如图 10 - 32 所示。

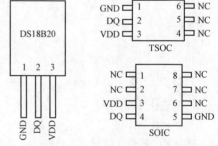

图 10 - 31　DS18B20 封装形式

主要由 64 位 ROM、温度传感器、非挥发的温度报警触发器及高速缓存器等四部分组成。

下面对 DS18B20 内部相关部分进行简单的描述。

（1）64 位 ROM。64 位 ROM 是由厂家使用激光刻录的一个 64 位二进制 ROM 代码，是该芯片的标识号，如图 10 - 33 所示。

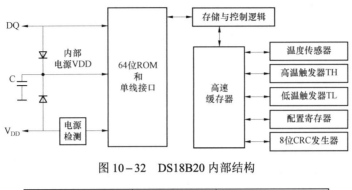

图 10-32　DS18B20 内部结构

8位循环冗余检验		48位序列号		8位分类编号（10H）	
MSB	LSB	MSB	LSB	MSB	LSB

图 10-33　64 位 ROM 结构

　　第 1 个 8 位表示产品分类编号，DS18B20 的分类号为 0x10；接着为 48 号序列号，它是一个大于 $281×10^{12}$ 的十进数编码，作为该芯片的唯一标识代码；最后 8 位为前 56 位的 CRC 循环冗余校验码（$CRC=X^8+X^5+X^4+1$）。由于每个芯片的 64 位 ROM 代码不同，因此在单总线上能够并挂多个 DS18B20 进行多点温度实时检测。

　　（2）温度传感器。温度传感器是 DS18B20 的核心部分，该功能部件可完成对温度的测量。通过软件编程可将 -55～125℃ 范围内的温度值按 9 位、10 位、11 位、12 位的分辨率进行量化，以上的分辨率都包括一个符号位，因此对应的温度量化值分别是 0.5℃、0.25℃、0.125℃、0.062 5℃，即最高分辨率为 0.062 5℃。芯片出厂时默认为 12 位的转换精度。当接收到温度转换命令（0x44）后，开始转换，转换完成后的温度以 16 位带符号扩展的二进制补码形式表示，存储在高速缓存器 RAM 的第 0,1 字节中，二进制数的前 5 位是符号位。如果测得的温度大于 0，这 5 位为 0，只要将测到的数值乘上 0.062 5 即可得到实际温度；如果温度小于 0，这 5 位为 1，测到的数值需要取反加 1 再乘上 0.062 5 即可得到实际温度。

　　例如 +125℃ 的数字输出为 0x07D0，+25.062 5℃ 的数字输出为 0x0191，-25.062 5℃ 的数字输出为 0xFF6F，-55℃ 的数字输出为 0xFC90。

　　（3）高速缓存器。DS18B20 内部的高速缓存器包括一个高速暂存器 RAM 和一个非易失性可电擦除的 E^2PROM。非易失性可电擦除 E^2PROM 用来存放高温触发器 TH、低温触发器 TL 和配置寄存器中的信息。

　　高速暂存器 RAM 是一个连续 8 字节的存储器，前两个字节是测得的温度信息，第 1 个字节的内容是温度的低八位，第 2 个字节是温度的高八位。第 3 个和第 4 个字节是 TH、TL 的易失性拷贝，第 5 个字节是配置寄存器的易失性拷贝，以上字节的内容在每一次上电复位时被刷新。第 6、7、8 个字节用于暂时保留为 1。

　　（4）配置寄存器。配置寄存器的内容用于确定温度值的数字转换分辨率。DS18B20 工作时按此寄存器的分辨率将温度转换为相应精度的数值，它是高速缓存器的第 5 个字节，该字节定义如下：

TM	R0	R1	1	1	1	1	1

TM 是测试模式位，用于设置 DS18B20 在工作模式还是在测试模式。在 DS18B20 出厂时该位被设置为 0,用户不要去改动;R1 和 R0 用来设置分辨率;其余 5 位均固定为 1。DS18B20 分辨率的设置如表 10-10 所示。

表 10-10   DS18B20 分辨率的设置

R1	R0	分辨率	最大转换时间 ms
0	0	9 位	93.75
0	1	10 位	187.5
1	0	11 位	375
1	1	12 位	750

10.6.3   DS18B20 测温原理

DS18B20 的测温原理如图 10-34 所示，从图中看出，其主要由斜率累加器、温度系数振荡器、减法计数器、温度寄存器等功能部分组成。斜率累加器用于补偿和修正测温过程中的非线性，其输出用于修正减法计数器的预置值;温度系数振荡器用于产生减法计数脉冲信号，其中低温度系数的振荡频率受温度的影响很小，用于产生固定频率的脉冲信号送给减法计数器 1;高温度系数振荡器受温度的影响较大，随着温度的变化其振荡频率明显改变，产生的信号作为减法计数器 2 的脉冲输入。减法计数器是对脉冲信号进行减法计数;温度寄存器暂存温度数值。

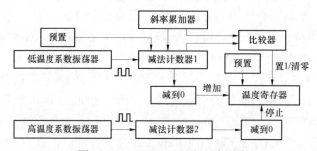

图 10-34   DS18B20 测温原理图

在图中还隐含着计数门，当计数门打开时，DS18B20 就对低温度系数振荡器产生的时钟脉冲进行计数，从而完成温度测量。计数门的开启时间由高温度系数振荡器决定，每次测量前，首先将 -55℃ 所对应的基数分别置入减法计数器 1 和温度寄存器中，减法计数器 1 和温度寄存器被预置在 -55℃ 所对应的一个基数值。

减法计数器 1 对低温度系数振荡器产生的脉冲信号进行减法计数，当减法计数器 1 的预置值减到 0 时，温度寄存器的值将加 1。之后，减法计数器 1 的预置将重新被装入，减法计数器 1 重新开始对低温度系数晶振产生的脉冲信号进行计数，如此循环直到减法计数器 2 计数到 0 时，停止温度寄存器值的累加，此时温度寄存器中的数值即为所测温度。斜率累加器不断补偿和修正测温过程中的非线性，只要计数门仍未关闭就重复上述过程，直至温度寄存器值达到被测温度值。

由于 DS18B20 是单总线芯片，在系统中若有多个单总线芯片时，每个芯片的信息交换是分时完成的，均有严格的读写时序要求。系统对 DS18B20 的操作协议为：初始化 DS18B20（发复位脉冲）→发 ROM 功能命令→发存储器操作命令→处理数据。

10.6.4　DS18B20 的 ROM 命令

Read ROM（读 ROM）命令代码 0x33，允许主设备读出 DS18B20 的 64 位二进制 ROM 代码。该命令只适用于总线上存在单只 DS18B20。

Match ROM（匹配 ROM）命令代码 0x55，若总线上有多个从设备时，使用该命令可选中某一指定的 DS18B20，即只有和 64 位二进制 ROM 代码完全匹配的 DS18B20 才能响应其操作。

Skip ROM（跳过 ROM）命令代码 0xCC，在启动所有 DS18B20 转换之前或系统只有一个 DS18B20 时，该命令将允许主设备不提供 64 位二进制 ROM 代码就使用存储器操作命令。

Search ROM（搜索 ROM）命令代码 0xF0，当系统初次启动时，主设备可能不知总线上有多少个从设备或它们的 ROM 代码，使用该命令可确定系统中的从设备个数及其 ROM 代码。

Alarm ROM（报警搜索 ROM）命令代码 0xEC，该命令用于鉴别和定位系统中超出程序设定的报警温度值。

Write Scratchpad（写暂存器）命令代码 0x4E，允许主设备向 DS18B20 的暂存器写入两个字节的数据，其中第一个字节写入 TH 中，第二个字节写入 TL 中。可以在任何时刻发出复位命令中止数据的写入。

Read Scratchpad（读暂存器）命令代码 0xBE，允许主设备读取暂存器中的内容。从第 1 个字节开始直到第 9 个字节 CRC 读完。也可以在任何时刻发出复位命令中止数据的读取操作。

Copy Scratchpad（复制暂存器）命令代码 0x48，将温度报警触发器 TH 和 TL 中的字节复制到非易失性 E^{2}PROM。若主机在该命令之后又发出读操作，而 DS18B20 又忙于将暂存器的内容复制到 E^{2}PROM 时，DS18B20 就会输出一个"0"，若复制结束，则 DS18B20 输出一个"1"。如果使用寄生电源，则主设备发出该命令之后，立即发出强上拉并至少保持 10ms 以上的时间。

Convert T（温度转换）命令代码 0x44，启动一次温度转换。若主机在该命令之后又发出其他操作，而 DS18B20 又忙于温度转换，DS18B20 就会输出一个"0"，若转换结束，则 DS18B20 输出一个"1"。如果使用寄生电源，则主设备发出该命令之后，立即发出强上拉并至少保持 500ms 以上的时间。

Recall E^2（拷回暂存器）命令代码 0xB8，将温度报警触发器 TH 和 TL 中的字节从 E^{2}PROM 中拷回到暂存器中。该操作是在 DS18B20 上电时自动执行，若执行该命令后又发出读操作，DS18B20 会输出温度转换忙标识：0 为忙，1 为完成。

Read Power Supply（读电源使用模式）命令代码 0xB4，主设备将该命令发给 DS18B20 后发出读操作，DS18B20 会返回它的电源使用模式：0 为寄生电源，1 为外部电源。

10.6.5　DS18B20 的工作时序

由于 DS18B20 采用 1–Wire 串行总线协议方式，即在一根数据线实现数据的双向传输，而对 80C51 单片机来说，硬件上并不支持单总线协议，因此，在使用时，应采用软件的方法来模拟单总线的协议时序来完成对 DS18B20 芯片的访问。

由于 DS18B20 是在一根 I/O 线上读写数据，因此，对读写的数据位有着严格的时序要求。DS18B20 有严格的通信协议来保证各位数据传输的正确性和完整性。该协议定义了几种信号的时序：初始化时序、读时序、写时序。所有时序都是将主机作为主设备，单总线器件作为从设备。而每一次命令和数据的传输都是从主机主动启动写时序开始，如果要求单总线器件回送数据，在进行写命令后，主机需启动读时序完成数据接收。数据和命令的传输都是低位在先。

（1）初始化时序。单片机和 DS18B20 间的通信都需要从初始化时序开始，初始化时序如图 10−35 所示。一个复位脉冲跟着一个应答脉冲表明，DS18B20 已经准备好发送和接收数据（该数据为适当的 ROM 命令和存储器操作命令）。

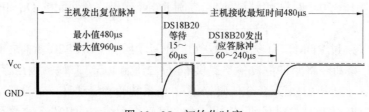

图 10−35 初始化时序

（2）读时序。对于 DS18B20 的读时序分为读 0 时序和读 1 时序两个过程，如图 10−36 所示。从 DS18B20 中读取数据时，主机生成读时隙。对于 DS18B20 的读时隙是从主机把单总线拉低之后，在 15μs 之内就得释放单总线，以让 DS18B20 把数据传输到单总线上。在读时隙的结尾，DQ 引脚将被外部上拉电阻拉到高电平。DS18B20 完成一个读时序过程，至少需要 60μs 才能完成，包括两个读周期间至少 1μs 的恢复时间。

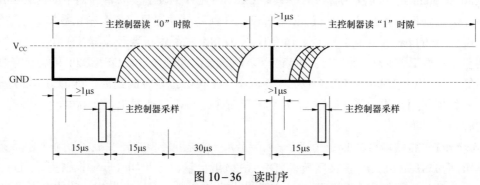

图 10−36 读时序

（3）写时序。对于 DS18B20 的写时序也分为写 0 时序和写 1 时序两个过程，如图 10−37 所示。对于 DS18B20 写 0 时序和写 1 时序的要求不同，当要写 0 时序时，单总线要被拉低至少 60μs，保证 DS18B20 能够在 15～45μs 之间能够正确地采样 I/O 总线上的"0"电平，当要写 1 时序时，单总线被拉低之后，在 15μs 之内就得释放单总线。

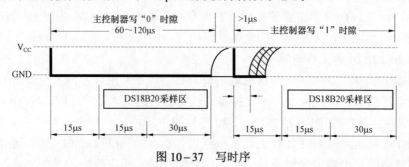

图 10−37 写时序

10.6.6　DS18B20 温度测量应用实例

DS18B20 温度
测量应用实例

【例 10 - 9】使用 DS18B20 作为温度传感器，MAX7219 作为 LED 数码管驱动设计一个测温系统，要求测温范围为 −55 ～ +128℃。

（1）任务分析。DS18B20 温度测量的电路原理如图 10 - 38 所示。DS18B20 遵循单总线协议，每次测温时都必须有 4 个过程：① 初始化；② 传送 ROM 命令；③ 传送 RAM 命令；④ 数据交换。在这 4 个过程中要注意时序。通过这 4 个过程，将获取的采样数据进行处理，然后由 MAX7219 传送给 LED 数码管即可。

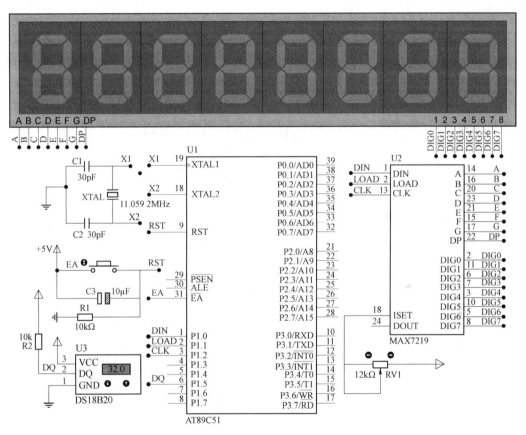

图 10 - 38　DS18B20 温度测量的电路原理图

（2）编写 C51 程序。系统也可以采用模块式设计进行，它由 DS18B20 温度读写子程序文件（DS18B20.h）、MAX7219 显示子程序文件（MAX7219.h）和主程序文件（main.c）构成。编写程序时，这 3 个文件保存在同一项目中。

1）DS18B20.h 程序。

```
#include <reg51.h>
#include <intrins.h>
#define uchar unsigned char
#define uint unsigned int
sbit  DQ = P1^5;                        //DS18B20 端口 DQ
```

```
sbit  DIN  =  P0^7;                      //小数点
bit  list_flag = 0;                      //显示开关标记
uchar data  temp_data[2]  =  {0x00,0x00};
uchar data  display[] = {0x00,0x00,0x00,0x00,0x00,0x00};
uchar code  ditab[] = {0x00,0x01,0x01,0x02,0x03,0x03,0x04,0x04,
                       0x05,0x06,0x06,0x07,0x08,0x08,0x09,0x09};
void Delay(uint ms)                      //延时函数
{
   while( ms - - );
}
uchar Init_DS18B20(void)                 //初始化 DS18B20
{
     uchar status;
     DQ = 1;                             //DQ 复位
     Delay(8);                           //稍做延时
     DQ = 0;                             //单片机将 DQ 拉低
     Delay(90);                          //精确延时 大于 480μs
     DQ = 1;                             //拉高总线
     Delay(8);
     status = DQ;                        //如果 = 0 则初始化成功  = 1 则初始化失败
     Delay(100);
     DQ = 1;
     return(status);
}
uchar ReadOneByte(void)                  //读一个字节
{
   uchar i = 0;
   uchar dat = 0;
   for(i = 8;i>0;i - -)
     {
     DQ = 0;                             // 给脉冲信号
     dat >> = 1;
     DQ = 1;                             // 给脉冲信号
     _nop_();
     _nop_();
     if(DQ)
     {  dat | =  0x80;  }
     Delay(4);
     DQ = 1;
```

```
      }
    return (dat);
  }
void WriteOneByte(uchar dat)                //写一个字节
{
  uchar i = 0;
  for(i = 8;i>0;i − − )
    {
    DQ  =  0;
    DQ  =  dat&0x01;
    Delay(5);
    DQ  =  1;
    dat>> = 1;
    }
}
void Read_Temperature(void)                //读取温度
{
  if(Init_DS18B20() = = 1)
    {
       list_flag = 1;                       //DS18B20 不正常
     }
  else
    {
      list_flag = 0;
      WriteOneByte(0xCC);                   //跳过读序号列号的操作
      WriteOneByte(0x44);                   // 动温度转换
      Init_DS18B20();
      WriteOneByte(0xCC);                   //跳过读序号列号的操作
      WriteOneByte(0xBE);                   //读取温度寄存器
      temp_data[0] = ReadOneByte();         //温度低 8 位
      temp_data[1] = ReadOneByte();         //温度高 8 位
    }
}
void Temperature_trans()                    //温度值处理
{
  uchar  ng = 0;
  if((temp_data[1]&0xF8) = = 0xF8)
  {
    temp_data[1] = ~temp_data[1];
```

```
    temp_data[0] = ~temp_data[0] + 1;
     if(temp_data[0] = = 0x00)
      {
        temp_data[1] + + ;
      }
      ng = 1;
  }
  display[4] = temp_data[0]&0x0f;
  display[0] = ditab[display[4]];          //查表得小数位的值
  display[4] = ((temp_data[0]&0xf0)>>4)|((temp_data[1]&0x0f)<<4);
  display[3] = display[4]/100;
  display[1] = display[4]%100;
  display[2] = display[1]/10;
  display[1] = display[1]%10;
  if(ng = = 1)                            //温度为零度以下时
    {
      display[5] = 12;                    //显示" - "
    }
   else
    {
      display[5] = 13;                    //不显示" - "
    }
  if(!display[3])                         //高位为 0，不显示
  {
    display[3] = 13;
    if(!display[2])                       //次高位为 0，不显示
     display[2] = 13;
  }
}
```

2）MAX7219.h。

```
#include <reg51.h>
#define uchar unsigned char
#define uint unsigned int
sbit din = P1^0;                    //MAX7219 数据串行输入端
sbit cs = P1^1;                     //MAX7219 数据输入允许端
sbit clk = P1^2;                    //MAX7219 时钟信号
uchar dig;
void write_7219(uchar add,uchar date)    //add 为接受 MAX7219 地址;date 为要写的数据
{
```

```
    uchar i;
    cs = 0;
    for(i = 0;i<8;i + + )
    {
        clk = 0;
        din = add&0x80;               //按照高位在前，低位在后的顺序发送
        add<< = 1;                    //先发送地址
        clk = 1;
    }
    for(i = 0;i<8;i + + )             //时钟上升沿写入一位
    {
        clk = 0;
        din = date&0x80;
        date<< = 1;                   //再发送数据
        clk = 1;
    }
    cs = 1;
}
void init_7219()
{
    write_7219(0x0c,0x01);       //0x0c 为关断模式寄存器;0x01 表示显示器处于工作状态
    write_7219(0x0a,0x0f);       //0x0a 为亮度调节寄存器;0x0f 使数码管显示亮度为最亮
    write_7219(0x09,0x00);       //0x09 为译码模式选择寄存器;0x00 为非译码方式
    write_7219(0x0b,0x07);       //0x0b 为扫描限制寄存器;0x07 表示可将 8 个 LED 数码管
}
void disp_Max7219(uchar dig,uchar dat)        //指定位，显示某一数
{
    write_7219(dig,dat);
}
```

3）main.c 程序。

```
#include <reg51.h>
#include <DS18B20.h>
#include <MAX7219.h>
#define uchar unsigned char
#define uint unsigned int
uchar dig;
uchar code tab[] = {0x7e,0x30,0x6d,0x79,0x33,0x5b,0x5f,
            0x70,0x7f,0x7b,0x4E,0x63,0x01,0x00};   //不译码方式，数字 0~9 的段码
void main()
```

```
    {
        init_7219();
        while(1)
        {
          Temperature_trans();
          Read_Temperature();
          if(list_flag = = 0)
           {
            disp_Max7219(1,tab[display[5]]);
            disp_Max7219(2,tab[display[3]]);
            disp_Max7219(3,tab[display[2]]);
            disp_Max7219(4,tab[display[1]]|0x80);    //|0x80 为带上小数点
            disp_Max7219(5,tab[display[0]]);
            disp_Max7219(7,tab[11]);
            disp_Max7219(8,tab[10]);
           }
        }
    }
```

本章小结

单片机本身的内部资源十分有限，为了对较复杂的系统进行控制与管理，通常需要连接一些外围器件，如键盘、液晶显示器、模数（A/D）转换器、数模（D/A）转换器、实时时钟转换器、温度转换器等。

键盘是单片机系统最常用的输入部件，分为独立式和矩阵式两种。在按键的数量比较少时，一般采用独立式键盘；按键数量比较多时，采用矩阵式键盘。

液晶显示器功耗低，显示信息量大，有字段式和点阵字符式等几种显示方式。点阵字符式 LCD 显示器很适合用来显示汉字及图形。

在自动控制领域中，经常要将温度、速度、压力、电压等模拟信号转换成数字信号，这就需要 A/D 转换器。按连接方式的不同，分为并行输出和串行输出两大类的 A/D 转换器，如 ADC0809 和 ADC0832，前者为 8 位的并行 ADC，后者也为 8 位的串行 ADC。

D/A 转换器的作用是将单片机输出的数字量转换成模拟量，如电机的调速、测量闭环系统，信号波形的产生等都要用到 D/A 转换器。根据数据输入方式的不同，分为并行输入和串行输入，如 DAC0832 和 TLC5615，前者是转换精度为 8 位的并行输入 DAC，后者是转换精度为 12 位的串行输入 DAC。

实时时钟也是单片机应用中不可缺少的，被广泛应用于单片机时钟控制领域。DS1302 为 SPI 总线涓流充电时钟芯片，内含有一个实时时钟/日历和 31 字节静态 RAM，提供秒、分、时、日、日期、月、年等信息。

DS18B20 是一种数字温度传感器，与传统热敏电阻相比，只需一根线就能直接读出被测

温度，并可根据实际需求编程实现 9～12 位数字值的读数方式。

本章在介绍以上外围器件时，以串行扩展技术为主，通过相应的芯片讲述其工作原理及使用方法。

习 题 10

1. 编码键盘与非编码键盘各有哪些特点？

2. 简述矩阵式键盘的工作原理。

3. 使用 HD44780 内置字符集，在 SMC1602A 液晶的第 1 行显示字符串 "Welcome"，第 2 行显示字符串 "AT89C51RC"，试编写 C51 程序。

4. A/D 转换的作用是什么？在单片机应用系统中，什么场合用到 A/D 转换？

5. ADC0809 的 IN1 外接一个电位器，转动电位器，数码管能显示通过 ADC0809 进行模/数转换后所对应的数值，数值范围为 0～255，试编写 C51 程序。

6. 试用 ADC0832 设计一个 LCD1602 显示的数字电压表，测量范围为 0～5V，要求画出硬件连接图并编写 C51 程序。

7. 什么是 D/A 转换器？如何进行分类？

8. 试用 DAC0832 设计一个三角波信号发生器，要求画出硬件连接图并编写 C51 程序。

9. 试用 TLC5615 设计一个阶梯波信号发生器，要求画出硬件连接图并编写 C51 程序。

10. 试用 DS1302 设计一个 LCD1602 显示的可调时钟系统，要求画出硬件连接图并编写 C51 程序。

11. 阐述 DS18B20 测温原理。

12. 试用 DS18B20 设计一个可调温度报警系统，测温范围为 − 55～ + 125℃，要求画出硬件连接图并编写 C51 程序。

附录 A　C51 库 函 数

C51 运行库中提供了 100 多个预定义的库函数，用户可在自己的 C51 程序中直接使用这些预定义的库函数。多使用库函数将使程序代码简单、结构清晰，易于调试的维护。C51 库函数分为几大类，基本上分属于不同的.h 头文件。C51 库函数的原型放在 "..\KEIL\C51\INC" 目录下，使用这些函数之前必须用 "#include" 包含头文件。

1. 专用寄存器 include 文件

专用寄存器文件包括了标准型/增强型 51 单片机的 SFR（特殊功能寄存器）及位定义，一般 C51 程序中都必须包括本文件。

库文件	功能说明	备注
reg51.h	标准 MCS-51 系列单片机的 SFR 及其位定义	8031/8051 可使用此头文件
reg52.h	增强型 51 系列单片机的 SFR 及其位定义	8052/8054/STC89 系列等使用此头文件
at89x51.h	标准 AT89x51 系列单片机的 SFR 及其位定义	AT89C51/AT89S51 可使用此头文件
at89x51.h	增强型 AT89x51 系列单片机的 SFR 及其位定义	AT89S52/AT89S54 等使用此头文件

2. 绝对地址 include 文件 absacc.h

absacc.h 中包含了允许直接访问 8051 单片机不同区域存储器的宏，使用时应该用#include "absacc.h" 指令将 "absacc.h" 头文件包含到源程序文件中。

函数名	功能	举例说明
CBYTE	允许访问 8051 程序存储器中的字节	rval=CBYTE [0x0030]; //从程序存储器 0x30 单元读出内容
CWORD	允许访问 8051 程序存储器中的字	rval=CWORD [0x004]; //从程序存储器 0x08 单元读出内容

DBYTE	允许访问 8051 片内 RAM 中的字节	rval=DBYTE [0x0030]; //读出片内 RAM 的 0x30 单元内容
		DBYTE [0x0020] =5; //常数 5 写入片内 RAM　0x20 单元

DWORD	允许访问 8051 片内 RAM 中的字	rval=DBYTE [0x0004]; //读出片内 RAM　0x08 单元内容
		DBYTE [0x0003] =15; //常数 15 写入片内 RAM 0x06 单元

PBYTE	允许访问 8051 片外 RAM 中的字节	rval=PBYTE [0x0020];
		PBYTE [0x0020] =5;
		//从片外 RAM 相对地址 0x20 单元读出/写入内容

PWORD	允许访问 8051 片外 RAM 中的字	rval=PBYTE [0x0003];
		PBYTE [0x0003] =5;
		//从片外 RAM 相对地址 0x06 单元读出/写入内容

XBYTE	允许访问 8051 片内 RAM 中的字节	rval=DBYTE [0x0030]; //读出片外 RAM 的 0x30 单元内容
		DBYTE [0x0020] =5; //常数 5 写入片外 RAM　0x20 单元

XWORD	允许访问 8051 片内 RAM 中的字	rval=DBYTE [0x0004]; //读出片外 RAM　0x08 单元内容
		DBYTE [0x0003] =15; //常数 15 写入片外 RAM 0x06 单元

3. assert.h 创建测试条件文件

assert.h 文件中包含的 assert 宏允许用户在自己的程序中创建测试条件。

4. ctype.h 字符转换的分类程序文件

ctype.h 头文件中包含 ASCII 码字符分类函数，以及字符转换函数的定义和原型。在使用字符函数时，要用#include "ctype.h" 指令将 "ctype.h" 头文件包含到源程序文件中。

函数原型	功能说明	返回值
bit isalnum（char ch）	检查 ch 是否为 0~9 或字母 a~z 及 A~Z	是，返回 1；否则返回 0
bit isalpha（char ch）	检查 ch 是否为字母 a~z 或 A~Z	是，返回 1；否则返回 0
bit iscntrl（char ch）	检查 ch 是否为控制字符（ASCII 码在 0~0x1F 之间）	是，返回 1；否则返回 0
bit isdigit（char ch）	检查 ch 是否为数字 0~9	是，返回 1；否则返回 0
bit isgraph（char ch）	检查 ch 是否为可打印字符，不包括空格	是，返回 1；否则返回 0
bit islower（char ch）	检查 ch 是否为小写字母 a~z	是，返回 1；否则返回 0
bit isprint（char ch）	检查 ch 是否为可打印字符，包括空格	是，返回 1；否则返回 0
bit ispunct（char ch）	检查 ch 是否为标点符号	是，返回 1；否则返回 0
bit isspace（char ch）	检查 ch 是否为空格、跳格符或换行符	是，返回 1；否则返回 0
bit isupper（char ch）	检查 ch 是否为大写字母 A~Z	是，返回 1；否则返回 0
bit isxdigit（char ch）	检查 ch 是否为十六进制数字	是，返回 1；否则返回 0
bit toascii（char ch）	将字符转换成 7 位 ASCII 码	返回与 ch 相对应的 ASCII 码
bit toint（char ch）	将十六进制数字转换成十进制数	返回与 ch 相对应的十进制数
char tolower（char ch）	测试字符并将大写字母转换成小写字母	返回与 ch 相对应的小写字母
char __tolower（char ch）	无条件将字符转换成小写	返回与 ch 相对应的小写字母
char toupper（char ch）	测试字符并将小写字母转换成大写字母	返回与 ch 相对应的大写字母
char __toupper（char ch）	无条件将字符转换成大写	返回与 ch 相对应的大写字符

5. intrins.h 内部函数头文件

intrins.h 属于 C51 编译器内部库函数，编译时直接将固定的代码插入当前行，而不是用 ACALL 或 LCALL 指令来实现，这样大大提高了函数访问的效率。在使用内部函数时，要用 #include "intrins.h" 指令将 "intrins.h" 头文件包含到源程序文件中。

函数原型	功能说明
unsigned char _chkfloat_（float val）	检查浮点数 val 的状态
unsigned char _crol_（unsigned char val，unsigned char n）	字符 val 循环左移 n 位
unsigned char _cror_（unsigned char val，unsigned char n）	字符 val 循环右移 n 位
unsigned int _irol_（unsigned int val，unsigned char n）	无符号整数 val 循环左移 n 位
unsigned int _iror_（unsigned int val，unsigned char n）	无符号整数 val 循环右移 n 位
unsigned long _lrol_（unsigned long val，unsigned char n）	无符号长整数 val 循环左移 n 位
unsigned long _lror_（unsigned long val，unsigned char n）	无符号长整数 val 循环右移 n 位
void _nop_（void）	在程序中插入 NOP 指令，可用作 C 程序的时间比较
bit _testbit_（bit x）	在程序中插入 JBC 指令

6. math.h 数学运算头文件

math.h 头文件包含所有浮点数运算和其他的算术运算。在使用数学运算函数时，要用 #include "math.h" 指令将 "math.h" 头文件包含到源程序文件中。

函数原型	功能说明
int abs（int val）	用来计算无符号整数 val 的绝对值
double acos（double val）	用来计算参数 val 的反余弦值
double asin（double val）	用来计算参数 val 的反正弦值
double atan（double val）	用来计算参数 val 的反正切值
double atan2（double val1，double val2）	用来计算参数 val1/val2 的反正切值
double cabs（struct complex val）	用来计算复数 val 的绝对值
double ceil（double val）	返回大于或等于参数 val 的最小整数值，结果以 double 形态返回
double cos（double val）	用来计算参数 val 的余弦值
double cosh（double val）	用来计算参数 val 的双曲线余弦值
double exp（double x）	用来计算以 e 为底的 x 次方值，即 e^x
double fabs（double val）	用来计算浮点数 val 的绝对值
double floor（double val）	返回小于参数 val 的最小整数值，结果以 double 形态返回
double fmod（double x，double y）	用来计算浮点数 x/y 的余数
double frexp（double x，int *exp）	用来将参数 x 的浮点型切割成底数和指数。底数部分直接返回，指数部分则借参数 exp 指针返回，将返回值乘以 2^{exp} 即为 x 的值
void fprestore（struct FPBUF *p）	将浮点子程序的状态恢复为原始状态
void fpsave（struct FPBUF *p）	保存浮点子程序的状态
long labs（long val）	用来计算长整数 val 的绝对值
double ldexp（double x）	用来计算参数 x 乘上 2^{exp} 的值
double log（double x）	用来计算以 e 为底的 x 对数值
double log10（double x）	用来计算以 10 为底的 x 对数值
double modf（double val，double *iptr）	用来将参数 val 的浮点型分割成整数部分和小数部分
double pow（double x，double y）	用来计算以 x 为底的 y 次方值，即 x^y
double sin（double val）	用来计算参数 val 的正弦值
double sin（double val）	用来计算参数 val 的正弦值
double sinh（double val）	用来计算参数 val 的双曲线正弦值
double sqrt（double val）	用来计算参数 val 的平方根
double tan（double val）	用来计算参数 val 的正切值
double tanh（double val）	用来计算参数 val 的双曲线正切值

7. setjmp.h 全跳转头文件

setjmp.h 头文件用于定义 setjmp 和 longjmp 程序的 jmp_buf 类型，其函数可实现不同程序之间的跳转，它允许从深层函数调用中直接返回。在使用跳转函数时，要用#include "setjmp.h"

指令将"setjmp.h"头文件包含到源程序文件中。

函数原型	功能说明
int setjmp（jmp_buf env）	Setjmp 将状态信息存入 env 供函数 longjmp 使用。当直接调用 setjmp 时返回值为 0；当由 long jmp 调用时返回非零值。Setjmp 只能在语句 IF 或 SWITCH 中调用一次
long jmp（jmp_buf env，int val）	longjmp 将堆栈恢复成调用 setjmp 时存在 env 中的状态

8. stdarg.h 变量参数表头文件

stdrag.h 头文件包括访问具有可变参数列表函数的参数的宏定义。在使用变量参数函数时，要用#include"stdarg.h"指令将"stdarg.h"头文件包含到源程序文件中。

宏名	功能说明
type va_arg（va_list pointer，type）	读函数调用中的下一个参数，返回类型为 type 的参数
va_list	指向参数的指针
va_start（va_list pointer，last_argumnet）	开始读函数调用参数
va_end（va_list pointer）	结束读函数调用参数

9. stddef.h 标准定义头文件

stddef.h 头文件中定义了 offsetof 宏，使用该宏可得到结构成员的偏移量。

10. stdio.h 一般 I/O 函数头文件

stdio.h 头文件包含字符 I/O 函数，它们通过处理器的串行接口进行操作，为支持其他 I/O机制，只需修改 getkey()和 putchar()函数即可，而其他所有 I/O 支持函数依赖这两个函数，不需要改动。在使用一般 I/O 函数时，要用#include"stdio.h"指令将"stdio.h"头文件包含到源程序文件中。

函数原型	功能说明
char _getkey()	_getkey()从单片机串口中读入一个字符，然后等待字符输入，该函数是改变整个输入端口机制应做修改的唯一一个函数
char getchar（void）	该函数使用_getkey 从串口读入字符，取了读入的字符马上传给 putchar()函数以作响应应外，其他功能与_getkey()相同
char *gets（char *s，int n）	该函数通过 getchar()控制台设备读入一个字符送入由"s"指向的数据组。考虑到 ANSI 标准的建议，限制每次调用时能读入的最大字符数，函数提供了一个字符读数器"n"，在所有情况下，当检测到换行符时，放弃字符输入
int printf（const char*，…）	printf()以一定格式通过单片机串口输出数值的字符串，返回值为实际输出的字符数，参量可以是指针、字符或数值，第一个参量是字符串指针
putchar（char）	putcha()通过单片机输出"char"，和函数 getkey()功能相同，putchar()是改变整个输出机制所需修改的唯一一个函数
int puts（const char*，…）	puts()将字符串"s"和换行符写入控制台设备，错误时返回 EOF，否则返回一个非负数
int scanf（const char*，…）	scanf()在字符串控制下，利用 getchar 函数由控制台读入数据，每遇到一个值，就将它按顺序赋给每个参数，注意：每个参量必须为指针
int sprintf（char *s，const char*，…）	sprintf()与 printf()类似，但输出不显示在控制台上，而是通过一个指针 s，送入可寻址的缓冲区

函数原型	功能说明
int sscanf（const *s，const char*，…）	sscanf()与 scanf()方式类似，但串输入不是通过控制台，而是通过另一个以空结束的指针
char ungetchar（char c）	ungetchar()将输入字符推回输入缓冲区，因此下次 gets()或 getchar()可用该字符
void vprintf（const char *fmstr，char *argptr）	用指针向流输出
void vsprintf（char *s，const char*fmtstr，char *argptr）	写格式化数据到字符串

11. stdlib.h 动态内存分配函数

stdlib.h 头文件中包括类型转换和存储器分配函数的原型和定义。在使用动态内存分配函数时，要用#include "stdlib.h" 指令将 "stdlib.h" 头文件包含到源程序文件中。

函数原型	功能说明
flaoat atof（void *string）	atof()将 string 字符串转换为浮点值
int atoi（void *string）	atoi()将 string 字符串转换为整数
long atol（void *string）	atol()将 string 字符串转换为长整数
void *calloc（unsigned int num，unsigned int len）	calloc()在存储器中动态分配内存空间的大小，num 指定元素的数目，len 指定每个元素的大小，两个参数的乘积即为内存空间的大小
void free（void xdata *p）	释放 calloc()、malloc()或 realloc()定位的存储块
void init_mempool（void *data *p，unsigned int size）	init_mempool()指定用来进行动态分配内存空间并初始化。只有在初始化后才能使用 malloc()、malloc()、free()等函数，否则程序会出错
void *malloc（unsigned int size）	malloc()在存储器中动态分配内存空间的大小 size
int rand（void）	rand()用来产生一个 0～32 767 之间的伪随机数
void *realloc（void xdata *p，unsigned int size）	realloc()先释放 p 所指内存区域，并按照 size 指定的大小重新分配空间，同时将原有数据从头到尾复制到新分配的内存区域，并返回该内存区域的首地址
void srand（int seed）	srand()用来将随机数发生器初始化成一个已知值，对 rand()的相继调用将产生相同序列的随机数
double strtod(char *string，char **endptr)	strtod()将字符串 string 转换成双精度浮点数。String 必须是双精度数的字符表示格式，如果字符串有非法的非数字字符，则 endptr 将负责获取该非法字符
long strol（char *string，char **endptr，unsigned char base）	strol()会将字符串 string 根据 base（base 表示进制方式，范围为 0 或 2～36）来转换成长整数
unsigned long stroul（char *string，char **endptr，unsigned char base）	stroul()会将字符串 string 根据 base（base 表示进制方式，范围为 0 或 2～36）来转换成无符号的长整数

12. string.h 缓冲处理函数

string.h 头文件中包含字符串的缓冲区操作的原型。在使用缓冲处理函数时，要用#include "string.h" 指令将 "string.h" 头文件包含到源程序文件中。

函数原型	功能说明
void *memccpy （void *dest，void *src，char c，int len）	复制 src 中 len 个字符到 dest 中，如果实际复制了 len 个字符返回 NULL。若复制完字符 val 后就停止，此时返回指向 dest 中下一个元素的指针
void *memchr（void *buf，char c，int len）	顺序查找 buf 中的 len 个字符找出字符 c，找到则返回 buf 中指向 c 的指针，没找到时返回 NULL
char memcmp （void *buf1，void *buf2，int len）	逐个比较字符串 buf1 和 buf2 的前 len 个字符。相等则返回 0，如果字符串 buf1 大于或小于 buf2，则相应返回一个正数或负数
void *memcpy （void *dest，void *src，int len）	由 src 所指内存中复制 len 个字符到 dest 中，返回指向 dest 中的最后一个字符指针。如果 src 和 dest 发生交迭，则结果是不可预测的
void *memmove （void *dest，void *src，int len）	memmove（）工作方式与 mencpy 相同，但复制可以交迭
void *memset （void *buf，char c，int len）	memset（）将 c 值填充指针 buf 中 len 个单元
char *strcat（char *dest，char *src）	将字符串 src 复制到字符串 dest 尾端。它假定 dest 定义的地址区足以接受两个字符串。返回指针指向 src 字符串的第一字符
char *strchr（const char *string，char c）	查找字符串 string1 中第一个出现的 c 字符，如果找到，返回首次出现指向该字符的指针
char strcmp （char *string1，char *string2）	比较字符串 string1 和 string2，如果相等返回 0
char *strcpy（char *dest，char *src）	将字符串 src 包括结束符复制到 dest 中，返回指向 dest 的第一个字符的指针
int strcspn（char *src，char *set）	查找 src 字符串中第一个不包含在 set 中的字符，返回值是 src 中包含在 set 里字符的个数。如果 src 中所有字符都包含在 set 里，则返回 src 的长度（包括结束符）。如果 src 是空字符串，则返回 0
int strlen（char *src）	返回 src 字符串中字符的个数（包括结束字符）
char *strncat （char dest，char *src，int len）	复制字符串 src 中 len 个字符到字符串 dest 的结尾。如果 src 的长度小于 len，则只复制 src
char strncmp （char *string1，char *string2，int len）	比较字符串 string1 和 string2 中前 len 个字符，如果相等返回 0
char strncpy （char *dest，char *src，int len）	strncpy（）与 strcpy（）相似，但它只复制 len 个字符。如果 str 长度小于 len，则 string1 字符串以 "0" 补齐到长度 len
char *strpbrk（cahr *string，char *set）	strbrk（）与 strspn（）相似，但它返回指向查到字符的指针，而不是个数。如果没找到，则返回 NULL
int strrpos（const char *string，char c）	查找 string 字符串中最后一个出现的 c 字符，如果找到，返回该字符在 string 字符串中的位置
char *strrchr（const char *string，char c）	查找 string 字符串中最后一个出现的 c 字符，如果找到，返回指向该字符的指针，否则返回 NULL。对 string 查找也返回指向字符的指针而不是空指针
char *strrpbrk（char *string，char *set）	strrpbrk（）与 strpbrk（）相似，但它返回 string 中指向找到 set 字符串中最后一个字符的指针
int strrpos（const char *string，char c）	strrpos（）与 strrchr（）相似，但它返回字符在 string 字符串的位置
int strspn（char *string，char *set）	strspn（）是查找 string 字符串中第一个包含在 set 中的字符，返回值是 string 中包含在 set 里字符的个数。如果 string 中所有字符都包含在 set 里，则返回 string 的长度（包括结束符）。如果 string 是字符串，则返回 0

附录 B　Proteus 常用快捷键

快捷键	功能	快捷键	功能
Ctrl + 0	打开设计	Ctrl + Z	撤销
Ctrl + S	保存设计	Ctrl + Y	恢复
R	刷新	E	查找并编辑元件
G	背景栅格	Ctrl + B	放在后面
O	原点	Ctrl + F	放在前面
X	X 轴指针	Ctrl + N	实时标注
F1	栅格尺寸为 10	W	自动布线
F2	栅格尺寸为 50	T	搜索并标注
F3	栅格尺寸为 100	A	属性分配工具
F4	栅格尺寸为 500	Ctrl + A	网络表导入到 ARES
F5	选择显示中心	Page – up	前一个原理图
F6	缩小	Page – Down	下一个原理图
F7	放大	Alt + X	设计浏览
F8	显示全部	Ctrl + A	增加跟踪曲线
Space	仿真图形	Alt + F12	断点运行
Ctrl + V	查看日记	F10	单步执行
Ctrl + F12	运行/停止调试	F11	跟踪
Pause	暂停运行	Ctrl + F11	单步跳出
Shift + Pause	停止运行	Ctrl + F10	重置弹出窗口
F12	运行	P	选择元件/符号

参　考　文　献

［1］陈忠平，黄茂飞，陈娟，等．单片机原理与应用．北京：中国电力出版社，2018．

［2］陈忠平．基于 Proteus 的 51 系列单片机设计与仿真．3 版．北京：电子工业出版社，2015．

［3］陈忠平．基于 Proteus 的 AVR 单片机 C 语言程序设计与仿真．北京：电子工业出版社，2011．

［4］侯玉宝，陈忠平，邬书跃．51 单片机 C 语言程序设计经典实例．2 版．北京：电子工业出版社，2016．

［5］陈忠平，曹巧媛，曹琳琳，等．单片机原理及接口．2 版．北京：清华大学出版社，2011．

［6］徐刚强，陈忠平，曹巧媛，等．单片机原理及接口．2 版．应用指导．北京：清华大学出版社，2011．

［7］刘同法，陈忠平，彭继卫，等．单片机外围接口电路与工程实践．北京：北京航空航天大学出版社，2009．

［8］刘同法，陈忠平，眭仁武，等．单片机基础与最小系统实践．北京：北京航空航天大学出版社，2007．